高等学校统编精品规划教材

灌排工程系统分析

（第三版）

主　编　武汉大学　刘肇祎
副主编　武汉大学　胡铁松　罗　强　洪　林

U0283577

中国水利水电出版社
www.waterpub.com.cn

内 容 提 要

本书主要介绍系统工程的基本理论、常用方法及其在灌溉排水系统规划和管理中的应用。全书共分8章，包括系统分析概论、线性规划及其应用、整数规划及其应用、非线性规划及其应用、动态规划及其应用、模拟技术及其应用、遗传算法及其应用以及其他常用系统分析方法的介绍。

本书叙述简要，理论阐述与应用举例并重，主要供农田水利工程专业学生使用，也可供水利类专业研究生和水利工程技术人员参考。

图书在版编目（CIP）数据

灌排工程系统分析 / 刘肇祎主编 . —3 版 . —北京
：中国水利水电出版社，2010.2（2017.8 重印）
高等学校统编精品规划教材
ISBN 978-7-5084-7220-1

Ⅰ.①灌… Ⅱ.①刘… Ⅲ.①排灌系统-系统分析-高等学校-教材 Ⅳ.①S277

中国版本图书馆 CIP 数据核字（2010）第 023871 号

书　名	高等学校统编精品规划教材 **灌排工程系统分析（第三版）**
作　者	主　编　武汉大学　刘肇祎 副主编　武汉大学　胡铁松　罗强　洪林
出版发行	中国水利水电出版社 （北京市海淀区玉渊潭南路1号D座　100038） 网址：www.waterpub.com.cn E-mail：sales@waterpub.com.cn 电话：（010）68367658（营销中心）
经　售	北京科水图书销售中心（零售） 电话：（010）88383994、63202643、68545874 全国各地新华书店和相关出版物销售网点
排　版	中国水利水电出版社微机排版中心
印　刷	三河市鑫金马印装有限公司
规　格	184mm×260mm　16 开本　13.75 印张　326 千字
版　次	1988 年 11 月第 1 版　1998 年 5 月第 2 版 2010 年 2 月第 3 版　2017 年 8 月第 11 次印刷
印　数	21351—24350 册
定　价	**32.00** 元

第三版前言

《灌排工程系统分析》（第二版）出版于1998年5月，为有关学校农田水利工程专业本、专科和研究生学习使用，已经历十一个春秋。近年来有关学校对该书要求再版。中国水利水电出版社为满足需要，经与武汉大学水利水电学院协商，决定组织编写第三版，并将该书列入“高等学校统编精品规划教材”，进一步反映有关本课程领域内科学技术新成就和若干年来教学实践中积累的新经验。由于前两版绝大多数编写人员已先后退出教学第一线，第三版则由教学科研第一线年富力强的、具有博士学位以及正副教授职称的教师担任编写工作。

与第一版和第二版相比，《灌排工程系统分析》第三版，在结构上做了调整，内容上做了增删，补充了一些应用实例，并对图、表、文字和习题等做了部分更改。

本版修订了第二版中第一章至第六章内容，改写了原第七章其他常用方法，简要叙述了系统分析方法及其应用的最新成果，增设了“遗传算法及其应用”一章，供选择使用。

《灌排工程系统分析》（第三版）仍根据高等学校农田水利工程专业教学计划与有关课程教学大纲的规定，用作必选课教材，以本专业本科学生为主要对象，也可供水利类专业研究生和水利工程技术人员参考。

全书由武汉大学刘肇祎教授担任主编，武汉大学胡铁松教授、洪林教授、罗强副教授担任副主编。编写分工为：胡铁松编写第一章、第五章和第八章，洪林编写第四章和第六章，罗强编写第二章、第三章和第七章。全书由刘肇祎教授统稿，浙江大学郭宗楼教授主审。武汉大学研究生罗文兵、时元智等参加了部分编写工作。在本书编写过程中，得到了武汉大学杨金忠、黄介生、邵东国等教授的支持和帮助，在此表示感谢。

由于编者水平所限，书中难免有不妥之处，恳请读者批评指正。

主编

2009年8月于武昌

第一版前言

随着社会主义现代化建设的发展，系统分析方法及其在各个领域中的应用，受到越来越广泛的重视。在灌溉排水工程中，系统工程方法的研究与应用也已开展起来。在这样的形势下，武汉水利电力学院农田水利工程系近年来已为本科学生、研究生、教师、工程技术人员、技术管理人员多次开出系统分析方法及其应用的课程。为了完成这些教学任务，曾经编写过不同深度的教材和参考资料。

本书是根据1983年3月制定的高等学校“农田水利工程”专业教学计划及教学大纲（试用）的精神，在近几年教学实践和科学研究工作的基础上，按原来编写的教学参考资料编写而成，用作选修课教材。本书以农田水利工程专业本科四年级学生为主要对象，也可供水利类专业研究生和水利工程技术人员参考。

本书由刘肇祎（第一章）、沈佩君（第二章）、马文正（第三章）、郭元裕（第四章第一节、第五章）、白宪台（第四章第二、三节）编写，全书由刘肇祎、郭元裕主编。由于编者水平有限，编写时间又很仓促，定有不妥之处，恳请读者批评与指正。

编 者

1987年8月于武汉

第二版前言

《灌排工程系统分析》一书出版于 1988 年 11 月，至今已有七个春秋。《1990～1995 年高等学校水利水电类专业专科、本科、研究生教材选题和编审出版规划》中，列出该书进行修订再版，以进一步反映有关本课程领域内科学技术新成就和若干年来教学实践中积累的新经验。

与第一版相比，修订后的《灌排工程系统分析》一书，在结构上做了调整，内容上做了增删，篇幅上做了压缩，图表、举例和习题做了部分更换，有了相当幅度的修改。

本版修订了第一版中概论、线性规划及其应用、非线性规划及其应用、动态规划及其应用各章，增设了整数规划及其应用、模拟技术两章，改写了其他常用方法一章，简要叙述了系统分析方法及其应用的最新成果，供选择使用。

修订后的《灌排工程系统分析》仍根据高等学校农田水利工程专业教学计划与有关课程教学大纲的规定，用作必选课教材，以本专业本科四年级学生为主要对象，也可供水利类专业研究生和水利工程技术人员参考。

参加本书修订版编写工作的有刘肇祎（第一章）、沈佩君（第二章）、马文正（第四章）、白宪台（第五章）和袁宏源（第三章，第六章，第七章），全书由刘肇祎主编，冯尚友审阅。由于编者水平所限，书中难免有不妥之处，恳请读者批评指正。

编　者

1995 年 6 月于武昌

目录

第一章

系统分析概论

随着科学技术的迅猛发展，许多学科出现了交叉和相互渗透的形势，这种情况使原来关系不甚密切或互不相关的部门逐渐形成规模愈来愈大、关系愈来愈密切的系统，从而使人们的视野愈来愈广阔，并且愈来愈深刻地触及事物的本质，使用从整体的角度、相互联系相互制约的观点去观察、思考、分析和解决问题，这种情况反映到生产工作中和国民经济建设中，就成为从整体最优的概念出发，对各种有限的资源，通过科学的组织管理，使之发挥最大限度的作用。系统工程科学就是以这类问题为研究对象的新兴学科。

系统工程科学是一门具有高度综合性的学科，它是在第二次世界大战期间逐步发展起来的。当时，由于战争的驱动，在资源分配、军事设施配置、各种人员配置以及交通运输和军事工程的进度等方面进行了大量分析工作，进而明确地提出了对问题给予最优解决的概念，并产生了反映这一概念的数学方法。这就是出现系统工程学的历史背景和条件。1957 年第一本《系统工程》专著问世，标志着这门科学的产生和命名。随后，在近 40 年的过程中，系统工程的概念和方法逐步运用到许多科学和技术领域，并取得了成功。目前，从自然科学到社会科学，从经济科学到工程技术，从生态科学到管理科学，都不断出现应用系统工程方法的成功范例。这一情况又有力地推动了系统工程的进一步发展。

系统工程在水利工程中应用，始于 20 世纪 50 年代中期，首例是用于制定流域规划的工作，以后逐步扩展到规划、设计、施工和管理诸多方面，从水力发电工程到灌溉排水工程的各个领域几乎都引进和应用了系统工程的方法。近些年来，运用系统工程更有效地解决实际生产问题，在国内外日益受到重视，从而使系统工程方法的应用具有更为广阔的前景。

第一节　系　　统

一、系统的定义

关于系统的定义，据不完全统计，目前有 30 多种提法。这些不同提法的出现虽然各有其不同的背景，以不同领域的特定内容为依据，各自反映其特殊领域的特征，但其内涵却有共同之处，在实质上都是指一个由多种元素构成的有内在联系的整体。我国著名科学家钱学森院士为“系统”一词下的定义是“把极其复杂的研究对象称为系统，即由相互作用和相互依赖的若干组成部分结合成具有特定功能的有机整体，而且这个系统本身又是它所从属的一个更大系统的组成部分”。这一定义也可用于灌排工程系统，覆盖了本书所涉及的有关系统的内容。

二、系统的类别

自然界和人类社会中，系统是普遍存在的，各种各样的系统有不同的存在形式和特点。系统类别因其分类标准的不同，分类结果不尽相同，如开放系统与封闭系统、静态系统与动态系统、实体系统与概念系统、开环系统与闭环系统、人工系统与自然系统等。灌溉排水系统就是一种自然与人工复合系统，下面侧重介绍自然系统、人工系统和两者组合起来的复合系统。

1. 自然系统

自然系统中有太阳系、银河系、宇宙系和生物系统，以及微观的原子核系统等。这些自然系统的共同特点是自然形成的，与人类的生活和生产有着密切的关系，它们时时刻刻在进行着活动。有的学者把社会系统也属于自然系统的范畴。

2. 人工系统

人工系统是人类基于生存的需要而人为地建立起来的系统。它一方面要适应自然系统的内在规律，对自然系统实行干涉与改造并在这一基础上创建起来；另一方面又要把这种干涉、改造由观念形态变成可以实施的活动。人工系统具有明确的目的性，它是人类为达到不同目的而建立起来的。在人类的工农业生产和生活中存在着许多人工系统，如生产系统、水利系统、电力系统、通信系统等。

人工系统大致可以归纳为三种类型：

(1) 人类对自然界存在的天然物进行改造、加工、制作、装配而产生的器具和物品，并由这些物品组成的工程系统。这类人工系统也可称为硬系统，形式多种多样，十分丰富。诸如水利系统、电力系统、教育系统、城市、医院、灌排工程、水库、电站、通信网络、自动控制装置等，都是人类为了自身的生存和发展的需要，在自然界实物的基础上建立起来的硬系统。

(2) 人类为驾驭自然系统或操纵工程系统而建立的组织、制度、方法、程序、手续等因素构成的非实物系统，也称软系统。科技体系、教育体系、法律体系等均属此类。它是人类为了更好地建立起第一类人工系统所不可缺少的系统，在某种意义上讲甚至比第一类人工系统更重要。

(3) 由实物构成的硬系统与非实物软系统组合而成的系统，是一种软硬结合的系统，在其组成部分中，既包括人类加工、制作的器物及其构成的硬系统，还包括表现为抽象形态的概念、方法、程序等软系统。近年来，随着电子计算机技术的飞速发展，又把信息处理装置作为构成要素，从而使硬系统和软系统在更高的水平上结合起来。

3. 复合系统

由人工系统与自然系统组合起来的复合系统也是广泛存在的系统，它们既具有自然系统的特征，又具备人工系统的特性。如交通管制系统、航空导航系统、广播系统等复合系统。

实际上，大多数系统是由自然系统和人工系统组合起来的软硬结合的复合系统。因此，自然系统和人工系统处于非常密切的组合之中，本书所涉及的灌排系统就是其中之一。

三、系统的特性

系统所具有的一般特征可归纳如下。

1. 系统的集合性

系统的集合性是由于系统具有若干组成部分所致。或者说，至少由两个或两个以上的可以相互区别的要素组成的，才能称之为系统。例如，一个最简单的水利系统——水库，是由坝、泄水涵洞和溢洪道组成；渠道系统是由渠道、分水闸、节制闸和其他渠系建筑物等相互区别的要素组成的。实际工作中，系统常是巨大的对象，这并不一定是在规模上庞大，而是由于有非常多的要素作为它的组成部分。水利系统在规模和构成的要素上，都是一种典型的系统。对于规模大而且组成要素之间相互关系复杂的系统，可以看做是由若干个子系统有机结合起来的，一个子系统又可由若干个更小的二级子系统构成。换言之，系统的集合性，是反映系统的构成要素的众多性和多样性，也反映系统结构的多层次性。

2. 系统的相关性

系统的相关性是指系统的构成要素之间具有有机的联系性，系统的各个组成部分是相互作用和相互依赖的，相关性是说明系统要素之间的这种关系。如果只有要素，尽管是多种多样的，但它们之间没有任何关系。就不能称之为系统。系统的相关性若能用数学式表达出来，就是后续章节内将要叙及的约束条件。在水利系统中，相关性是十分明显的，例如，在灌溉系统中，渠首工程与干渠这两个组成部分之间关系密切，两者的技术性活动不可分割，干渠与支渠之间的关系也类似。

3. 系统的目的性

系统的目的性是指系统都具有特定的功能，也就是说：系统都有既定的目的。人工系统都有目的性，这是非常明显的，有时不止有一个目的。创建一个人工系统，必须有明确的目的性，这是系统设计和运行的一个非常重要的问题。但是，确立一个系统的目的，并不是一件简单的工作，有时需要反复推敲、进行比较后才能确定。系统的目的如果能用数学式表达出来就是目标函数，目标函数视系统的功能与结构不同而定，系统作为总体具有一个总目标，各子系统也可分别具有各自的层次性目标。为了使各层次的目标均能按既定的意图得以实现，就需要一定的手段与方法，使系统的构成要素有机地协调动作，多层次递阶系统的优化问题就是一个范例。水利系统都有既定的目的，这是不需要多加说明的。

4. 系统的整体性

系统具有整体性是因为系统的各个组成部分构成了一个有机整体。系统虽然包含众多的组成部分，但它是作为一个统一的整体而存在的。各构成要素的各自功能及其相互间的有机联系，只能是在一定的协调关系之下统一于系统的整体之中。换言之，对任何一个构成要素都不能脱离整体去研究它的作用及其同其他要素的关系，也不能脱离开对整体的协调去研究。脱离开整体性，各构成要素的功能和要素间的作用就失去了意义。所以，系统构成要素的功能及其要素间的相互联系，要服从系统整体的目的和要求。要服从系统整体的功能，在整体功能的基础上，展开各构成要素及其相互间的活动。这些活动的总和形成了系统整体的有机行动，这就是系统功能的整体性。灌排系统的整体性是十分突出的。一个灌溉系统，作为整体，它的功能是供水灌溉，它的目标是适时适量地提供水量并保证水质，它的各组成部分如渠首、输配水渠系以及调节控制设施，都是为了完成整体的功能、达到整体的目标而工作，它们之间的协调也是在整体功能和目标之下协同工作。

5. 系统的不确定性

系统具有不确定性是因为系统中存在自然要素或不能用确定性方法描述其状态的构成要素所致。在自然系统和人工系统相结合的复合系统以及大部分人工系统中，存在着自然界天然因素或与人类活动有密切关系的构成要素，这些组成部分的活动或者由于人的认识尚未完全掌握其准确的规律，或者由于活动本身带有一定的随机性，因而只能使用统计规律等手段反映其活动状况与进程，这样，就使系统带有不确定性。这种不确定性既反映了自然界天然因素的特性，也反映了人的活动所具备的一种属性。这种不确定性的特征为大量的系统所具备，从而使不确定性的研究成为研究系统的重要工作之一。灌排系统是具有不确定性系统的典型例证。灌溉系统包括水源工程，而水源的来流带有突出的不确定性；排水工程涉及降雨径流问题，而降雨也带有强烈的不确定性。灌溉水源受到污染会影响供水水质，这是灌溉系统的重要组成要素，但导致河流污染的污废物排放却带有一定的随机性，这是由于人的生产和生活活动的不确定性所致，因此，灌排系统一般都具有不确定性。

6. 系统的适应性

系统具有适应性是因为系统是存在于一定的空间之内和一定的时间上，即存在于一定的环境之中，而系统所处的环境会随着时间的推移而变化，并且系统本身也会随着时间的进展而需要改善和发展。换句话说，系统周围的环境会出现变化，这种变化又要求系统的功能有所改变，因而就出现了系统对这些变化的适应性。一个理想的系统应该能够经常与外部环境保持最佳的适应状况，不能适应环境变化的系统是没有生命力的。系统的这一特征，有人称为系统的成长性，以表明系统的发展性能，也有人称为系统的环境适应性。一个灌溉系统建成后，河流来水、天然降雨等自然条件逐年都在变化，灌溉系统就要具备对环境的这种变化的适应能力，而且在其运行的长期过程中各构成要素将要发生损坏、老化等变化而不能完成或不能充分完成其功能，这就需要对系统进行改善或改建。因此，一个灌溉系统应该具备这种对环境变化或自身变化的适应性。四川省都江堰灌溉工程是系统工程的典范，它能存在两千多年而持续产生效益，表明它具有极其优异的适应性。

系统的上述各种特性，归纳起来，不外乎涉及系统本身和系统所处的环境。通常是把环境对系统的作用和影响作为对系统的输入，系统根据输入进行工作，产生输出。把输入转换成输出，是系统的功能、系统的目的和系统的工作。因此，系统又可以被看做是把输入变成输出的转换机构。

认识系统的上述特性，对于应用系统工程的方法，有着重大的指导意义。

第二节 系 统 工 程 学

一、系统工程学的范畴

当人类的各种活动日益多样化，并日益达到高级程度时，人们在对其所进行的活动作出决策时，一方面要反映人类社会的复杂程度，另一方面要体现出技术高度发展而出现的先进技术，并且使此项活动产生最优的实际效果。系统科学与系统工程学就是在这样的背景下产生的。

系统科学是研究系统的基本属性与运动规律，探讨系统演化、转化、协同与控制的机理，探讨系统间复杂关系的形成法则，以及研究系统结构与功能关系、有序与无序状态形成规律的科学。对于任何系统来说，系统的结构和外部环境决定了系统的功能，因此系统结构与外部环境的变化势必引起系统功能的变化，揭示这些规律便是系统科学的基本任务，系统科学不仅要以揭示系统规律去认识系统，更重要的是在认识系统的基础上去控制系统。

系统工程学不同于过去长期存在的各种工程学，它主要是采用了过去的工程学所没有采用过的新的方法论。构成新方法论基础的就是系统思维方法。过去的工程学主要是用构成要素的良好程度来保证整体的良好状态，而系统工程学的思维方法是利用各构成要素的巧妙联系和各子系统间的巧妙联系，保证整体的良好状态。首先断定整体的目标，然后再参照这种目标，决定各构成要素所必需的性能，这比提高每个构成要素的良好程度更能使整个系统的水平得到提高。

系统工程学是一门新兴学科，尚处在继续发展、不断完善的过程中，人们对它的认识也不尽一致，因而对它的定义也不完全相同，下面列举三种典型定义。

1975 年《美国科学技术辞典》对系统工程学下的定义是："研究许多密切联系的单元所组成的复杂系统的设计的科学。在设计时，应有明确的预定功能和目标，并使各组成单元之间及各单元与系统整体之间有机联系、配合协调，从而使系统整体能够达到最佳目标。同时还要考虑系统中人的因素与作用。"

美国切斯纳茨（Hchesnats）对系统工程学下的定义是："把各种结构特殊的要素和从属功能构成的系统作为一个整体。目的在于对系统进行调整，使系统整体符合于目的，使系统内部各部分保持在最佳状态。"

2008 年中国系统科学与系统工程学科发展战略调研认为系统工程学是以人工系统或者与人相关的系统为研究对象，组织与管理系统的规划、设计、制造、试验与使用的科学技术与方法。系统工程涉及的领域包括自然科学、社会科学与工程技术及其相互交叉与综合的领域，其主要任务是确定系统的开发目标、分析系统所处的环境，设计出使工程与自然环境、社会环境相互融合的总体方案，并控制最少的物质、人力和时间的均衡投入。系统工程的应用领域极其广泛，包括军事、工业、农业、交通运输、资源管理等，甚至包括教育、卫生、科研与行政管理等。

尽管对系统工程学的定义不同，但各种定义中都具有以下几个共同点。

(1) 系统工程学的研究对象是系统，是由许多要素构成整体，相互之间呈现有机联系，并具有既定功能和目标的系统。

(2) 系统工程学是用系统理论建立人们需要的各种人工系统，或对已有系统进行改造使之更加完善的工程学科，换言之，它是一门以人工系统为工程对象的工程学科。

(3) 系统工程学在于解决系统的最优化问题，即使系统整体以及各组成部分均处于最佳的状态及组合，这是系统工程学的核心问题。

系统工程学是一门工程学，但它同其他工程学科有性质上的不同。例如，水利工程、电力工程、机械工程等工程技术学科，都有特定的物质对象，而系统工程学的对象则不限于某一专门领域，也不限于物质系统，各种自然的、人类的、生态的、社会的系统现象以及组织管理方法都是它的对象，系统工程学是一门范围十分广泛的学科。

系统工程学与各种对象的实践相结合，就形成了各种系统工程领域，如水资源系统工程、农业系统工程、环境系统工程、军事系统工程、教育系统工程、科技系统工程、社会系统工程、经营系统工程等。这些不同种类的系统工程，其不同点在于各自的具体对象不同，共同点则是都运用系统工程学的理论和方法进行各自对象的研究。

系统工程学是系统论、控制论、信息论、运筹学、电子计算机技术等学科基础上发展起来的一门边缘学科，它的任务除系统的最优规划、最优设计和最佳运行及现代化的组织管理技术之外，还包括各种系统未来和状态的预测技术。

二、系统工程学的基本原理和方法

系统工程学的基础理论是20世纪后半叶逐渐形成的，以研究系统理论为对象的系统科学。因此，系统工程学的基本原理以系统科学原理为依据。系统科学原理涉及的内容比较广泛，除了与前述有关的整体性原理、相关性原理及分解综合性原理以外，还有动态性原理、创造思维原理和反馈原理等。动态性原理是研究系统元素间的联系随时间的变化；创造思维原理是研究如何运用已有的知识去识别新的事物和解决新的问题，以及运用新的原理和方法去研究已经熟悉的事物，从而创造新的理论；反馈原理则是研究将输入经过处理后的结果（输出）再送回输入环境，从而又对输入产生影响的过程。

系统工程学以上述基本原理为依据，形成了其独特的思考和解决问题的方法。采用系统工程学解决实际问题的过程大致可分为以下几个子过程。

1. 问题的设定

这是一个组织过程，即有关人员在以下几个问题中取得一致认识的过程：对局部认识到的问题，经过讨论，在大致相同的方向上和近似的水平上求得基本一致，而且对能否解决该问题的评价标准达成一致的意见；同时，还要对客观存在的环境或给予的条件以及变量之间的界限取得一致看法，换言之，问题的设定就是对系统的目的和为达到这一目的可以采用哪些途径的一个认识过程。

2. 系统分析

根据设定的问题，将系统中的实物现象或人的活动等之间的复杂因果关系，用具有一定结构的形式表达出来，其中包括系统的目标、评价标准、给予的条件和各有关变量等的复杂关系，这就是系统分析的过程。在这个过程中，为了描述系统的情况，必须巧妙地运用可行的概念或语言，包括逻辑学和数学上严密的语言，以及其他自然科学、社会科学方面可行的概念或语言。特别重要的是，此时还要迅速而准确地跟踪环境变化或方案变更引起的效应。系统分析过程的核心是模型化和最优化，前者是构造反映系统情况的模型，后者是达到既定目的的最佳结果。

3. 系统设计

对系统分析得出的成果，为系统制定合理的实施方案，就是系统设计的内容。例如，针对系统的目的，决定如何分配有限的资源，决定资源的用途，而且把资源分配置于系统之中，作为有制约性的体系，从而规定了单元要素之间以及子系统之间的相互关系。换句话说，在硬件和软件两方面建立单元要素之间和子系统之间的制约性工作，就叫做系统设计。

4. 系统管理

通过系统设计，以系统内制约性体系为轴心，使它与环境间的相互作用结合在一起，使系统动作，并防止其动作结果脱离制约性体系规定进行的控制过程，就是系统管理。系统管理的前提是，为了实现上述的制约性体系，必须使系统具有跟踪标准或计划的能力，一旦发现脱离开规定的标准或计划，便能立即将其差异反馈回去，使实施结果接近于标准或计划。

5. 系统更新

如果系统对计划或目标失去跟踪能力时，即环境发生了大变化，而计划或目标的实际情况都不能准确地得以判断时，都必须改变制约性体系。这时，就需要探索新的认识，寻求新的方法改变系统的内涵，这就是系统更新。

综上所述，系统工程学有其独特的基础理论和实践方法，对水利工程中的灌排系统都有指导意义。

第三节　系统分析方法

系统分析方法是系统工程的量化和定性分析方法，用来解决系统的规划、设计和管理问题，提供最优规划、最优设计、最优控制和最优组织管理。如前所述，其中心内容是建立模型和最优化问题。

系统分析方法自20世纪20年代问世以来，经过长期的实践，无论在理论上或在实际应用上都获得了巨大的发展。它是以生产活动、科学试验、组织管理为对象，对人力、物力、财力等各种资源进行统筹调度、统筹规划的决策方法，是寻求对问题的最合理解决，制定最有效的方案。

一、系统分析问题类型

系统分析的问题大体上可分为以下几种类型。

1. 资源分配型问题

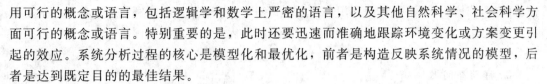

资源分配是最常遇到的问题，也是系统分析中一种常见的问题，这类问题需要寻求最符合目的的共有资源或稀有资源的分配方法，以实现资源的有效利川和优化配置。多品种

产品的生产计划、资源分部门利用等问题都相当于这种类型。在水利水电工程中，水资源的合理配置、充分与非充分供水条件下的灌溉制度优化以及制定最优运行策略等，都是应用非常广泛的资源分配型问题。

2. 存储型问题

存储型问题是在解决物资交换问题的基础上产生和发展起来的。在交换过程中，物品、资金和信息等都要有一定的储量，但储量是否恰当，则直接关系到生产的顺利进行和资金的有效周转，关系到增产和节约问题。因此，在经济管理系统工程中，存储问题有着重要地位。

存储问题的类型很多，各种存储问题的目的是缓解供应（生产）与需求（消费）之间的不协调程度。因此，存储的最优方案就是在保证供应的条件下，使有关存储的费用最小。

水库蓄水是存储问题的一种，因而在水库规划和运行课题中常见到存储型问题。

3. 流通型问题

流通型问题是随着物资的流通和运输而产生的，这是人类生产和生活中大量遇到的问题。渠道输水、电网输电、交通运输、通信联络等都是流通型问题的特殊形式，也可归结为网络问题的一种形式。流通型问题（或称网络问题）的实质是：从出发地有许多途径可以达到目的地，各种途径的距离、费用、运输量等均不相同并有若干限制，如何发挥这一运输网络的最大作用，或者如何规划一个网络使之最优地满足各种经济、技术条件的要求。网络问题一般包括最短路径问题，如使输水管道的铺设长度最小的问题；最大流量问题，如在通过能力一定的条件下使通过流量最大等。流通型问题或网络问题在水利水电工程中有较广泛的应用，如输水管道系统的规划，水利水电工程施工的组织管理等。

4. 排队型问题

人们在日常生活中经常遇到排队问题，生产过程中也有排队问题。排队是接受服务的一方和服务的一方相互等待而形成的问题。电话通信系统的工作就是一种排队问题。在这种系统中，用户是服务对象，是接受系统服务的一方，电话呼唤是系统的服务，是服务的一方，用户使用电话进行呼唤就构成了等待电信系统服务的排队问题。合理安排电子计算机内部等待处理的程序和信息、生产线上等待加工或装配的部件等都是比较典型的排队问题。各种服务设施的窗口发生的问题是生活中出现的排队问题。在水利水电工程中，把水库看做是服务系统，把各用水部门看做是服务对象，把水库放水看做是系统的服务，这样，水库的规划和调度就可看做是排队问题。目前，这种处理方式尚处在探索阶段，运用于实际生产工作的尚少。

5. 竞争型问题

在生活和生产过程中常出现竞争问题，例如商业中的销售问题，信息处理中的预测问题等，都是对抗性竞争局势的问题。其目的在于寻求最优的对抗策略，也称对策问题。一场对抗中的每一方，为了战胜对方，必定要采取一定的策略。竞争型问题就是在一场对抗中应采取何种策略为上策的问题，它更多地用于对事先未知的对象采取什么对策。有的科学工作者把水库调度看做是竞争问题，以水库用水为一方，以水库来水为另一方，用解决竞争型问题制定对策的方法研究水库最优运行方案。

6. 排序型问题

人们在生产和日常活动中常出现排序问题，即对各种活动和环节，按规定的要求和条件，排列出理想的顺序，使之达到最佳的组合，也称组合型问题。例如，在生产过程中更换设备和部件的安排，工程实施过程中各种作业顺序的确定，交往活动中访问路线的拟定等，都有一个最佳组合的问题，即最佳排序问题。在水利水电工程中，施工进度计划的制定就是排序问题的典型实例，目前已得到广泛应用。

7. 综合型问题

在复杂的系统中常会出现多种问题并存的复杂局面，即包含上述各类型问题共同存在于一项系统工程中，形成复杂的综合型问题。

二、传统的系统分析方法

1. 线性规划（LP）

线性规划是数学规划方法的一个分支，也是应用最为广泛的一种数学工具。它的数学理论和方法是用来求解约束条件为线性等式或不等式、目标函数为线性函数的最优化问题，即数学模型中各数学表达式均为线性函数。这种方法用于解决资源分配型问题、存储问题等。在水利水电工程中，用于制定河流开发规划最优方案，解决灌溉工程、除涝工程、排水工程以及水力发电工程的最优规划问题和编制最优运行方案等，都取得了良好的成果。

2. 非线性规划（NLP）

非线性规划也是数学规划的一个分支，其应用也很广泛。它的数学理论和方法是用来解决约束条件和目标函数中部分或全部存在非线性函数的有关问题。非线性规划方法有许多种，包括无约束条件的非线性规划、有约束条件的非线性规划、非线性规划问题的线性化方法等。非线性规划方法应用范围较广，在水利水电工程中也有应用。

3. 整数规划（IP）

整数规划的数学理论和方法是在线性规划的基础上发展起来的，它的基本特点是对研究的变量有特定的要求，即变量的取值必须是整数，甚至在某些情况下变量只有两个可能的数值，即0或1。全部变量为整数者，称整数规划；均为0或1变量者，称0—1规划；部分变量为整数，部分变量为任意非负实数者，称混合整数规划。其他特征与线性规划方法相同。这类方法在水利水电工程中用途也较广，因为许多变量所代表的对象，其性质决定它们必为整数，如施工机械、水力机械、运输工具等实物的数量只能是整数，不可能是其他数值。排序问题、组合问题多使用整数规划方法。

4. 动态规划（DP）

动态规划同属数学规划，这是一种多阶段决策理论和方法。它是把问题分成若干阶段，运用建立的递推关系逐阶段依次作出最优决策，并使全过程达到最优结果。鉴于它是对各个阶段确定最优决策，也称作多阶段决策过程，多阶段决策过程不仅用于把问题在时间上分成若干阶段，还可用于把问题在空间上分成若干阶段，即分成不同对象，区分不同位置等。动态规划是一种概念明确、计算思路简便的方法，因复杂程度的不同，这一方法还有常规动态规划、状态增量动态规划、离散微分动态规划等多种算法。动态规划的应用范围是同线性规划并列最为广泛的系统分析方法。在水利水电工程中，比较广泛地用于水资源最优分配、制定最优运行策略、解决流通运输等问题。

5. 二次规划

二次规划是非线性规划的一种特殊形式，它是求解目标函数和约束条件具有特定形式的系统分析方法，即用于求解目标函数为二次型、约束条件为线性函数的最优化方法。在这种情况下，目标函数的导数是决策变量的线性函数。因此，可以根据这一特殊性质，用微分算法进行求解，从而使之有一定的应用范围。在水利水电工程中也有应用，但受到数学模型形式的限制，并不广泛。

6. 几何规划

几何规划是系统分析方法中新发展起来的一种数学规划方法，也可以看做是非线性规划的一种特殊形式。在这种数学方法中，原则上目标函数和约束条件都应是独立变量的多项式。这种方法的特征不是首先寻求独立变量的最优解，而是寻求以最优方式将总目标值分配于目标函数的各项之中，当达到这样的最优分配时，通常只要考察几个简单的线性方程，便能计算出目标函数的最优解。如果这一最优解是合理可行的，则可进一步求出实现此最优解诸变量的最优方案。由于几何规划方法能有效地处理目标函数高度非线性化问题，所以用来求解费用最小化非线性规划问题，比其他方法更为方便，因而在系统分析中得到了比较广泛的应用。近十几年来，已在水利水电工程中有了不少应用实例。

7. 多目标决策技术

多目标决策技术也称多目标规划方法，它是解决同时存在两个或两个以上目标决策问题的方法。在复杂的系统中，常要求同时达到两个或两个以上目标。在一般情况下，这些目标大多是不可公度的，往往是相互矛盾的。这种技术的目的是在不可公度而又相互矛盾的目标之间，经过权衡、协调，求得满意的解决途径，而不是如单目标决策问题中那样求得最优解。多目标决策技术有权重系数法、约束法、多目标线性规划法、多目标动态规划法等。多目标决策技术发展迅速，应用也十分广泛，用来解决资源开发与分配问题，制定生产计划，解决经营管理问题等，有着大量的成功例证。在水利水电工程中，用于水资源规划与管理以及其他工程技术问题，实例也非常丰富。

8. 对策论

对策论，即博弈论，是解决竞争者应该采取何种对策的理论和方法，是解决对抗性局势问题的理论和方法。如果对抗双方可能采取的对策只有有限个，则是有限博弈；如果可能采取的对策为无限个，则是无限博弈；如果在对抗中获胜的一方和失败的一方得失恰好相等，则为零和博弈。目前，两方对抗的博弈问题已经有了解决办法，多方博弈问题尚不能解决。对策论（博弈论）在水利水电工程中的应用较为普遍，特别是应用于水电能源系统的运行管理。

9. 排队论

排队论是解决排队型问题的理论和方法。它是研究由于排队而产生的等待时间和排队长问题的理论和方法，也是改进服务系统工作过程的数学理论和方法。排队论是通过对各个服务对象的研究，揭示系统工作的规律，改进服务系统的工作能力，使之处于最优的工作状态之下。

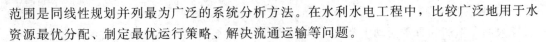

10. 网络技术

网络技术是以由节点和与节点相连接的直线构成的网络为手段，来简便而直观地表现物流、信息流、逻辑联系和决策层次结构等的方法。网络技术的基础是网络，使用的方法有网络图表作业、线性规划方法、动态规划方法等。网络技术多用来解决最短路程、最大最小流量、最小成本流、关键路线等有关问题，是十分普遍和有效的。在水利水电工程中，多用于工程施工管理、供水管网系统规划和设计等。

11. 模拟技术

在系统分析方法中，模拟技术是用途十分广泛的有效工具。它是用电子计算机程序模仿一个系统活动过程的方法，或者说，它是以电子计算机程序为模型，在电子计算机上进行模型试验的技术。这是模型试验的一种特殊形式。进行模型试验时，以计算机的各种输入作为模型试验的输入数据，以计算机的反复运算作为不同处理的试验过程，以计算机的输出作为系统工作的各项成果，即模型试验的结果。计算机模拟过程与物理模拟过程相似，后者是在实物模型上模仿原型的活动和工作，前者是在计算机模型上模仿系统的活动和工作，给出预期成果。

计算机模拟技术的核心工作是编制模拟程序，使之最大限度地模仿系统的真实情况，而使失真程度降至最低限度。

模拟技术与前述各种系统分析方法相比较，在一般情况下，前述各种系统分析方法可以提供问题的最优解，但由于受到数学模型模式的限制，常常需要对研究的对象做出某些必要的简化或概化，从而影响模型的仿真程度；模拟技术则相反，它的优点是有可能提高仿真程度，对于比较复杂的系统，能发挥更好的作用，求得满意的成果；但是它的缺点在于不能直接提供问题的最优答案，最优解的取得尚需要辅以其他手段和方法。

因此，对于复杂系统，模拟技术有着比较广泛的应用。在水利水电工程中，流域规划、水库群的规划与调度、灌溉配水计划、排水规划等多种工作，应用计算机模拟技术，都取得了满意的成果。

在实际工作中，模拟技术常与数学规划方法结合使用，相互取长补短，互为补充，以达到更好的效果。

12. 随机方法

随机方法是以概率论为基础发展起来的系统分析方法。系统分析的对象，就其性质来说，可以分成两大类：一是确定性问题，即把问题中的量看作是具有肯定数值的；二是随机性问题，即问题中的量是不肯定的，而看做是可用概率规律描述的随机量。后一情况在许多工程技术中是广泛存在的，在水利水电工程中，尤其如此。河川径流、天然降雨、灌溉用水、污染程度等都是随机性的量，因产生条件的变化而变化，不能用物理定律来表达，只能用概率统计规律来描述。这样就出现了反映某些量的随机性质的随机方法。

目前有许多随机方法，其中多数是渗透到前述各种方法之中的。例如运用数学规划的各种理论和方法求解问题，可以是常用的确定性方法，也可以是随机性方法，视量的性质不同而定。资源分配型问题、存储型问题等，都有应用确定性方法和随机性方法两种情况。有些类型的问题着重使用随机方法求解，如排队型问题、竞争型问题，这是因为涉及的量都是随机性的；有些类型的问题着重使用确定性方法，如使用整数规划的问题等；模拟技术既可用于确定性问题，也可用于随机性问题。

在水利水电工程中，常用的随机方法有随机线性规划，包括概率规划、机遇约束规划、随机动态规划、蒙特卡罗法、随机模拟技术等。随机模拟技术主要用于水文时序系列的生成。

13. 模糊决策方法

模糊决策是以模糊数学为基础发展起来的系统分析方法，属于不确定性数学方法的范畴。如果说，概率论的理论和方法把数学的应用从确定性的必然现象扩大到随机性的偶然现象，那么，模糊数学的理论和方法则把数学的应用从确定性的精确现象扩大到不确定性的模糊现象。模糊决策方法是对具有模糊性质的问题提供决策依据的方法。

水利水电工程中，特别是灌溉排水工程中，有许多事物和概念具有模糊性质，如水情偏枯、偏丰、中等干旱年等。因此模糊决策方法就有了可用于解决某些实际问题的场所。模糊决策方法包括隶属度确定方法、模糊聚类分析、模糊数学规划等。

在上述各种系统分析方法中，灌排工程中最常使用的是各种数学规划方法、模拟技术、网络技术、随机方法等。在具体实践中，常有两种或两种方法同时使用的情况出现，以便更准确地反映问题的实际情况或多方探求预期的结果。

在解决实际问题的过程中，系统分析方法常同其他学科领域的理论和方法结合使用，如经济分析方法、自动控制技术等。

系统分析工作为了取得课题的最优成果，时常涉及到工程的经济效益，从而同经济分析有着密切联系。在建立系统目标函数和进行系统评价时，经济分析是不可缺少的，这里要使用适宜的经济指标、经济比较准则以及各种经济计算方法。

系统分析工作时常同系统的控制密不可分，因而系统分析方法常同控制论方法结合使用。控制论的研究对象是系统控制，是控制者对控制对象施加一种主动影响，目的在于保持事物状态的稳定性或促使事物由一种状态向另一种状态转换，因此这类系统必须有两个基本部分，即控制主体和控制对象。前者也称施控系统，决定着控制活动的目的并向控制对象提供条件，发出指令；后者也称受控系统，是直接实现控制活动目的的部分，其运行结果反映了系统的功能。系统控制是人工系统活动的最常见行为，在水利水电工程中最为明显。因此，水利枢纽、灌排渠系的系统分析等不可避免地同它们的控制有密切关系，从而使系统分析工作与这类系统的控制活动结合起来。

应当指出，系统分析方法的内容和基础理论是很广泛的，许多分支的历史不长，并且尚在不断的充实和完善之中，有着广阔的发展前景。

三、现代智能优化方法

目前对优化问题的求解研究主要有三种思路：第一种是基于函数微分信息的解析优化思路，如非线性规划的梯度算法，该方法具有严格的理论证明，提出确切的优化算法，这些算法只要求解的问题满足一定的条件，保证能求出问题的全局或者是局部最优解；第二种基于动态规划最优化原理的求解多阶段决策问题的递推优化思路，该思路不需要目标函数具有明确的解析表达式，也不需要目标函数的导数信息；第三种是借鉴自然界生物群体所表现出的智能优化现象为基础而设计的智能优化思路，该思路的优化算法虽然不能够保证一定能得到问题的最优解，但这些算法的特点是也不需要目标函数具有可导性，只要知道输入输出即可，是目前优化算法研究热点和前沿课题。下面介绍几种主要的近代智能优化方法。

1. 人工神经网络

人工神经网络（Artifical Neural Networks，简称 ANNs）是高度非线性动力学系统，又是自适应自组织系统。它具有大规模并行协同处理能力和信息的分布式存储特性，同时具有一定的自适应、自学习能力，以及较强鲁棒性和容错性。这些优良的特性使神经网络可用来描述认知、决策及控制等的智能行为，特别是在预测、模式识别和系统优化等方面有着极其广泛的应用。

随着神经网络研究的进一步发展，特别是神经网络硬件实现技术进步，如人工神经网络的光电实现与分子实现，神经网络作为一种新兴的系统分析技术与方法在模式识别、系统优化、系统辨识与预测控制等领域有着极其广泛的应用前景。人工神经网络在灌溉排水系统的规划、设计、管理和运行中有非常广泛的应用，如参考作物腾发量的预测、灌溉制度优化和灌排系统的优化运行等。

2. 遗传算法

遗传算法（Genetic Algorithm，简称 GA）是模拟生物在自然环境中的遗传和进化过程而形成的一种自适应全局优化概率搜索算法。它最早是由美国 Michigan 大学的 Holland 教授提出，起源于 20 世纪 60 年代对自然和人工自适应系统的研究。遗传算法使用群体搜索技术，它通过对当前群体运用选择、交叉、变异等一系列遗传操作，从而产生新的一代群体，并逐步使群体进化到包含或接近最优解的状态。遗传算法具有思想简单、易于实现、应用效果明显等优点，特别是对于一些大型、复杂非线性系统，它表现出了比其他传统优化方法更加独特和优越的性能，使得在自适应控制、组合优化、管理决策等领域得到了广泛的应用。遗传算法已成为在实际的生产课题中求解非线性规划的一种有效的算法。

3. 粒子群算法

粒子群优化算法（Particle Swarm Optimization，简称 PSO）是由 Kennedy 和 Eberhart 于 1995 年提出的一种集群优化算法，它最早源于对鸟群觅食行为的研究。如果我们把一个优化问题看做是在空中觅食的鸟群，那么在空中飞行的一只觅食的“鸟”就是 PSO 算法中在解空间中进行搜索的一个“粒子（Particle)”，“食物”就是优化问题的最优解。PSO 算法采用速度—位置搜索模型，算法随机初始化一群粒子，然后通过迭代找到最优解。在每一次迭代中，每个粒子通过跟踪两个“极值”来更新自己。一个是粒子本身所找到的最优解，即个体极值，另一个是整个种群目前找到的最优解，称之为全局极值。PSO 与 GA 有很多共同之处，两者都随机初始化种群，使用适应值来评价系统和进行一定的随机搜索。但 PSO 是根据自己的速度来决定搜索，没有 GA 的明显的交叉和变异操作，而是粒子在解空间追随最优的粒子进行搜索。与 GA 比较，PSO 的优势在于简单容易实现，没有许多参数需要调试，同时又有深刻的智能背景，既适合科学研究，又特别适合工程应用。

4. 模拟退火算法

模拟退火算法（Simulated Annealing，简称 SA）是由 Kirkpatrick 等人于 1983 年提出的求解组合最优化问题的一种方法。近年来，不少中外学者在求解连续优化问题的全局最优解上取得较成功的结果。模拟退火算法来源于固体退火原理，将固体加温至充分高，再让其徐徐冷却。加温时，固体内部粒子随温升变为无序状，内能增大；而徐徐冷却时，粒子渐趋有序，在每个温度都达到平衡态，最后在常温时达到基态，内能减为最小。用固体退火模拟组合优化问题，将内能模拟为目标函数值，温度演化成控制参数，即得到解组合优化问题的模拟退火算法。由初始解和控制参数初值开始，对当前解重复“产生新解→计算目标函数差→接受或舍弃”的迭代，并逐步衰减，算法终止时的当前解为所得近似最优解，这是基于蒙特卡罗迭代求解法的一种启发式随机搜索过程。

5. 蚁群算法

蚁群算法是在 20 世纪 90 年代初才提出来的一种新型的模拟进化算法。它是由意大利学者 Dorigo、Mahiezzo、Colorni 等人受到人们对自然界中真实蚁群的群集智能行为的研究成果的启发提出来的，并称之为蚁群系统（Ant System）。它充分利用了蚁群搜索食物的过程与著名的旅行商问题之间的相似性，通过人工模拟蚂蚁搜索食物的过程（即通过个体之间的信息交流与相互协作最终找到从蚁穴到食物源的最短路径）来求解旅行商问题。随后，蚁群算法被用来求解调度问题、指派问题等经典优化问题得到了较好的效果，显示出蚁群算法在求解离散优化问题的优越性，证明它是一种具有广阔发展前景的好方法。

第四节　系统分析方法在灌排工程中的应用

系统的思想在我国古代的一些著名灌排工程中就有了光辉的体现。举世闻名的四川省都江堰工程就是卓越地体现了系统工程学思想的范例。都江堰工程利用岷江分水灌溉川西平原，包括“鱼嘴”分水工程、“飞沙堰”分洪排沙工程、“宝瓶口”引水工程三大主体工程和 120 个附属渠堰工程，构成一个整体，主体工程如图 1-1 所示。工程系统各组成部分的规划布局，恰到好处。外江、内江和宝瓶口的设计宽度及飞沙堰的规模也非常恰当地体现了全局的观点，既保证了川西平原的灌溉用水，又不会超量引水产生洪涝灾害，还维持了河道的长期稳定。实现这些目标完全靠一些堤堰和渠道，没有任何拦河的闸坝建筑，工程的建筑和维修完全采用当地材料，如杩槎、竹笼、石埂均用当地竹、木、卵石做成，降低了工程费用。工程系统的运行管理也

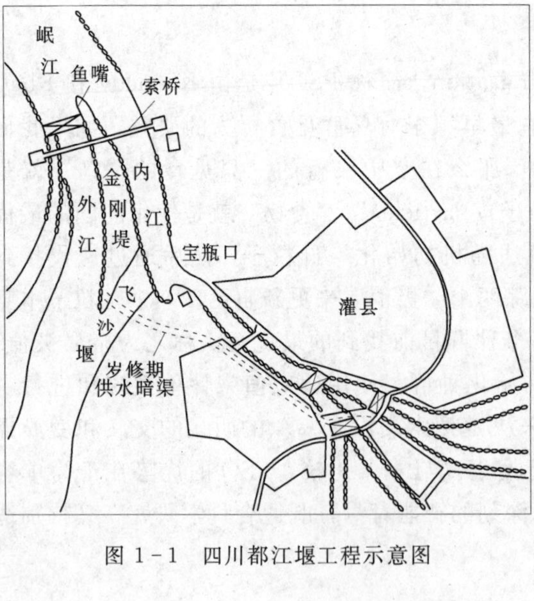

图 1-1　四川都江堰工程示意图

根据全局和动态的观点及长远效益观点形成了一套管理经验和制度，即都江堰的“三字经”和“六字诀”。可见，系统工程的思想早已被水利技术人员所理解，使整体考虑问题、综合分析问题、方案比较、择优决策等思想成为开展水利技术工作的思路，并持续地运用和发展，直到近代水利建设事业中。

运用近代系统分析方法解决水利和灌排问题，则是 20 世纪 50 年代中期开始的。美国哥伦比亚河流域规划、埃及尼罗河阿斯旺大坝发电和灌溉规划中应用系统分析方法，可以看做是标志着这种方法在水利工程中应用的起点，以后逐步发展而扩展到比较广阔的范围。

我国着手系统分析方法在水利工程中应用是从 20 世纪 50 年代末期开始的，目前已在许多领域得到应用，在江河治理、灌溉排水、水力发电、航运、供水、防洪等类水利工程中，在规划、设计、施工、运行管理等各种工作中，都有成功的应用实例。

系统分析方法在灌溉排水工程中的应用已深入到了各个组成部分和各类工作中。系统分析方法用于制定农作物灌溉制度、确定最优灌水时间和灌水量，特别是制定供水不足条件下农作物最优灌溉制度即缺水灌溉条件下灌溉制度，在 20 世纪 60 年代末期和 70 年代初期就已取得了良好的成果。在这一类工作中，使用了多种方法，线性规划、整数规划、非线性规划、动态规划、遗传算法、模拟技术、随机方法等都得到了应用。解决这类问题时，有的研究正常供水条件下的灌溉制度；有的研究非充分灌溉条件下的最优灌溉制度；有的建立了灌溉制度的确定性模型；有的建立了随机模型；有的模型适用于旱田作物；有的模型适用于水田作物；有的模型考虑了天然降雨的自相关；有的模型考虑了供水与用水的互相关；有的模型是将线性规划同动态规划结合起来使用；有的模型是将动态规划同模拟技术结合起来使用；有的则采用递阶结构模型；有的模型用于确定农作物最优种植面积；有的模型用于确定水稻最优移栽日期等。总之，系统分析方法在制定农作物灌溉制度的工作中，得到了多种形式的应用，是一个相当活跃的领域。

系统分析方法用于优化灌排系统田间工程的配置以及优选灌水方法，也取得了成果。对于一定的自然、气候和经济条件，如何配置田间工程，如何选择灌水技术，才能取得优化的结果，是一个涉及到使田间灌水管理达到理想境地，从而使提高农业生产率在最末一级环节上落到实处的重要问题。已有先例，运用系统分析方法，针对地形、土壤、土地平整条件、农作物种植方法及生长习性，拟订优化指标，对田间工程各个组成部分以及喷灌、地下灌溉、湿润灌溉等不同灌水方法进行分析，优选出最佳灌水技术，制定出田间工程最优配置和管理方案。

系统分析方法应用于灌溉输水与配水，近年来得到了有实用价值的发展，特别是与自动控制技术和电子计算机的应用有了良好的结合，从而提出了多种输水控制方法，产生了若干输水策略模型，实现了输水实时控制，并在最优配水策略的制定方面取得了良好成果。此外，系统分析方法还完成了水稻灌区配水模拟的研究，以及尼罗河三角洲地区配水模拟策略的制定等工作。事实证明，系统分析方法是解决灌溉用水管理问题的十分有效的工具，对于已建成的灌区使用各种数学规划方法和模拟技术，针对灌区运行具体年份的供水条件，解决供水量在不同部位之间、不同作物之间以及不同水源种类之间的最优分配，都取得了有利于提高灌溉效益的诸多成果，从而避免了用水分配的盲目性，提高灌溉水资源的合理利用程度，为农业带来更大的增产效益。

运用系统分析方法进行灌溉水源工程的规划与调度管理，是成果十分丰富的领域，对于灌溉水库和灌溉泵站的规划和管理的合理化，起着重要的推动作用，特别是灌溉水库工程。在灌溉水库和泵站等水源工程的规划和运行管理工作中，数学规划和模拟技术等方法的应用十分广泛，特别是灌溉水库以及包括灌溉在内的综合利用水库。在这类工作中，除了建立确定性模型之外，随机模型的研究也相当普遍，如机遇约束模型、随机优化模型、最优控制模型等。此外，多目标规划模型、递阶结构模型、优化模拟模型等的应用也比较普遍。应用系统分析方法、确定水源工程最优规模，编制其最优运行方案，在综合利用的情况下，协调各部门的用水需求，确定各部门用水的最优组合，是一个更为有效的决策途径。

运用系统分析方法研究水土资源平衡、制定灌溉工程规划，是成果十分丰富的领域。自20世纪60年代末期以来，这方面的研究工作发展是很快的，有人用线性规划方法研究了20世纪末水资源最优分配和最优农业用水量的问题；有人用线性规划和动态规划方法解决灌区规划问题，拟定最佳作物组成，确定最优种植比例；有人用线性规划、非线性规划和动态规划方法研究地下水和地下水联合运用于灌溉的课题，包括天然补给条件下地面水和地下水联合运用，以及人工回灌条件下地面水和地下水联合运用；有人运用各种优化方法解决提灌最优规划以及自流灌溉与提灌的最优组合问题等。20世纪90年代以来，国内外学者一致并多次强调合理、有效地利用水资源的问题，特别是灌溉农业用水是水资源供水的重大对象，在水资源利用方面具有举足轻重的作用。因此，提倡节约用水、提高水资源的有效利用程度；强调对水资源进行多用途的利用以提高其效益；这些工作要求把系统分析方法大量而多方面地引入灌溉规划工作，使之建立在更坚实的科学基础之上。

近些年来，国内外大量实践证明，环境问题与发展有着密不可分的关系，而灌溉环境问题与灌溉农业的发展关系密切，这就导致人们加强了对灌溉环境问题的研究和解决环境问题的实际工作，从而使系统分析方法在灌溉环境问题中的应用得到了较快的发展。运用系统分析方法研究灌溉对环境影响的评价；在进行水量调配与使用的规划与管理工作中，考虑水温、含盐量等水质因素的作用以及对生态和环境的影响；在河流灌溉水源防治污染的工作中，进行污水处理设施的最优布局、生化需氧量与溶解氧的平衡、建立水质保护系统满足灌溉用水和人畜饮水对水质的要求；进行环境质量的监测与保护等都愈来愈广泛地使用了系统分析方法。

系统分析方法在除涝排水工程上的应用已获得了较大的进展，排水渠系的布置、盐碱土地区地下水利用和地下水位控制、水网圩区除涝排水系统的最优规划和最优控制运行以及滨海地区的最优围垦规划等，都利用系统分析方法取得了成果，在生产实践中发挥了作用。

系统分析方法除了广泛应用于灌溉工程的规划和管理以外，还在设计、施工等各阶段的实际工作中，都有许多成功的实例。

在设计工作中目前普遍使用了系统分析方法。由于计算机的广泛运用，使结构设计的优化设计理论和方法发展较快，从而使各种数学规划方法进入了设计领域，使水工建筑物的设计工作发生了深刻的变化。结构优化设计的核心一般是对结构物设定一个理想的目标，要求在结构重量最轻、材料最省或造价最低等条件下，寻求结构的最优方案，这方面的实践工作已取得成效。

工程施工是系统分析方法应用的一个比较活跃的领域，施工现场总体布置、土石方开挖系统、出渣运输系统、碎石料筛分系统、混凝土拌和系统。

第二章

线性规划及其应用

线性规划（Linear Programming，简写为LP），是运筹学的一个重要分支。自从1947年丹捷格（G. B. Dantzig）提出了一种线性规划问题的求解方法——单纯形法之后，线性规划在理论上趋向成熟，在实用中日益广泛与深入。特别是随着电子计算机和各种商用计算软件的发展，更为线性规划在水利和其他领域的广泛应用提供了极大的帮助。现代的商用计算软件，一般都配备有线性规划的计算模块。对于一个实际问题，若能建立起该问题的线性规划模型，则只要将必要的数据输入计算机，并调用求解线性规划问题的专用程序，都可以很快获取计算结果，从而为决策者提供最佳的决策信息。目前，线性规划在工农业生产、资源配置、运输、军事和经济管理等事业中得到了广泛的应用，并获得了显著成效，已成为现代科学管理的重要手段之一。

线性规划是研究在人力和物力资源一定的情况下，如何恰当地运用这些资源，以达到最有效的目的。用数学语言表示，则是研究在一组线性等式及不等式的约束条件下，寻求某线性函数（也称目标函数）极值问题的数学理论和方法。本章将介绍线性规划的基本概念、理论基础和求解方法。

第一节　线性规划问题及其数学模型

一、问题的提出

在灌排工程或其他领域的经营管理中经常会碰到以下问题：在资源数量（如水资源、人力资源等）和资金等有限的条件下，寻求这些资源最有效的利用方案；或在任务已定的情况下，寻求完成任务且资源耗费最小的方案。即如何合理地利用有限的人力、物力、财力等资源，以便得到最好的效果。

【例 2-1】 某工厂在计划期内要安排生产甲、乙两种产品，已知生产单位产品所需的设备台时及A、B两种原材料的消耗以及每件产品的获利如表2-1所示。问该工程如何安排计划能使获利最大？

表 2-1　　**甲、乙产品的资源消耗及获利表**

资源＼产品	甲	乙	总资源数	资源＼产品	甲	乙	总资源数
设备（台时）	1	2	8	原材料B（kg）	0	1	3
原材料A（kg）	1	0	4	获利（元/件）	2	3	

解　该问题可以用下述数学模型来描述。

假设甲、乙两种产品在计划期内的产量分别为 x_1、x_2 件。因为设备的有效台时数为8，这是一个限制产量的条件，所以在确定产品甲、乙的产量时，要考虑不超过设备的有效台时数，即可用不等式表示为

$$x_1+2x_2\leqslant 8$$

同理，因原材料A、B的限量，可得到以下不等式

$$x_1\leqslant 4$$
$$x_2\leqslant 3$$

该工程的目标是在不超过所有资源限量的条件下，如何确定产量 x_1、x_2，以得到最大的利润。若用 Z 表示利润，这时 $Z=2x_1+3x_2$。

综上所述，该计划问题可用以下数学模型来表示：

目标函数　$\max Z=2x_1+3x_2$

满足约束条件　$x_1+2x_2\leqslant 8$

$$x_1\leqslant 4$$
$$x_2\leqslant 3$$

【例2-2】　某河流上下游相距10km处，已建成水库A及泵站B两灌溉取水水源工程，灌溉甲、乙、丙三个灌区，如图2-1所示。各灌区年需供水量的下限分别为400万 m^3、800万 m^3 和600万 m^3。经A、B两水源的来水资料与甲、乙、丙三灌区用水需求的配合计算，水库A及泵站B年供水能力分别为1200万 m^3 和800万 m^3，另据规划资料水库A、泵站B及其输水、配水设施的全部投资、年运行费等计算出每万立方米水量的供水成本见表2-2。问水库A和泵站B应如何对甲、乙、丙三灌区供水，其供水成本为最小？

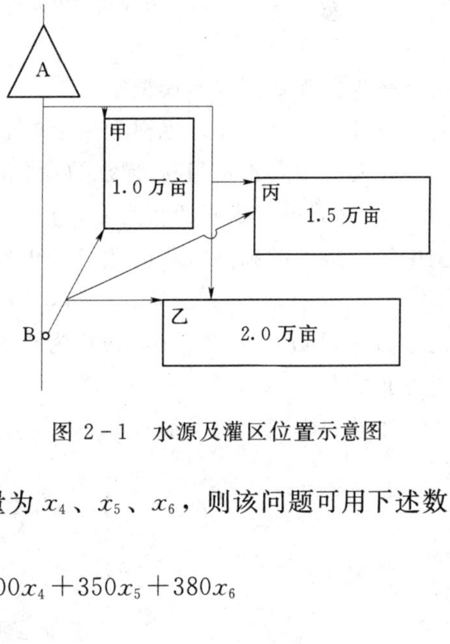

图2-1　水源及灌区位置示意图

解　假设水库A对灌区甲、乙、丙供水量分别为 x_1、x_2 和 x_3，泵站B对灌区甲、乙、丙供水量为 x_4、x_5、x_6，则该问题可用下述数学表达式来描述。

目标函数　$\min Z=400x_1+300x_2+320x_3+600x_4+350x_5+380x_6$

表2-2　　**供水成本表**　　单位：元/万 m^3

灌区名称＼水源	A	B
甲	400	600
乙	300	350
丙	320	380
灌区平均值	340	443.3

约束条件
$$\left.\begin{aligned}&x_1+x_4\geqslant 400\\&x_2+x_5\geqslant 800\\&x_3+x_6\geqslant 600\\&x_1+x_2+x_3\leqslant 1200\\&x_4+x_5+x_6\leqslant 800\\&x_1,x_2,\cdots,x_6\geqslant 0\end{aligned}\right\}$$

从以上两个例子可以看出，它们属于同一类型的优化问题，称为线性规划问题，在数学上具有以下共同特征。

（1）问题的所求均用一组未知变量（x_1，x_2，x_3，…，x_n）表出，这些变量称为**决策变量**或称为**设计变量**，且问题的每一个具体的方案，都用一组取值为非负的决策变量表示。

（2）每个问题都有一个决策变量或设计变量的线性目标函数，并有最大化或最小化两种类型。

（3）每个问题都存在若干约束条件，用一组线性等式或不等式来表达。

二、线性规划的数学模型

由前述推论，线性规划问题可用以下数学模型来表示

目标函数 $$\max(\text{或}\min)\ Z=c_1x_1+c_2x_2+\cdots+c_nx_n \tag{2-1}$$

满足约束条件 $$\left.\begin{aligned}a_{11}x_1+a_{12}x_2+\cdots+a_{1n}x_n\leqslant(=,\geqslant)b_1\\a_{21}x_1+a_{22}x_2+\cdots+a_{2n}x_n\leqslant(=,\geqslant)b_2\\\vdots\qquad\qquad\\a_{m1}x_1+a_{m2}x_2+\cdots+a_{mn}x_n\leqslant(=,\geqslant)b_m\end{aligned}\right\} \tag{2-2}$$

$$x_1,x_2,\cdots,x_n\geqslant 0 \tag{2-3}$$

在线性规划的数学模型中，式（2-1）称为目标函数，式（2-2）、式（2-3）称为约束条件，式（2-3）也称为变量的非负约束条件。

在模型中，Z 是目标函数的值；n 是决策变量 x 的数目，也称为线性规划的维数；c_1，c_2，…，c_n（或概括写为 c_j，$j=1$，2，…，n）称为价格系数；m 是线性规划数学模型中约束条件的独立方程的数目，也称为线性规划的阶数；a_{11}，a_{12}，…，a_{mn}（或概括的写为 a_{ij}，$i=1$，2，…，m，$j=1$，2，…，n）称为结构系数，即是约束条件中决策变量的系数；b_i（$i=1$，2，…，m）为常数；上述这些都应该是给定的任意实数，而 b_i 必须是非负数。

上述数学模型也可简写如下：

目标函数 $$\max(\text{或}\min)\ Z=\sum_{j=1}^{n}c_jx_j$$

约束条件 $$\sum_{j=1}^{n}a_{ij}x_j\leqslant b_i\ (=\text{或}\geqslant b_i)\quad(i=1,2,\cdots,m)$$

$$x_j\geqslant 0\quad(j=1,2,\cdots,n)$$

三、线性规划问题的标准形式

在线性规划模型的一般形式中，目标函数和约束条件都有各种不同的形式。目标函数有的要求最大值，有的要求最小值；约束条件可以是“≥”，也可以是“≤”或“=”的形式；决策变量一般是非负约束，但有时也允许在（−∞，+∞）范围内取值，即无约束。

为了计算方便起见，常将一般线性规划问题转划为如下的标准形式：

目标函数 $\max Z=c_1x_1+c_2x_2+\cdots+c_nx_n$

约束条件
$$\left.\begin{array}{l}a_{11}x_1+a_{12}x_2+\cdots+a_{1n}x_n=b_1\\a_{21}x_1+a_{22}x_2+\cdots+a_{2n}x_n=b_2\\\qquad\vdots\\a_{m1}x_1+a_{m2}x_2+\cdots+a_{mn}x_n=b_m\\x_1,x_2,\cdots,x_n\geqslant 0\end{array}\right\}$$

简写如下：

目标函数
$$\max Z=\sum_{j=1}^{n}c_jx_j$$

约束条件
$$\sum_{j=1}^{n}a_{ij}x_j=b_i\quad(i=1,2,\cdots,m)$$
$$x_j\geqslant 0\quad(j=1,2,\cdots,n)$$

如果引入向量和矩阵符号，记

$$\boldsymbol{C}=(c_1,c_2,\cdots,c_n)$$
$$\boldsymbol{X}=(x_1,x_2,\cdots,x_n)^T$$
$$\boldsymbol{b}=(b_1,b_2,\cdots,b_m)^T$$
$$\boldsymbol{A}=\begin{pmatrix}a_{11}&a_{12}&\cdots&a_{1n}\\a_{21}&a_{22}&\cdots&a_{2n}\\\vdots&\vdots&\ddots&\vdots\\a_{m1}&a_{m2}&\cdots&a_{mn}\end{pmatrix}=(a_{ij})_{m\times n}$$

则标准形式可表示为

$$\max \boldsymbol{Z}=\boldsymbol{CX}$$

约束于
$$\boldsymbol{AX}=\boldsymbol{b}$$
$$\boldsymbol{X}\geqslant 0$$

称 $\boldsymbol{A}$ 为约束条件的 $m\times n$ 维系数矩阵，一般 $m<n$，其中 m，$n\geqslant 0$；$\boldsymbol{b}$ 为资源向量；$\boldsymbol{C}$ 为价值向量；$\boldsymbol{X}$ 为决策向量。

实际碰到的各种线性规划问题的数学模型都应变换为标准形式后求解。

下面说明如何将线性规划问题的一般形式的数学模型转换为标准形式。

1. 约束条件的标准化——松弛变量法

当约束为不等式时，应视不等式为“$\geqslant$”或“$\leqslant$”号加入或减去一个非负的松弛变量使不等式约束成为等式约束。

如原约束为

$$\sum_{j=1}^{n}a_{ij}x_j\leqslant b_i\quad(i=1,2,\cdots,m)$$

则引入松弛变量 x_{n+i}，约束条件可以改写为

$$\sum_{j=1}^{n}a_{ij}x_j+x_{n+i}=b_i\quad(i=1,2,\cdots,m)$$
$$x_{n+i}\geqslant 0\quad(i=1,2,\cdots,m)$$

如果原约束为

$$\sum_{j=1}^{n} a_{ij}x_j \geqslant b_i \quad (i=1,2,\cdots,m)$$

则引入非负的剩余变量 x_{n+i}（也可称为松弛变量），约束条件可以改写为

$$\sum_{j=1}^{n} a_{ij}x_j - x_{n+i} = b_i \quad (i=1,2,\cdots,m)$$

$$x_{n+i}\geqslant 0 \quad (i=1,2,\cdots,m)$$

松弛变量在目标函数中相应的价格 $c_j=0$，其中 $j=n+1$，$n+2$，$\cdots$，$n+m$。

2. 自由变量的处理方法

当决策变量 x_j 既可取正值，也可取负值时，则可以把该决策变量用两个非负变量的组合来替代。例如：决策变量 x_k，在讨论的线性规划问题中无非负约束，则可以令 $x_k=x_k'-x_k''$，且 $x_k'\geqslant 0$，$x_k''\geqslant 0$。

在求解过程中，如果 $x_k'>0$，$x_k''=0$，则 x_k 取正值；反之 x_k 就取负值。

3. 常数项 b_i 为负值

如果遇到约束条件中的常数项有负值时，则可在该方程式的左、右端均乘以－1。使 b_i 成为非负。这里要注意的是，如果在不等式两端乘－1，则不等式应同时变号，然后再把不等式约束条件转化为等式；如果先把不等式转化为等式，再在约束方程式两端乘以－1，其结果是相同的。

4. 目标函数优化方向的变换

事实上，对于线性的目标函数 $f(x_1, x_2, \cdots, x_n)$ 均有

$$\max f(x_1,x_2,\cdots,x_n) = -\min[-f(x_1,x_2,\cdots,x_n)]$$

经过变换后，决策变量的最优解是不变的，目标函数的绝对值也相等，但极值的符号相反。

【例 2-3】 将下列线性规划模型转换为标准形式。

$$\min Z=x_1+x_2-2x_3-3x_4+x_4$$

$$\text{约束于}\quad \left.\begin{array}{l} 4x_1-3x_2+x_3+x_4\leqslant 5 \\ -x_1+x_2+x_3-2x_4\geqslant 12 \\ 3x_1+x_2+2x_3-3x_4=-1 \\ x_1,x_2,x_3\geqslant 0 \end{array}\right\}$$

解　(1) x_4 为自由变量，设 $x_4=x_4'-x_4''$，x_4'，$x_4''\geqslant 0$，则问题转化为以下形式

$$\min Z=x_1+x_2-2x_3-3x_4+x_4'-x_4''$$

$$\text{约束于}\quad \left.\begin{array}{l} 4x_1-3x_2+x_3+x_4'-x_4''\leqslant 5 \\ -x_1+x_2+x_3-2(x_4'-x_4'')\geqslant 12 \\ 3x_1+x_2+2x_3-3(x_4'-x_4'')=-1 \\ x_1,x_2,x_3,x_4',x_4''\geqslant 0 \end{array}\right\}$$

(2) 约束条件中含有 2 个不等式约束，分别引入松弛变量 x_5，x_6，则模型转化为

$$\min Z=x_2+x_2-2x_3-3x_4+x_4'-x_4''$$

$$\text{约束于}\ \left.\begin{aligned}&4x_1-3x_2+x_3+x_4'-x_4''+x_5=5\\&-x_1+x_2+x_3-2(x_4'-x_4'')-x_6=12\\&3x_1+x_2+2x_3-3(x_4'-x_4'')=-1\\&x_1,x_2,x_3,x_4',x_4'',x_5,x_6\geqslant 0\end{aligned}\right\}$$

（3）对常数项为负数的两端乘以－1，同时将目标函数转化为极大化问题，得该问题的标准形式为

$$\max Z'=-(x_1+x_2-2x_3-3x_4+x_4'-x_4'')$$

$$\text{约束于}\ \left.\begin{aligned}&4x_1-3x_2+x_3+x_4'-x_4''+x_5=5\\&-x_1+x_2+x_3-2(x_4'-x_4'')-x_6=12\\&-3x_1-x_2-2x_3+3(x_4'-x_4'')=1\\&x_1,x_2,x_3,x_4',x_4'',x_5,x_6\geqslant 0\end{aligned}\right\}$$

四、图解法

为便于描述线性规划的几何意义，对［例 2-1］利用图解法进行求解。

在以 x_1、x_2 为坐标轴的直角坐标系中，非负条件 x_1，$x_2\geqslant 0$ 是指第一象限。每个约束条件都代表一个半平面，如约束条件 $x_1+2x_2\leqslant 8$ 是代表以直线 $x_1+2x_2=8$ 为边界的左下方的半平面。可行域则是由 x_1，$x_2\geqslant 0$、$x_1+2x_2\leqslant 8$、$x_1\leqslant 4$、$x_2\leqslant 3$ 这五个半平面的交集，见图 2-2 中的阴影部分。

再分析目标函数 $Z=2x_1+3x_2$，在坐标平面上，它可以表示以 Z 为参数、$-2/3$ 为斜率的一簇平行线

$$x_2=-\frac{2}{3}x_1+\frac{1}{3}Z$$

位于同一直线上的点，具有相同的目标函数值，因而称它为“等值线”。当 Z 值由小变大时，直线 $x_2=-\frac{2}{3}x_1+\frac{1}{3}Z$ 向右上方平行移动。当移动到 Q_3 点时，可使 Z 值在可行域上实现最大化（图 2-2），这样就得到了［例 2-1］的最优解 Q_3，Q_3 的坐标为（4，2），即 $x_1=4$，$x_2=2$，对应的目标函数值是 14。

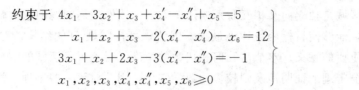

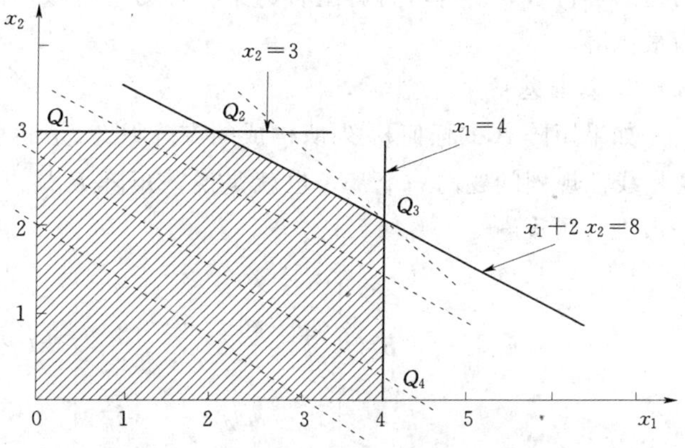

图 2-2　［例 2-1］图解法示意图

第二节　基本可行解与可行域

考虑标准形式的 LP 问题

$$\max Z=\boldsymbol{CX}$$
$$\text{约束于}\quad \boldsymbol{AX}=\boldsymbol{b}$$
$$\boldsymbol{X}\geqslant 0$$

这里约束条件 $\boldsymbol{Ax}=\boldsymbol{b}$ 和 $\boldsymbol{x}\geqslant 0$ 决定了可行区域 D（可行域）。显然在 LP 问题中，目标

函数与可行区域是独立而又相互联系的两个方面，线性规划问题的求解就是在可行区域中找到一个点，能够使目标函数达到最大。因此，可行区域 D 的结构，对于线性规划问题的求解具有重要的意义。本节从几何和代数的角度，讨论可行区域的结构及与解的对应关系。由于部分定理的证明涉及到较多的数学知识，因此对于一些定理，没有给出证明。

一、线性规划问题的基本概念

在讨论线性规划问题的求解方法之前，需要掌握线性规划解的概念。为讨论方便起见，以后如不特别声明总是假定所研究的问题为如下标准形式

$$\max Z = \sum_{j=1}^{n} c_j x_j \tag{2-4}$$

$$\text{约束于}\quad \sum_{j=1}^{n} a_{ij} x_j = b_i \quad (i=1,2,\cdots,m) \tag{2-5}$$

$$x_j \geqslant 0 \quad (j=1,2,\cdots,n) \tag{2-6}$$

同时假定系数矩阵 $A_{m\times n}=(a_{ij})_{m\times n}$ 的秩为 m，也即 A 有 m 个线性无关的列向量，对应于线性规划问题中没有多余的约束条件。

1. 可行解

满足约束条件式（2-5）和式（2-6）的解 $X=(x_1, x_2, \cdots, x_n)^T$，称为线性规划问题的可行解，所有可行解组合的集合称为可行域，而使目标函数达到最大值的可行解称为最优解。

2. 基与基解

如果矩阵 $\boldsymbol{A}$ 的任何 m 列所构成的方阵 $B_{m\times m}$ 是满秩的（即 $\boldsymbol{B}$ 的行列式 $|B|\neq 0$），则称 $\boldsymbol{B}$ 是线性规划问题的一个基。也就是说，矩阵 $\boldsymbol{B}$ 是由 m 个线性独立的列向量组成。不失一般性，可设

$$\boldsymbol{B}=\begin{pmatrix} a_{11} & a_{12} & \cdots & a_{1m} \\ a_{21} & a_{22} & \cdots & a_{2m} \\ \vdots & \vdots & \vdots & \vdots \\ a_{m1} & a_{m2} & \cdots & a_{mm} \end{pmatrix}=(P_1, P_2, \cdots, P_m)$$

称 P_j（$j=1, 2, \cdots, m$）为基向量，与基向量 P_j 对应的变量 x_j（$j=1, 2, \cdots, m$）称为基变量，否则称为非基变量。

为进一步讨论线性规划问题的解，下面研究约束方程组式（2-5）的求解问题。根据前面的假定，该方程组系数矩阵 $\boldsymbol{A}$ 的秩为 m，因 $m<n$，故它有无穷多个解。假设前 m 个变量的系数列向量是线性独立的，这时式（2-5）可变换为

$$\begin{pmatrix} a_{11} \\ a_{21} \\ \vdots \\ a_{m1} \end{pmatrix} x_1 + \begin{pmatrix} a_{12} \\ a_{22} \\ \vdots \\ a_{m2} \end{pmatrix} x_2 + \cdots + \begin{pmatrix} a_{1m} \\ a_{2m} \\ \vdots \\ a_{mm} \end{pmatrix} x_m = \begin{pmatrix} b_1 \\ b_2 \\ \vdots \\ b_m \end{pmatrix} - \begin{pmatrix} a_{1m+1} \\ a_{2m+1} \\ \vdots \\ a_{mm+1} \end{pmatrix} x_{m+1} - \cdots - \begin{pmatrix} a_{1n} \\ a_{2n} \\ \vdots \\ a_{mn} \end{pmatrix} x_n \tag{2-7}$$

或
$$\sum_{j=1}^{m} P_j x_j = \boldsymbol{b} - \sum_{j=m+1}^{n} P_j x_j$$

方程组式（2-7）的一个基是

$$B=\begin{pmatrix}a_{11} & a_{12} & \cdots & a_{1m}\\ a_{21} & a_{22} & \cdots & a_{2m}\\ \vdots & \vdots & \vdots & \vdots\\ a_{m1} & a_{m2} & \cdots & a_{mm}\end{pmatrix}=(P_1,P_2,\cdots,P_m)$$

设 $X_B=(x_1,x_2,\cdots,x_m)^{\mathrm{T}}$ 是对应于基 $\boldsymbol{B}$ 的基变量，则 $x_j(j=m+1,\cdots,n)$ 是对应于基 $\boldsymbol{B}$ 的非基变量。令非基变量取值为零，即 $x_j=0(j=m+1,\cdots,n)$，并用高斯消去法，可以求出一个解

$$X=(x_1,x_2,\cdots,x_m,0,\cdots,0)^T$$

这个解的非零分量的个数不大于方程个数 m，称 X 为基解。由此可见，有一个基就可以求出一个基解，且基解的个数至多为 C_n^m 个。

3. 基可行解和可行基

满足非负条件式（2-6）的基解，称为基可行解。可见，基可行解的非零分量的数目不大于 m。对应于基可行解的基，称为可行基。一般基可行解的数目要小于基解的数目。由基可行解的定义，基可行解一定是基解，但反之则不成立，因为基解不一定满足非负性限制。

若基解中有一个或一个以上的基变量的值为0，则称此基解是退化的；否则，称为非退化的。因此，在非退化的基可行解中，取正值的变量是基变量，取零值的变量是非基变量。

4. 最优解和基最优解

若 $\boldsymbol{x}^*=(x_1^*, x_2^*, \cdots, x_n^*)^T$ 是线性规划问题式（2-4）～式（2-6）的一个可行解，且对于其他的任一可行解 $x=(x_1, x_2, \cdots, x_n)^T$，均有 $c\boldsymbol{x}^*\geqslant c\boldsymbol{x}$ 成立，则称 $\boldsymbol{x}^*$ 为线性规划问题的最优解。若 $\boldsymbol{x}^*$ 又恰好是对应于某个基矩阵 B^* 的基解，则称 $\boldsymbol{x}^*$ 为基最优解，B^* 为最优基。

以上提出的几种解的概念，它们之间的关系可以用图 2-3 来表示。

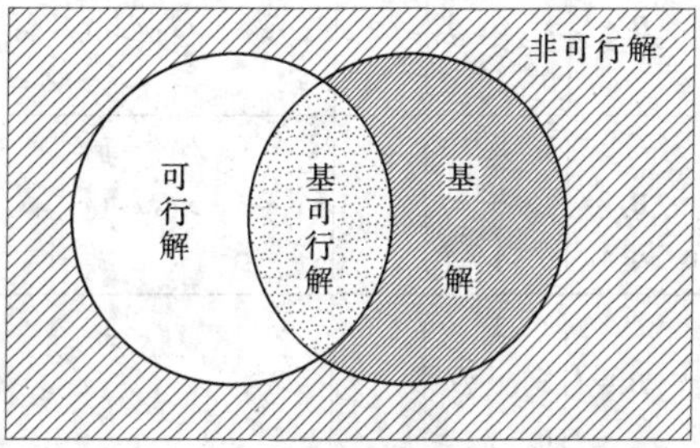

图 2-3　线性规划几种解的关系图

【例 2-4】 试以［例 2-1］来说明各种解的特征。

［例 2-1］的标准形式为

$$\max Z=2x_1+3x_2+0x_3+0x_4+0x_5$$

$$\text{约束于}\quad\left.\begin{aligned}&x_1+2x_2+x_3=8\\&x_1+x_4=4\\&x_2+x_5=3\\&x_j\geqslant 0\quad(j=1,2,\cdots,5)\end{aligned}\right\}$$

该线性规划问题的系数矩阵

$$\boldsymbol{A}=(P_1,P_2,P_3,P_4,P_5)=\begin{pmatrix}1 & 2 & 1 & 0 & 0\\ 1 & 0 & 0 & 1 & 0\\ 0 & 1 & 0 & 0 & 1\end{pmatrix}$$

其中 P_j（$j=1, 2, \cdots, 5$）是对应于 x_j（$j=1, 2, \cdots, 5$）的系数列向量。系数矩阵 $\boldsymbol{A}$

由 5 列组成，$m=3$，$n=5$。任取 3 列共有 $C_5^3=10$ 种不同的组合，因此基的个数≤10。下面来求解所有的基解。

选取

$$\boldsymbol{B}_1=\begin{pmatrix}1&2&1\\1&0&0\\0&1&0\end{pmatrix}$$

由于 $|B|\neq 0$，所以 $\boldsymbol{B}_1$ 是一个基，这时 x_1，x_2，x_3 为基变量，x_4，x_5 为非基变量。令 $x_4=x_5=0$，x_1，x_2，x_3 的值由方程组

$$\begin{cases}x_1+2x_2+x_3=8\\x_1\qquad\qquad\quad=4\\x_2\qquad\qquad\quad=3\end{cases}$$

来确定，解此方程组得到 $x_1=4$，$x_2=3$，$x_3=-2$。由此得到和基 $\boldsymbol{B}_1$ 对应的基解为 $\boldsymbol{x}^{(1)}=(4,3,-2,0,0)^T$。

用类似的方法可以求出其他的基解，结果列于表 2-3。

表 2-3　［例 2-3］的基矩阵、基变量及对应的基解

基矩阵	基变量	非基变量	对应的基解
$\boldsymbol{B}_1=\begin{pmatrix}1&2&1\\1&0&0\\0&1&0\end{pmatrix}$	x_1,x_2,x_3	x_4,x_5	$\boldsymbol{x}^{(1)}=(4,3,-2,0,0)^T$
$\boldsymbol{B}_2=\begin{pmatrix}1&2&0\\1&0&1\\0&1&0\end{pmatrix}$	x_1,x_2,x_4	x_3,x_5	$\boldsymbol{x}^{(2)}=(2,3,0,2,0)^T$
$\boldsymbol{B}_3=\begin{pmatrix}1&2&0\\1&0&0\\0&1&1\end{pmatrix}$	x_1,x_2,x_5	x_3,x_4	$\boldsymbol{x}^{(3)}=(4,2,0,0,1)^T$
$\boldsymbol{B}_4=\begin{pmatrix}1&1&0\\1&0&0\\0&0&1\end{pmatrix}$	x_1,x_3,x_5	x_2,x_4	$\boldsymbol{x}^{(4)}=(4,0,4,0,3)^T$
$\boldsymbol{B}_5=\begin{pmatrix}1&0&0\\1&1&0\\0&0&1\end{pmatrix}$	x_1,x_4,x_5	x_2,x_3	$\boldsymbol{x}^{(5)}=(8,0,0,-4,3)^T$
$\boldsymbol{B}_6=\begin{pmatrix}2&1&0\\0&0&1\\1&0&0\end{pmatrix}$	x_2,x_3,x_4	x_1,x_5	$\boldsymbol{x}^{(6)}=(0,3,2,4,0)^T$
$\boldsymbol{B}_7=\begin{pmatrix}2&0&0\\0&1&0\\1&0&1\end{pmatrix}$	x_2,x_4,x_5	x_1,x_3	$\boldsymbol{x}^{(7)}=(0,4,0,4,3)^T$
$\boldsymbol{B}_8=\begin{pmatrix}1&0&0\\0&1&0\\0&0&1\end{pmatrix}$	x_3,x_4,x_5	x_1,x_2	$\boldsymbol{x}^{(8)}=(0,0,8,4,3)^T$

从表 2-3 中的计算结果可知：$\boldsymbol{x}^{(2)}$，$\boldsymbol{x}^{(3)}$，$\boldsymbol{x}^{(4)}$，$\boldsymbol{x}^{(6)}$，$\boldsymbol{x}^{(7)}$，$\boldsymbol{x}^{(8)}$ 是基可行解，$\boldsymbol{x}^{(1)}$，$\boldsymbol{x}^{(5)}$ 是基解，但不是基可行解。

下面的定理给出了判别一个可行解是否为基可行解的准则。

定理 2.1　可行解 $\bar{x}$ 是基本可行解当且仅当它的正分量所对应的列向量线性无关。

二、线性规划的几何理论

首先介绍几个重要的概念。

(1) 凸集。设 K 是 n 维欧氏空间的点集，若任意两点 $X^{(1)}\in K$，$X^{(2)}\in K$ 的连线上的所有点 $\lambda X^{(1)}+(1-\lambda)X^{(2)}\in K$ $(0\leqslant\lambda\leqslant1)$ 成立，则称 K 为凸集。这里 $\lambda X^{(1)}+(1-\lambda)X^{(2)}$ 称为 $X^{(1)}$、$X^{(2)}$ 的凸组合。

实心圆、实心球体、实心立方体等都是凸集，圆周、圆环不是凸集。从直观上讲，凸集没有凹入部分，其内部没有空洞。图 2-4 (a)、(b)、(c) 和 (d) 是凸集，图 2-4 (e) 不是。其中图 2-4 (a)、(b) 是有界凸集，图 2-4 (c)、(d) 是无界凸集。

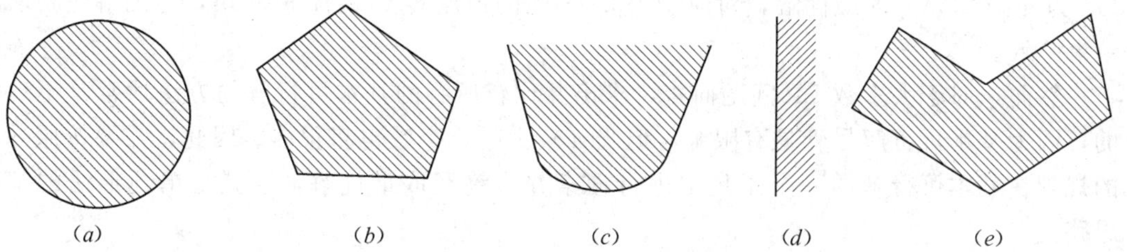

图 2-4　集合示意图

(2) 凸组合。设 $X^{(1)}$，$X^{(2)}$，…，$X^{(k)}$ 是 n 维欧氏空间中的 k 个点，若存在 μ_1，μ_2，…，μ_k，且 $0\leqslant\mu_i\leqslant1$，$i=1$，2，…，$k$；$\sum_{i=1}^{k}\mu_i=1$，使

$$X=\mu_1X^{(1)}+\mu_2X^{(2)}+\cdots+\mu_kX^{(k)}$$

则称 X 为 $X^{(1)}$，$X^{(2)}$，…，$X^{(k)}$ 的凸组合。

定理 2.2　$\boldsymbol{D}=\{\boldsymbol{x}\mid\boldsymbol{Ax}=\boldsymbol{b},\ x\geqslant\boldsymbol{0}\}$ 是凸集。

证：任取 $X^{(1)}$，$X^{(2)}\in D$，令 $X=\lambda X^{(1)}+(1-\lambda)X^{(2)}$，其中 $0\leqslant\lambda\leqslant1$。由于 $X^{(1)}$，$X^{(2)}\geqslant0$，故 $X\geqslant0$。

又 $AX^{(1)}=\boldsymbol{b}$，$AX^{(2)}=\boldsymbol{b}$，故

$$AX=\lambda AX^{(1)}+(1-\lambda)AX^{(2)}=\lambda\boldsymbol{b}+(1-\lambda)\boldsymbol{b}=\boldsymbol{b}$$

即 $X\in D$。证毕。

(3) 界面 (face)。凸集 C 的非空凸子集 C' 若满足条件：如果 $\boldsymbol{u}\in C'$，存在 $X^{(1)}$，$X^{(2)}\in C$，使得 $\boldsymbol{u}$ 在线段 $X^{(1)}X^{(2)}$ 上 [记为 $u\in(X^{(1)},X^{(2)})$]，则可推出 $X^{(1)}$，$X^{(2)}\in C'$，就称 C' 是 C 的一个界面。

定理 2.3　$\boldsymbol{D}=\{\boldsymbol{x}\mid\boldsymbol{Ax}=\boldsymbol{b},\ x\geqslant\boldsymbol{0}\}$ 的子集 $\boldsymbol{D}'$ 为 $\boldsymbol{D}$ 的一个界面当且仅当存在集合 $\boldsymbol{Q}\subseteq\{1,2,\cdots,n\}$，使得 $\boldsymbol{D}'=\{\boldsymbol{x}\mid\boldsymbol{Ax}=\boldsymbol{b},\ x\geqslant\boldsymbol{0}$，且 $x_j=\boldsymbol{0}$ 当 $j\in\boldsymbol{Q}\}$。

凸集 C 的 1 维界面也称为边 (edge)，0 维界面也称为极点 (extreme point)。若两个

极点在同一条边上，便说它们是相邻的（adjacent)，极点直接定义为：$x \in C$，若 $\boldsymbol{x}=\lambda \boldsymbol{x}^{(1)}+(1-\lambda)\boldsymbol{x}^{(2)}$，$\boldsymbol{x}^{(1)}$，$\boldsymbol{x}^{(2)} \in C$，$0 \leqslant \lambda \leqslant 1$，必有 $\boldsymbol{x}=\boldsymbol{x}^{(1)}=\boldsymbol{x}^{(2)}$，则称 $\boldsymbol{x}$ 为 C 的极点。直观地说，极点不是 C 中任意线段的内点。

对于可行域的极点和 LP 问题的基本可行解，有以下定理成立。

定理 2.4　若 $D=\{\boldsymbol{x} \mid \boldsymbol{A}\boldsymbol{x}=b,\ \boldsymbol{x} \geqslant \boldsymbol{0}\} \neq \Phi$，则 $\boldsymbol{D}$ 必有极点。

定理 2.5　$\bar{\boldsymbol{x}}$是基本可行解当且仅当它是 $\boldsymbol{D}$ 的极点。

定理 2.6　若一个标准形的 LP 问题有可行解，则它必有基本可行解。

定理 2.7　若 LP 问题的可行域有界，则该 LP 问题的目标函数一定在其可行域的顶点上达到最优。

定理 2.7 的意义是显然的，它和定理 2.5 一起被称为线性规划的基本定理。根据该定理的结论，求解标准形的 LP 问题，只需要在基本可行解的集合中进行搜索（如果它的目标函数有有限最优值)。

根据定理 2.7，对［例 2-4］中基可行解的计算，可知基可行解 $\boldsymbol{x}^{(3)}=(4,2,0,0,1)^{\mathrm{T}}$ 为［例 2-4］的最优解，对应于图 2-3 中的顶点 Q_3，最优值为 14，与图解法获取的结果一致。

然而，对于大多数 LP 问题而言，求出并比较所有的基本可行解的方法通常是不现实的，因为基本可行解尽管是有限个，但当 n 较大时，个数也将很多。因此，需要按照一定的规则在基本可行解的一个子集中进行搜索并最终获取最优解，这就是单纯形法的基本思路。

第三节　单　纯　形　法

一、基本思路

单纯形法的基本思路是：首先求得线性规划问题的一个基可行解（极点)；然后从这个基可行解出发，利用换基迭代法求得能使目标函数值有所改进的另一个基可行解。重复以上过程，直到求得问题的最优解或判断问题误解。

现通过一个例题利用消去法求解一个线性规划问题来说明以上思路。

【例 2-5】　试以［例 2-1］来讨论它的求解。［例 2-1］的标准形式为

$$\max Z=2x_1+3x_2+0x_3+0x_4+0x_5 \tag{2-8}$$

$$\text{约束于}\quad \left.\begin{aligned} x_1+2x_2+x_3&=8 \\ x_1+x_4&=4 \\ x_2+x_5&=3 \\ x_j\geqslant 0\quad (j&=1,2,\cdots,5) \end{aligned}\right\} \tag{2-9}$$

该线性规划问题的系数矩阵

$$A=(P_1,P_2,P_3,P_4,P_5)=\begin{pmatrix} 1 & 2 & 1 & 0 & 0 \\ 1 & 0 & 0 & 1 & 0 \\ 0 & 1 & 0 & 0 & 1 \end{pmatrix}$$

显然，x_3，x_4，x_5 的系数列向量

$$P_3=\begin{pmatrix}1\\0\\0\end{pmatrix},P_4=\begin{pmatrix}0\\1\\0\end{pmatrix},P_5=\begin{pmatrix}0\\0\\1\end{pmatrix}$$

是线性独立的，这些向量构成一个基

$$B=(P_3,P_4,P_5)=\begin{pmatrix}1&0&0\\0&1&0\\0&0&1\end{pmatrix}$$

对应于基 B 的变量 x_3，x_4，x_5 是基变量，从式（2-9）中可以得到

$$\left.\begin{aligned}x_3&=8-x_1-2x_2\\x_4&=4-x_1\\x_5&=3-x_2\end{aligned}\right\}\tag{2-10}$$

将式（2-10）代入目标函数式（2-8）得到

$$Z=0+2x_1+3x_2\tag{2-11}$$

令非基变量 $x_1=x_2=0$，得到 $Z=0$，这时得到一个基可行解 $X^{(0)}=(0,0,8,4,3)^T$，表示工厂没有安排生产产品甲、乙，资源都没有被利用，所以工厂的利润 $Z=0$。

分析目标函数的表达式（2-11）：非基变量 x_1、x_2（即没有安排生产产品甲、乙）的系数都是正数，因此若将非基变量转化为基变量，则目标函数的值就可能增大。所以只要在目标函数的表达式中还存在正系数的非基变量，就表示目标函数值还有增加的可能，需要进一步将非基变量与基变量进行对换。一般选择正系数最大的那个非基变量为换入变量（本题为 x_2），把它换入到基变量中，同时还要确定基变量中有一个要换出来成为非基变量，可按以下方法来确定换出变量。

现分析式（2-10），当将 x_2 定为换入变量后，必须从 x_3，x_4，x_5 中换出一个，同时保证没有被换出的变量取值仍为非负。

因 x_1 仍为非基变量，取 $x_1=0$，由式（2—10）得到

$$\left.\begin{aligned}x_3&=8-2x_2\geqslant 0\\x_4&=4\geqslant 0\\x_5&=3-x_2\geqslant 0\end{aligned}\right\}\tag{2-12}$$

从式（2-12）中可以看出，只有选择

$$x_2=\min\{8/2,-,3\}=3$$

时，才能使式（2-12）成立。当 $x_2=3$ 时，基变量 $x_5=0$，这就决定用 x_2 去替换 x_5。

以上数学描述说明了每生产一件产品乙，需要用掉各种资源数为（2，0，1），由这些资源中的薄弱环节，就确定了产品乙的产量。

为了求得以 x_3，x_4，x_2 为基变量的一个基可行解和进一步分析问题，需将式（2-10）中的 x_2 与 x_5 的位置对换，并利用高斯消去法，得到

$$\left.\begin{aligned}x_3&=2-x_1+2x_5\\x_4&=4-x_1\\x_2&=3-x_5\end{aligned}\right\}\tag{2-13}$$

令非基变量 $x_1=x_5=0$，得到基可行解 $X^{(2)}=(0,3,2,4,0)^T$，此时 $Z=9$。

再将式（2-13）代入目标函数的表达式得到 $Z=9+2x_1-3x_5$。由此可见，非基变量 x_1 的系数仍为正数，增加 x_1 的取值，还可以使目标函数值进一步增大。于是再利用上述方法，确定换入变量 x_1，换出变量 x_3，继续进行迭代，再得到另一个基可行解 $X^{(3)}=(2,3,0,2,0)^T$。

再经过一次迭代，得到另一个基可行解 $X^{(4)}=(4,2,0,0,1)^T$。

而这时得到目标函数的表达式是 $Z=14-3/2x_3-1/2x_4$，此时所有非基变量的系数均为负数。这说明如果非基变量的值如果由零增加到某个正数，则目标函数的值会减少。因此 $X^{(4)}$ 为最优解，最优值为 14。

现将迭代法得到的结果与［例 2-3］中的图形解法结合起来作一对比。［例 2-1］中的线性规划问题是二维的，即有两个变量 x_1、x_2；当加入松弛变量后，变换为高维的，满足所有约束条件的可行域是高维空间的凸多面体。这凸多面体的顶点，就是基可行解。初始基可行解 $X^{(1)}$ 相当于图 2-2 中的坐标原点，$X^{(2)}$ 相当于顶点 Q_1，$X^{(3)}$ 相当于顶点 Q_2，$X^{(4)}$ 相当于顶点 Q_3。

二、单纯形法的计算步骤

由［例 2-5］可见，用单纯形法求解线性规划问题大体上分为三步进行：第一步是求得一个初始的基可行解；第二步是判断该基可行解是否是最优解或原问题是否有最优解；第三步是如果不是最优解，则如何进行换基迭代运算，以求得能使目标函数值有所改进的另一基可行解。

1. 初始基可行解的确定

为了确定初始基可行解，要首先找出初始可行基。考虑标准形式的线性规划

$$\max Z=\boldsymbol{cx}$$

$$\text{约束于}\quad \boldsymbol{Ax}=\boldsymbol{b}$$

$$\boldsymbol{x}\geqslant 0$$

我们假定已经找到了一个基可行解，也就是说已经找到了一个基 B，并且已经把 LP 模型中的约束方程变换为等价的方程组

$$\boldsymbol{x}_B+B^{-1}N\boldsymbol{x}_N=B^{-1}\boldsymbol{b} \tag{2-14}$$

这里 $B=(\boldsymbol{a}_{B_1},\boldsymbol{a}_{B_2},\cdots,\boldsymbol{a}_{B_m})$，对应的 $\boldsymbol{x}_B=(x_{B_1},x_{B_2},\cdots,x_{B_m})$，且有 $B^{-1}\boldsymbol{b}>0$。N 是由 A 中对应于基 B 的非基列所构成的矩阵，$\boldsymbol{x}_N$ 则由所有的非基变量构成。为叙述方便，假定 $B=(\boldsymbol{a}_1,\boldsymbol{a}_2,\cdots,\boldsymbol{a}_m)$，记向量

$$\bar{\boldsymbol{a}}_j=B^{-1}\boldsymbol{a}_j=(\bar{a}_{1j},\cdots,\bar{a}_{mj})^T\quad (j=1,2,\cdots,n)$$

$$\bar{\boldsymbol{b}}=B^{-1}\boldsymbol{b}=(\bar{b}_1,\cdots,\bar{b}_m)^T$$

$$\overline{N}=B^{-1}N$$

则式（2-14）可写成

$$\boldsymbol{x}_B+\overline{N}\boldsymbol{x}_N=\bar{\boldsymbol{b}} \tag{2-15}$$

或
$$x_B + \sum_{j=m+1}^{n} x_j \bar{a}_j = \bar{b}$$

显然，若选取的基不同，则对应的方程表达式也不同。把式（2-15）所表示的 m 个方程称为对应于基 B 的典式方程组，简称典式。若典式（2—15）中 $\bar{b} \geqslant 0$，则对应着基可行解 $\bar{x} = \begin{pmatrix} \bar{b} \\ 0 \end{pmatrix}$。

一般来说，最直观和简单的可行基就是 B 是一个 m 阶的单位矩阵。因为在标准形式中，右端常数均非负，由典式（2-15）计算得到肯定是一个基可行解。例如，有约束方程组为

$$\left.\begin{aligned} x_1 + x_2 + x_4 = 6 \\ 3x_2 + x_3 - x_4 + x_5 = 8 \\ -2x_2 + 3x_4 + 2x_5 + x_6 = 7 \end{aligned}\right\}$$

这时可选取系数矩阵中的第一、第三、第六列所构成的单位矩阵为初始基矩阵，从而选取 x_1，x_3，x_6 为基变量，x_2，x_4，x_5 为非基变量，令 $x_2 = x_4 = x_5 = 0$，得到初始基可行解 $X=(6,0,8,0,0,7)^T$。

如果在标准形式的线性规划模型中没有一个明显的单位矩阵，则可通过加入人工变量的方法构造一个单位矩阵，关于这个方法将在后文中深入讨论。

2. 最优性判别准则与迭代

最优性的判别和目标函数有关。在对约束方程进行变换后，目标函数也作相应的变换，将它用非基变量来表示

$$\begin{aligned} Z &= \boldsymbol{cx} \\ &= \boldsymbol{c}_B \boldsymbol{x}_B + \boldsymbol{c}_N \boldsymbol{x}_N \\ &= \boldsymbol{c}_B (\bar{\boldsymbol{b}} - \bar{N} \boldsymbol{x}_N) + \boldsymbol{c}_N \boldsymbol{x}_N \\ &= \boldsymbol{c}_B \bar{\boldsymbol{b}} + (\boldsymbol{c}_N - \boldsymbol{c}_B \bar{N}) \boldsymbol{x}_N \\ &= \boldsymbol{c}_B \bar{\boldsymbol{b}} + \sum_{j=m+1}^{n} (c_j - \boldsymbol{c}_B \bar{\boldsymbol{a}}_j) \boldsymbol{x}_j \end{aligned} \qquad (2-16)$$

我们用 Z_0 表示基可行解 $\bar{\boldsymbol{x}}$ 所对应的目标函数值，则 $Z_0 = \boldsymbol{c}\bar{\boldsymbol{x}} = \boldsymbol{c}_B \bar{\boldsymbol{b}}$，也就是式（2-16）的常数项。

由于 $\bar{\boldsymbol{a}}_1$，$\bar{\boldsymbol{a}}_2$，…，$\bar{\boldsymbol{a}}_m$ 是单位向量，故当 $j=1$，…，m 时，有

$$c_j - \boldsymbol{c}_B \bar{\boldsymbol{a}}_j = 0$$

如果引入记号

$$\sigma_j = c_j - \boldsymbol{c}_B \bar{\boldsymbol{a}}_j \quad (j=1,\cdots,n)$$

或者用向量表示

$$\sigma = \boldsymbol{c} - \boldsymbol{c}_B B^{-1} A = (\sigma_1, \cdots, \sigma_n) = (\boldsymbol{\sigma}_B, \boldsymbol{\sigma}_N) = (0, \boldsymbol{c}_N - \boldsymbol{c}_B B^{-1} N)$$

则式（2-16）可记为

$$Z = \boldsymbol{c}_B \bar{\boldsymbol{b}} + \sigma \boldsymbol{x}$$

因而，经过变换后的问题可叙述如下

$$\max Z = Z_0 + \boldsymbol{\sigma x} \tag{2-17}$$

$$\text{约束于} \quad \boldsymbol{x}_B + B^{-1}N\boldsymbol{x}_N = \bar{\boldsymbol{b}} \tag{2-18}$$

$$\boldsymbol{x} \geqslant 0$$

它对应着基可行解 $\bar{\boldsymbol{x}} = \begin{pmatrix} \bar{\boldsymbol{b}} \\ 0 \end{pmatrix}$。

对于以上定义的 $\boldsymbol{\sigma}$，可以用来检验目标函数是否达到最优，称 $\boldsymbol{\sigma}$ 为检验向量，而其分量 σ_j 称为检验数。对于检验数，有以下的定理成立。

定理 2.8（最优解判别定理）　若式（2-17）中 $\boldsymbol{\sigma} \leqslant 0$，则 $\bar{\boldsymbol{x}}$ 为原问题的最优解。

证　设 $\boldsymbol{x}$ 为原问题的任一可行解，由 $\boldsymbol{x} \geqslant 0$ 可知 $\boldsymbol{\sigma x} \leqslant 0$，从而 $\boldsymbol{c}\bar{\boldsymbol{x}} = z_0 \geqslant z_0 + \boldsymbol{\sigma x} = \boldsymbol{cx}$。

定理 2.9（无界解判别定理）　若式（2-17）中向量 $\boldsymbol{\sigma}$ 有分量 $\boldsymbol{\sigma}_k > 0$（显然 $m+1 \leqslant k \leqslant n$），而向量 $\bar{\boldsymbol{a}}_k \leqslant 0$，则原问题有无界解。

定理 2.10　若式（2-17）中有 $\boldsymbol{\sigma}_k > 0$，且 $\bar{\boldsymbol{a}}_k$ 至少有一个正分量，则能找到基本可行解 $\hat{\boldsymbol{x}}$，使 $\boldsymbol{c}\hat{\boldsymbol{x}} > \boldsymbol{c}\bar{\boldsymbol{x}}$。

该定理的证明主要是构造出 $\hat{\boldsymbol{x}}$，令

$$\theta = \min\left\{\frac{\bar{b}_i}{\bar{a}_{ik}} \middle| a_{ik} > 0, i = 1, \cdots, m\right\} = \frac{\bar{b}_r}{\bar{a}_{rk}} > 0 \tag{2-19}$$

$$\hat{\boldsymbol{x}} = \bar{\boldsymbol{x}} + \theta\left[\begin{pmatrix} -\bar{\boldsymbol{a}}_k \\ 0 \end{pmatrix} + \boldsymbol{e}_k\right] = \begin{pmatrix} \bar{\boldsymbol{b}} - \theta\bar{\boldsymbol{a}}_k \\ 0 \end{pmatrix} + \theta\mathbf{e}_k \tag{2-20}$$

可以证明 $\hat{\boldsymbol{x}}$ 即为所求，以下证明略。

这三个定理实际上是本节例题的推广，也给出了单纯形法的迭代步骤。我们考察一个基本可行解 $\bar{\boldsymbol{x}}$ 时，如果对应的目标函数中 $\boldsymbol{\sigma} \leqslant 0$，则 $\bar{\boldsymbol{x}}$ 便是最优解；如果有 $\sigma_k > 0$ 且 $\bar{\boldsymbol{a}}_k \leqslant 0$，则原问题无界；如果 $\sigma_k > 0$ 且 $\bar{\boldsymbol{a}}_k$ 含有正分量，那么可根据式（2-19）和式（2-20）求出另一个基本可行解，使目标函数值减少。得到的改进的基可行解，是使原来的非基变量 x_k 变成取正值的基变量，同时使原来的基变量 x_r 取值减少到零，从而变成非基变量。也就是说，将原来的基 $B = (\boldsymbol{a}_1, \cdots, \boldsymbol{a}_{r-1}, \boldsymbol{a}_r, \boldsymbol{a}_{r+1}, \cdots, \boldsymbol{a}_m)$ 换成另一个基 $\hat{B} = (\boldsymbol{a}_1, \cdots, \boldsymbol{a}_{r-1}, \boldsymbol{a}_k, \boldsymbol{a}_{r+1}, \cdots, \boldsymbol{a}_m)$。这种变换称为换基，其中 x_k 称为进基，x_r 称为出基变量。得到新的基本可行解后，再检验、迭代，这样便可以得到一个基本可行解的序列。由于基本可行解的个数是有限的，故最终一定能找到最优解或者判定无界解。

在检验过程中，如果 $\boldsymbol{\sigma}$ 有不止一个正分量，则为了使目标函数上升较快，一般选取最大的那个 σ_k 所对应的列向量 $\boldsymbol{a}_k$ 进入基。

不难看出，在以上迭代（也称为旋转运算）中迭代前后的两个可行基有 $m-1$ 个相同的列向量，这样的可行基成为相邻基。相邻可行基所对应的要么是相邻的极点，要么是同一个极点。单纯形法就是不断地从一个可行基迭代到与它相邻的另一个可行基，直到找到对应着最优基本可行解的基，也就是最优基，或者判定问题无界。以下给出单纯形法的计

算步骤。

3. 单纯形法的计算步骤

步骤 1　找出初始可行基，确定初始基可行解。

步骤 2　求出对应的典式［式（2-15）］。

步骤 3　求 $\sigma_k=\max\{\sigma_j \mid j=1, \cdots, n\}$。

步骤 4　若 $\sigma_k\leqslant 0$，停止，已得到最优解 $\bar{x}=\begin{pmatrix} x_B \\ x_N \end{pmatrix}=\begin{pmatrix} \bar{b} \\ 0 \end{pmatrix}$，及最优值 $z=c_B\bar{b}$；否则转入下一步。

步骤 5　若 σ_k 对应的列向量 $\bar{a}_k\leqslant 0$，则此问题无界，停止。否则，转入下一步。

步骤 6　求最小比 $\theta=\dfrac{\bar{b}_r}{\bar{a}_{rk}}=\min\left\{\dfrac{\bar{b}_i}{\bar{a}_{ik}} \mid a_{ik}>0\right\}$。

步骤 7　以 a_k 代替 a_{Br}，得到新的基，回到步骤 1。

单纯形法的流程框图见图 2-5。

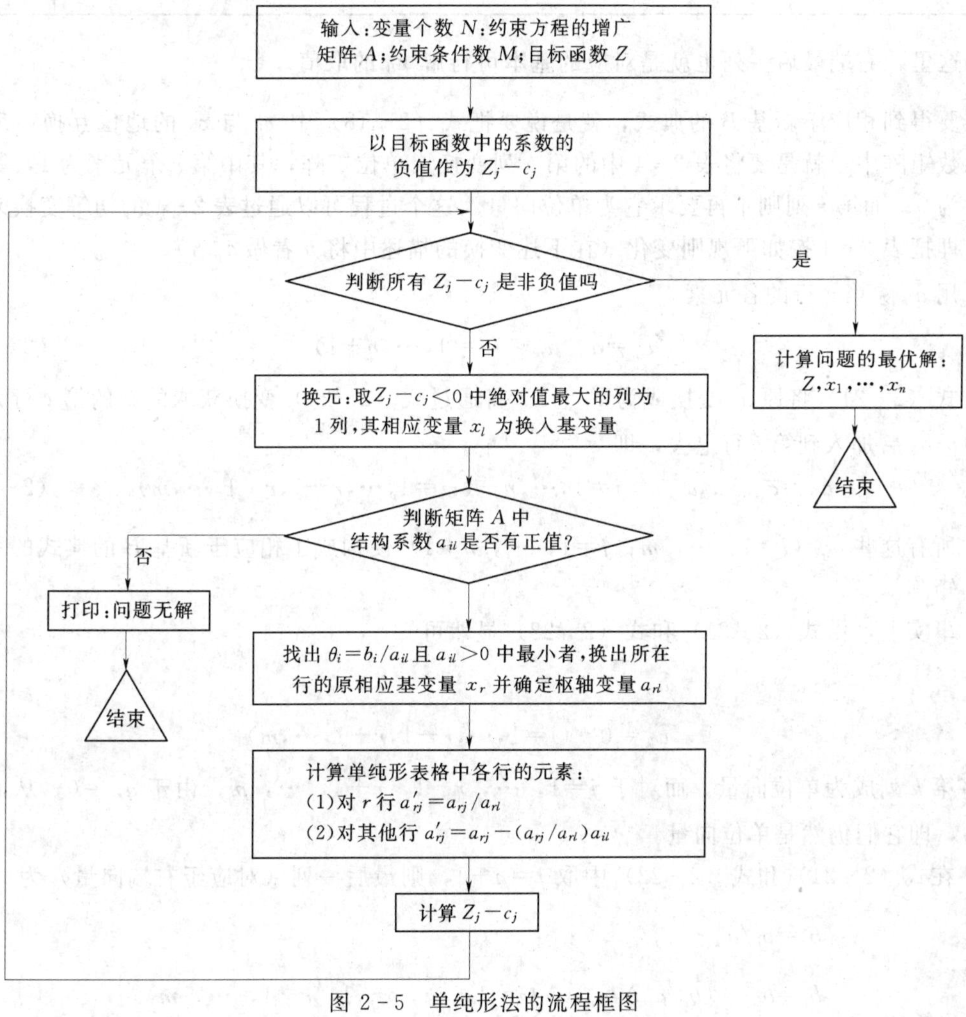

图 2-5　单纯形法的流程框图

三、单纯形表

以上的计算过程，都可以通过表格来实现，称为单纯形表。考虑在换基时相应的典式（2-18）及基本可行基的变化。

由式（2-18）可知，在原来的基 B 下，典式的系数增广矩阵可列成表 2-4 的形式。

表 2-4　　典式的系数增广矩阵

x_1	…	x_r	…	x_m	x_{m+1}	…	x_k	…	x_n	
1	…	0	…	0	$\bar{a}_{1,m+1}$	…	$\bar{a}_{1k}$	…	$\bar{a}_{1n}$	$\bar{b}_1$
⋮	⋮	⋮		⋮	⋮		⋮		⋮	⋮
0	…	1	…	0	$\bar{a}_{r,m+1}$	…	$\bar{a}_{rk}$	…	$\bar{a}_{rn}$	$\bar{b}_r$
⋮		⋮	⋮	⋮	⋮		⋮		⋮	⋮
0	…	0	…	1	$\bar{a}_{m,m+1}$	…	$\bar{a}_{mk}$	…	$\bar{a}_{mn}$	$\bar{b}_m$

这里，右端最后一列也就是对应的基本可行解 $\boldsymbol{x}_B$ 的取值。

要得到相应于新基 $\hat{B}$ 的典式，就是说要把式（2-18）中 x_r 与 x_k 的地位互换，反映在系数矩阵中，就是要将表 2-4 中的第 k 列变换成单位矩阵，其中第 r 个元素为 1，其余元素为 0；而第 r 列则不再要求它为单位向量。这个过程可以通过表 2-4 的初等变换来实现。即把表 2-4 按如下规则变化（在下述变换的描述中将 $\bar{\boldsymbol{b}}$ 看做 $\bar{\boldsymbol{a}}_{n+1}$）。

用 $\bar{a}_{rk}$ 除第 r 行的各元素

$$\hat{a}_{rj}=\bar{a}_{rj}/\bar{a}_{rk}\quad (j=1,\cdots,n+1) \tag{2-21}$$

式（2-21）将原 $\bar{a}_{rk}$ 变换成为 $\hat{a}_{rk}=1$。将通过式（2-21）变换获取的新的第 r 行元素乘以 $-\bar{a}_{ik}$ 后加入到第 i 行上去，即

$$a_{ij}=\bar{a}_{ij}-\bar{a}_{ik}a_{rj}\quad (j=1,\cdots,n+1;i=1,\cdots,r-1,r+1,\cdots,m) \tag{2-22}$$

所有这些 $\hat{a}_{ij}$（$i=1$，…，m；$j=1$，…，$n+1$）便构成了相应于新基 $\hat{B}$ 的典式的系数增广矩阵。

事实上，由式（2-21）和式（2-22）显然可知

$$\hat{a}_{rk}=1$$

$$\hat{a}_{ik}=0\quad (i=1,\cdots,r-1,r+1,\cdots,m)$$

即将第 k 列成为单位向量。而对于 $j=1$，…，$r-1$，$r+1$，…，m，由于 $\bar{a}_{rj}=0$，从而 $\hat{\boldsymbol{a}}_j=\bar{\boldsymbol{a}}_j$，即它们仍然是单位向量。

在式（2-21）和式（2-22）中取 $j=n+1$，则最后一列（对应于右端向量）为

$$\hat{b}_r=\bar{b}_r/\bar{a}_{rk}$$

$$\hat{b}_i=\bar{b}_i-(\bar{b}_r/\bar{a}_{rk})\bar{a}_{ik}\quad (i=1,\cdots,r-1,r+1,\cdots,m)$$

这正是基 $\hat{B}$ 对应的基本可行解 $\hat{\boldsymbol{x}}_B=(x_1, \cdots, x_{r-1}, x_k, x_{r+1}, \cdots, x_m)^T$ 的取值。

式（2-21）和式（2-22）所进行的变换称为旋转（pivot）。其功能与增广矩阵相似，下面来建立这种计算表。

将式（2-22）与目标函数组成 $n+1$ 个变量，$m+1$ 个方程的方程组。$\bar{a}_{rk}$ 称为转轴元，它所在的行和列分别成为转轴行和转轴列。设计初始单纯形表见表 2-5。

表 2-5　　初始单纯形表

$c_j\rightarrow$			c_1	$\cdots$	c_m	c_{m+1}	$\cdots$	c_n	θ_i
C_B	X_B	b	x_1	$\cdots$	x_m	x_{m+1}	$\cdots$	x_n	
c_1	x_1	b_1	1	$\cdots$	0	$a_{1,m+1}$	$\cdots$	a_{1n}	θ_1
c_2	x_2	b_2	0		0	$a_{2,m+1}$		a_{2n}	θ_2
$\vdots$	$\vdots$	$\vdots$	$\vdots$	$\cdots$	$\vdots$	$\vdots$	$\cdots$	$\vdots$	$\vdots$
c_m	x_m	b_m	0	$\cdots$	1	$a_{m,m+1}$	$\cdots$	a_{mn}	θ_{mi}
	$-z$	$-\sum_{i=1}^{m} c_i b_i$	0	$\cdots$	0	$c_{m+1}-\sum_{i=1}^{m} c_i a_{i,m+1}$	$\cdots$	$c_n-\sum_{i=1}^{m} c_i a_{in}$	

表 2-5 中 X_B 列中填入基变量，这里是 x_1，x_2，…，x_m；C_B 列中填入基变量的价格系数，这里是 c_1，c_2，…，c_m，它们是与基变量相对的；b 列中填入约束方程组右端的常数；c_j 行中填入基变量的价值系数 c_1，c_2，…，c_n；最后一行称为检验数行，对应各非基变量 x_j 的检验数是

$$c_j-\sum_{i=1}^{m} c_i b_i \quad (j=1,2,\cdots,n)$$

表 2-5 称为初始单纯形表，从该表格开始，按照单纯形法的步骤在表示进行迭代运算，每迭代一步构造一个新单纯形表，最终可获得 LP 问题的最优解。

现用［例 2-5］来说明单纯形表的应用。

(1) 对应于［例 2-5］的标准形，取松弛变量 x_3，x_4，x_5 为基变量，它对应的单位矩阵为基，这样就得到初始基可行解

$$\boldsymbol{x}^{(0)}=(0,0,8,4,3)^T$$

将有关数字填入表中，得到初始单纯形表，见表 2-6。

表 2-6　　［例 2-5］的初始单纯形表

迭代次数	$c_j\rightarrow$			2	3	0	0	0	
	$\boldsymbol{c}_B$	x_B	$\boldsymbol{b}$	x_1	x_2	x_3	x_4	x_5	θ
1	0	x_3	8	1	2	1	0	0	4
	0	x_4	4	1	0	0	1	0	—
	0	x_5	3	0	[1]	0	0	1	3
	$-Z$		0	2	3	0	0	0	

表 2-6 中的第一行表示目标函数中各变量的价值系数。第二行中给出的是各列对应的变量，其中 $\boldsymbol{c}_B$ 列给出的是对应行基变量的价值系数；$\boldsymbol{x}_B$ 列对应的是当前基变量，θ 列

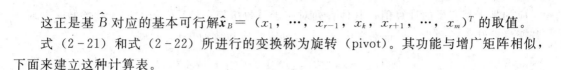

对应的是出基变量的计算值；其他各列对应于系数矩阵。最后一行对应于检验数 σ_j，对于基变量，其检验数为 0；非基变量 x_1，x_2 对应的检验数为

$$\sigma_1 = c_1 - Z_1 = 2 - (0 \times 1 + 0 \times 1 + 0 \times 0) = 2$$

$$\sigma_2 = c_2 - Z_2 = 3 - (0 \times 2 + 0 \times 0 + 0 \times 1) = 3$$

(2) 因非基变量 x_1，x_2 的检验数都大于零，且非基变量对应的列 P_1，P_2 有正分量存在，需进行下一步计算。

(3) max（σ_1，σ_2）=max（2，3）=3，对应的变量 x_2 为换入变量。计算 θ（表中最后一列）

$$\theta = \min\left\{\frac{\bar{b}_i}{a_{i2}} \middle| a_{i2} > 0\right\} = \min(8/2, -, 3/1) = 3$$

它所在行对应的 x_5 为出基变量，x_2 所在列和 x_5 所在行的交叉元［1］为转轴元。

(4) 以［1］为转轴元进行旋转运算，即初等行变换，使 x_2 所在列变换成为（0，0，1)^T，在 $\boldsymbol{x}_B$ 列中用 x_2 替换 x_5，得到表 2-7。依次进行计算。

表 2-7　　单纯形表迭代过程

迭代次数	$c_j \rightarrow$			2	3	0	0	0	
	$\boldsymbol{c}_B$	x_B	$\boldsymbol{b}$	x_1	x_2	x_3	x_4	x_5	θ
2	0	x_3	2	[1]	0	1	0	−2	2*
	0	x_4	4	1	0	0	1	0	4
	3	x_2	3	0	1	0	0	1	—
	−Z		−9	2*	0	0	0	−3	
3	2	x_1	2	1	0	1	0	−2	—
	0	x_4	2	0	0	−1	1	[2]	1*
	3	x_2	3	0	1	0	0	1	3
	−Z		−13	0	0	−2	0	1*	
4	2	x_1	4	1	0	0	1	0	
	0	x_5	1	0	0	−1/2	1/2	1	—
	3	x_2	2	0	1	1/2	−1/2	0	
	−Z		−14	0	0	−3/2	−1/2	0	

表 2-7 中在第 4 次迭代后最后一行的所有检验数已为负或零，表示目标函数值已不可能再增加，于是得到最优解 $\boldsymbol{x}^* = (4, 2, 0, 0, 4)^T$，最优目标函数值 $Z^* = 14$。

第四节 初始基可行解

在单纯形法的讨论中，有一个前提条件，即假定已经有了一个基本可行解，然后可利用单纯形法求解 LP 问题。本节来考虑如何寻求初始基可行解。

对于"≤"约束的 LP 问题，在标准化后，约束方程组的结构矩阵 $A_{m \times n}$ 中存在一个 m

阶的单位矩阵，且 $\boldsymbol{b}\geqslant 0$，那么显然这个单位矩阵就是一个可行基，由此可获得一个初始的基可行解。但是实际问题往往并非如此，这就要考虑寻找初始基可行解。

考虑标准形式的 LP 问题

$$\max Z=\boldsymbol{cx}$$

$$\text{约束于}\quad A\boldsymbol{x}=\boldsymbol{b}$$

$$\boldsymbol{x}\geqslant 0$$

引入 m 个人工变量（artificial variable）x_{n+1}，…，x_{n+m}，得到如下的约束方程

$$\begin{cases} a_{11}x_1+a_{12}x_2+\cdots+a_{1n}x_n+x_{n+1}=b_1 \\ a_{21}x_1+a_{22}x_2+\cdots+a_{2n}x_n+x_{n+2}=b_2 \\ \qquad\vdots \\ a_{m1}x_1+a_{m2}x_2+\cdots+a_{mn}x_n+x_{n+m}=b_m \\ x_1,x_2,\cdots,x_n\geqslant 0,x_{n+1},\cdots,x_{n+m}\geqslant 0 \end{cases}$$

以引入的人工变量 x_{n+1}，…，x_{n+m} 作为基变量，则可以得到一个 $m\times m$ 阶段单位矩阵，该单位矩阵可以作为初始的可行基。这种人工变量和前述松弛变量不同，松弛变量是具有物理意义的，一般表示未利用完的资源量，而人工变量则是为了获取初始的基本可行解而引入的。

因为人工变量是后加入到原约束条件中的虚拟变量，所以必须使这些人工变量取值为零，才能保持改变后的课题和原问题等价。也就是说，要将这些人工变量从基变量中逐个替换出来，使得经过基变换后，基变量中不再含有人工变量，这表示原问题有解。若在最终的单纯形表中有所有的检验数 $\sigma_j\leqslant 0$，而在其中还有非零的人工变量，这表示原问题无可行解。

为了控制人工变量使其严格为零，在目标函数中必须给它们一定的价格，常用的处理方法有两种：

（1）对于极大化问题，则给人工变量以非常大的负价格 M，对极小化问题，以相当大的正价格 M，所以，这种方法就称为大 M 法。

（2）构造一个辅助规划，从而求得原规划问题的一个初始基可行解，然后再对原规划问题求解，这种把引入人工变量后的线性规划问题分两个阶段来处理的方法就称为两阶段法（two - phase method），或称为两步法，它与大 M 法相比，其优点主要反映在计算机上运算时，不会产生失真现象，所以应用比较广泛。

本书仅对两阶段法进行介绍。

一、第一阶段运算

第一阶段运算的目的在于判断原线性规划问题是否有解并寻求一个初始基可行解。为此，要构造一个与原规划对应的辅助规划，它以人工变量之和的负值为极大（或以人工变量之和的正值为极小）作为建立目标函数的准则，根据原规划约束条件具有“≤”或“=”类型不同，其辅助规划可按表 2 - 8 写出。

表 2-8　　**两阶段法数学模型**

问题性质	原规划		辅助规划	
	完全人工基	部分人工基	完全人工基	部分人工基
约束条件	$\sum_{j=1}^{n} a_{sj}x_j = b_i$ $(i=1, 2, \cdots, m)$ $x_j \geqslant 0$ $(j=1, 2, \cdots, n)$	$\sum_{j=1}^{n} a_{sj}x_j \leqslant b_i$ $(i=1, 2, \cdots, s)$ $\sum_{j=1}^{n} a_{sj}x_j = b_i$ $(i=s+1, s+2, \cdots, m)$ $x_j \geqslant 0$ $(j=1, 2, \cdots, k,$ $k+1, \cdots, n)$	$\sum_{j=1}^{n} a_{sj}x_j + y_i = b_i$ $(i=1, 2, \cdots, m)$ $x_j \geqslant 0 \quad y_i \geqslant 0$ $(j=1, 2, \cdots, n)$ $(i=1, 2, \cdots, m)$	$\sum_{j=1}^{n} a_{sj}x_j + x_{m+i} = b_i$ $(i=1, 2, \cdots, s)$ $\sum_{j=1}^{n} a_{sj}x_j + y_i = b_i$ $(i=s+1, s+2, \cdots, m)$ $x_j \geqslant 0$ $(j=1, 2, \cdots, n)$ $y_i \geqslant 0$ $(i=s+1, s+2, \cdots, m)$ $x_{m+1} \geqslant 0$ $(i=1, 2, \cdots, s)$
目标函数	$\max Z = \sum_{j=1}^{n} C_j x_j$	$\max Z = \sum_{j=1}^{n} C_j x_j$	$\max Z' = -\sum_{i=1}^{m} y_i$	$\max Z' = -\sum_{i+j=1}^{m} y_i$

注　1. 完全人工基：指每个约束条件中，均需引入人工变量的数学模型。

2. 部分人工基：指原规划的数学模型中，只有一部分约束条件需要引入人工变量（即只有 $s+1$，$s+2$，…，m 个约束条件为"≥"或"="）。

3. y 表示人工变量，i 为其下标（也可以用 x_{n+1} 表示）。

由于这个辅助规划的结构系数具备了一个单位矩阵，因此可以利用单纯形法进行计算。由于对人工变量有非负的约束，故目标函数有上界，从而必有最优值。求得的最优值有以下两种情况：

（1）$\max Z' < 0$，这说明原问题没有可行解。

（2）$\max Z' = 0$，这时自然有人工变量的取值全部为 0。如果在辅助规划问题的最优解中，全部人工变量全部为非基变量，则这个单纯形表对应的还是原问题的一个可行基，于是可以由辅助规划的最优单纯形表开始计算原问题。

二、第二阶段运算

第二阶段运算的目的在于推求原规划的最优解。以原规划的目标函数式及第一阶段单纯形计算最终表格中的约束方程组构成数学模型，以辅助规划的最优解作为第一个基可行解，并摒弃人工变量 y_i，用单纯形法进行计算，即可求得原规划问题的最优解。

现以一个例题进行具体说明。

【例 2-6】 某排水地区按 10 年一遇除涝标准进行规划，拟设置提排泵站及自流排水闸各一处。为使泵站运行自如，要求泵站设置水泵 3 台，每台排水流量不得大于 $1m^3/s$。根据该地区设计暴雨量、湖泊、可网调蓄容积、地形比降及汇流速度等条件推算，汛期的最大排水流量不大于 $3m^3/s$，可由 3 台水泵及排水闸共同排除。非汛期，由于外江水位下降，排水闸的排水流量可比汛期加大 1 倍。因此，在日常情况下，提排站如有 1 台水泵投入运行即可超越日常排水流量 $2m^3/s$ 的要求，根据排水地区经济资料分析，排水闸和水泵单位排水流量的年净效益分别为 18.0 万元及 6.0 万元，问排水闸及泵站设计流量各为多少时，地区除涝的年净效益值为最大？

解　设汛期排水闸过闸流量为 x_1，每台水泵的排水流量为 x_2，根据题意可建立该问题的线性规划模型如下：

目标函数　$\max Z=18x_1+6x_2$

约束条件

$$\left.\begin{aligned}&2x_1+x_2\geqslant 2\\&x_1+3x_2\leqslant 3\\&x_2\leqslant 1\\&x_1,x_2\geqslant 0\end{aligned}\right\}$$

第一阶段：引入剩余变量 x_3，松弛变量 x_4，x_5 及人工变量 y_1。构成辅助规划数学模型如下：

目标函数　$\max Z'=-y_1$

约束条件

$$\left.\begin{aligned}&2x_1+x_2-x_3+y=2\\&x_1+3x_2+x_4=3\\&x_2+x_5=1\\&x_1,\ x_2,\ x_3,\ x_4,\ x_5,\ y_1\geqslant 0\end{aligned}\right\}$$

由 x_4，x_5，y_1 构成单位矩阵，用单纯形法，求辅助规划的最优解，见表 2-9。

表 2-9　**辅助规划单纯形表**

c_j			0	0	0	0	0	−1	
c_i	基底	b	x_1	x_2	x_3	x_4	x_5	y_1	θ_i
−1	y_1	2	[2]	1	−1	0	0	1	2/2=1
0	x_4	3	1	3	0	1	0	0	3/1=3
0	x_5	1	0	1	0	0	1	0	
	Z_i-c_i		−2	−1	1	0	0	0	
0	x_1	1	1	0.5	−0.5	0	0	0.5	
0	x_4	2	0	2.5	[0.5]	1	0	−0.5	
0	x_5	1	0	1	0	0	1	0	
	Z_j-c_j		0	0	0	0	0	1	

注　为了列表方便，以 x_6 代替 y_1 也可。

第二阶段：以辅助规划的最优解 $x_1=1$，$x_4=2$，$x_5=1$ 作为原规划的第一个基可行解求原课题的解。见表 2-10。

表 2-10　**原规划单纯形表**

c_j			18	6	0	0	0	
c_i	基底	b	x_1	x_2	x_3	x_4	x_5	θ_c
18	x_1	1	1	0.5	−0.5	0	0	
0	x_4	2	0	2.5	[0.5]	1	0	2/0.5=4
0	x_5	1	0	1	0	0	1	
	z_j-c_j		0	3.0	−9.0	0	0	
18	x_1	3	1	3	0	1	0	
0	x_3	4	0	5	1	2	0	
0	x_5	1	0	1	0	0	1	
	Z_j-c_j		0	48	0	3	0	

最后求得课题最优解为：$x_1=3$，$x_2=0$，目标函数值为 54。

即该地区涝水全部由排水闸排除，不建泵站，除涝净效益最大，排水闸汛期排水量为 $3m^3/s$，年除涝净效益值为 54 万元。

在两阶段法的运算中，还需注意的是：当第一阶段辅助规划的目标函数达到最优值即目标函数为零后，可能会出现在现行基变量中仍然包含有一个或几个取值为零的人工变量，也就是说，第一阶段的辅助规划得到了一个退化解，因为最优解的基中存在有人工变量，显然这个基不能作为第二阶段即原规划问题的初始可行解。遇到这样问题时，应对辅助规划问题继续进行迭代和换基运算，并将人工变量换出基，直到基内无取值为零的人工变量为止。一般说，这种辅助规划迭代后，也是一个退化解，即迭代进基的变量取值仍为零，辅助规划的目标函数值也保持为零。

第五节　线性规划的对偶

一、对偶问题及其数学模型

在［例 2-1］中讨论了工厂生产计划制定的数学模型，现从另一角度来讨论这个问题。假定该工厂决定不生产产品甲、乙，而将其所有的资源出租或出售。这时工厂的决策者需要考虑各种资源如何定价的问题。设用 y_1，y_2，y_3 分别表示出租单位设备台时的租金和出售单位原材料 A、B 的利润。则决策者在作定价决策时，需要进行以下比较：

若用 1 个单位设备台时和 1 个单位原材料 A 可以生产一件产品甲，获利 2 元，那么出租这 1 个单位设备台时和出售 1 个单位原材料 A 的收入应不低于生产一件产品甲的利润（否则工厂自已生产的利润更大），即

$$y_1+y_2\geqslant 2$$

同理，将生产每件产品乙的设备台时出租和原材料 B 出售的所得收入应不低于生产一件产品乙的利润，有

$$2y_1+y_3\geqslant 3$$

把工程所有设备台时和资源都出租和出售，其总收入为

$$S=8y_1+4y_2+3y_3$$

从工厂的角度来看，S 当然越大越好；但从接受者来看，他的支付越少越好。所以工程的决策者只能在满足所有利润的条件下，使其总收入尽可能地少，才能实现其愿望。由此建立如下的 LP 模型

$$\min S=8y_1+4y_2+3y_3$$

$$\text{约束于}\quad y_1+y_2\geqslant 2$$

$$2y_1+y_3\geqslant 3$$

$$y_1,\ y_2,\ y_3\geqslant 0$$

称这个线性规划问题为［例 2-1］线性规划问题的对偶问题。

比较以上原问题和对偶问题的关系，可以得到 LP 问题对偶的数学模型。

对偶的数学模型常可根据原型问题表示，现使用矩阵形式，写出两者数学模型为

原问题（P）

$$\max Z = \boldsymbol{cx}$$

$$\text{约束于} \quad \left.\begin{array}{l} \boldsymbol{Ax} \leqslant \text{b} \\ \boldsymbol{x} \geqslant 0 \end{array}\right\} \tag{2-23}$$

对偶问题（D）

$$\min S = \boldsymbol{yb}$$

$$\text{约束于} \quad \left.\begin{array}{l} \boldsymbol{yA} \geqslant \boldsymbol{c} \\ \boldsymbol{y} \geqslant 0 \end{array}\right\} \tag{2-24}$$

式（2-24）中 $\boldsymbol{y}$ 为对偶问题的决策向量，其他符号意义同前。

我们称（P）为原问题（primal problem），而称（D）为（P）的对偶问题（dual problem）。

【例 2-7】 考虑下面的线性规划的对偶问题。

$$\max 2x_1 + 3x_2$$

$$\text{约束于} \quad \left.\begin{array}{l} x_1 + x_2 \leqslant 4 \\ x_1 - x_2 \leqslant 2 \\ -x_1 + 2x_2 \leqslant 2 \\ x_1, x_2 \geqslant 0 \end{array}\right\}$$

解　根据对偶规划的定义，可以得到它的对偶问题为

$$\min 4y_1 + 3y_2 - 2y_3$$

$$\text{约束于} \quad \left.\begin{array}{l} y_1 + y_2 - y_3 \geqslant 2 \\ y_1 - y_2 + 2y_3 \geqslant 3 \\ y_1, y_2, y_3 \geqslant 0 \end{array}\right\}$$

考虑标准形式的线性规划

$$\max Z = \boldsymbol{cx}$$

$$(P') \quad \text{约束于} \quad \left.\begin{array}{l} \boldsymbol{Ax} = \boldsymbol{b} \\ \boldsymbol{x} \geqslant 0 \end{array}\right\} \tag{2-25}$$

约束条件均为等式约束，则可将一个等式约束条件分解为两个不等式约束条件，然后按（P）和（D）的结构形式求得其对偶问题。求解的过程如下，为叙述方便，采用代数表达式。

目标函数

$$\max Z = \sum_{j=1}^{n} c_j x_j \tag{2-26}$$

约束条件

$$\left.\begin{array}{l} \sum_{j=1}^{n} a_{ij} x_j = b_i \quad (i = 1, \cdots, m) \\ x_j \geqslant 0 \quad (j = 1, \cdots, n) \end{array}\right\} \tag{2-27}$$

则可把等式约束条件转化为两个不等式约束条件，于是该线性规划问题便成为

$$\max Z = \sum_{j=1}^{n} c_j x_j$$

$$\left.\begin{aligned} &\sum_{j=1}^{n} a_{ij} x_j \leqslant b_i \\ &-\sum_{j=1}^{n} a_{ij} x_j \leqslant -b_i \\ &x_j \geqslant 0 \\ &(i = 1,\cdots,m; j = 1,\cdots,n) \end{aligned}\right\} \tag{2-28}$$

它的对偶问题为

$$\min S = \sum_{i=1}^{m} b_i y'_i - b_i y''_i$$

$$\left.\begin{aligned} &\sum_{i=1}^{m} a_{ji} y'_i - \sum_{i=1}^{m} a_{ji} y''_i \geqslant c_j \\ &y'_i \geqslant 0, y''_i \geqslant 0 \\ &(i = 1,\cdots,m; j = 1,\cdots,n) \end{aligned}\right\} \tag{2-29}$$

整理后，可得到

$$\min S = \sum_{i=1}^{m} b_i (y'_i - y''_i)$$

$$\left.\begin{aligned} &\sum_{i=1}^{m} a_{ji} (y'_i - y''_i) \geqslant c_j \\ &y'_i \geqslant 0, y''_i \geqslant 0 \\ &(i = 1,\cdots,m; j = 1,\cdots,n) \end{aligned}\right\} \tag{2-30}$$

若令 $y_i = y'_i - y''_i$，由于 $y'_i \geqslant 0$，$y''_i \geqslant 0$，所以 y_i 是不受正负约束限制的，于是模型式（2-30）可表达为

$$\min S = \sum_{i=1}^{m} b_i y_i$$

$$\left.\begin{aligned} &\sum_{i=1}^{m} a_{ji} y_i \geqslant c_j \\ &y_i \text{ 无约束} \\ &(i = 1,\cdots,m; j = 1,\cdots,n) \end{aligned}\right\}$$

这就是标准形式的 LP 问题的对偶问题，写成矩阵形式，有

$$(D') \quad \begin{aligned} &\min S = \boldsymbol{yb} \\ &\text{约束于} \quad \boldsymbol{y}A \geqslant \boldsymbol{c} \end{aligned} \tag{2-31}$$

问题（P）［式（2-23）］和问题（D）［式（2-24）］在形式上完全对称，故称为对称的对偶规划，而问题（P'）［式（2-25）］和问题（D'）［式（2-31）］则称为非对称的对偶规划。

一般情况下，线性规划的原问题和对偶问题的关系，其变换形式可以归纳成表 2-11 中所示的对应关系。

表 2-11　　对偶规划的转换关系表

原问题（或对偶问题）		对偶问题（或原问题）	
目标函数 max Z		目标函数 min S	
决策变量	n 个	n 个	约束条件
	$\geqslant 0$	$\geqslant$	
	$\leqslant 0$	$\leqslant$	
	无约束	$=$	
约束条件	m 个	m 个	决策变量
	$\leqslant$	$\geqslant 0$	
	$\geqslant$	$\leqslant 0$	
	$=$	无约束	
约束条件右端项		目标函数变量的系数	
目标函数变量的系数		约束条件右端项	

二、对偶问题的基本性质

定理 2.11（对称性）对偶问题的对偶是原问题。

证　仅就对称的对偶规划证明。原问题及对偶规划为

$$\max Z = \boldsymbol{cx} \qquad\qquad \min S = \boldsymbol{yb}$$

原问题：约束于 $\left.\begin{aligned} A\boldsymbol{x} &\leqslant b \\ \boldsymbol{x} &\geqslant 0 \end{aligned}\right\}$　　对偶问题：约束于 $\left.\begin{aligned} \boldsymbol{y}A &\geqslant \boldsymbol{c} \\ \boldsymbol{y} &\geqslant 0 \end{aligned}\right\}$

将对偶问题变换成与原问题相同的形式，有

$$\max S = (-\boldsymbol{b})^T \boldsymbol{y}^T$$

$$\text{约束于}\quad \left.\begin{aligned} (-A)^T \boldsymbol{y}^T &\leqslant -\boldsymbol{c}^T \\ \boldsymbol{y}^T &\geqslant 0 \end{aligned}\right\}$$

这样就能得到它的对偶问题为（记它的对偶变量为 $\boldsymbol{x}$）

$$\min Z = \boldsymbol{x}^T (-\boldsymbol{c})^T$$

$$\text{约束于}\quad \left.\begin{aligned} \boldsymbol{x}^T (-A)^T &\geqslant (-\boldsymbol{b})^T \\ \boldsymbol{x}^T &\geqslant 0 \end{aligned}\right\}$$

这也就是原问题

$$\max Z = \boldsymbol{cx}$$

$$\text{约束于}\quad \left.\begin{aligned} A\boldsymbol{x} &\leqslant b \\ \boldsymbol{x} &\geqslant 0 \end{aligned}\right\}$$

定理 2.12（弱对偶性）若 $\bar{x}$ 和 $\bar{y}$ 分别是原问题和对偶问题的可行解，则

$$\boldsymbol{c}\,\bar{\boldsymbol{x}} \leqslant \bar{\boldsymbol{y}}\boldsymbol{b}$$

证　由于 $\boldsymbol{c} \leqslant \bar{\boldsymbol{y}}\boldsymbol{A}$，$\bar{\boldsymbol{x}} \geqslant 0$，故 $(\boldsymbol{c} - \bar{\boldsymbol{y}}\boldsymbol{A})\,\bar{\boldsymbol{x}} \leqslant 0$，即 $\boldsymbol{c}\,\bar{\boldsymbol{x}} \leqslant \bar{\boldsymbol{y}}\boldsymbol{A}\bar{\boldsymbol{x}}$。同理可证 $\bar{\boldsymbol{y}}\boldsymbol{A}\,\bar{\boldsymbol{x}} \leqslant \bar{\boldsymbol{y}}\boldsymbol{b}$，故 $\boldsymbol{c}\,\bar{\boldsymbol{x}} \leqslant \bar{\boldsymbol{y}}\boldsymbol{b}$。

定理 2.13（无界性）若原问题（对偶问题）为无界解，则其对偶问题（原问题）无可行解。

这个定理由弱对偶性获得。

定理 2.14（可行解是最优解时的性质）设 x^* 是原问题的可行解，y^* 是对偶问题的可行解，当 $cx^* = y^* b$ 时，x^*，y^* 分别是原问题和对偶问题的最优解。

定理 2.15（对偶定理）若原问题有最优解，那么对偶问题也有最优解，且目标函数值相等。

定理 2.16（互补松弛性）设 x^*，y^* 分别是原问题和对偶问题的最优解，则

$$y^*(Ax^*-b)=0$$
$$(c-y^*A)x^*=0$$

以上定理的证明留给读者。

由以上的性质可知，对于任何一个 LP 问题（P），如果它的对偶问题（D）可能的话，我们总可以通过求解（D）来讨论原问题（P）。若（D）无界，则（P）无解；若求得（D）的最优解 y^*，最优值 y^*b，则利用互补松弛性可求得（P）的所有最优解，并且（P）的最优值亦为 $Z^*=y^*b$。有时这样做会带来一定的方便，比如对于只有两个约束的 LP 问题，它的对偶问题只有两个变量，从而可以利用图解法求解。

关于线性规划的对偶理论及其应用。还可以通过［例 2-8］进行说明。

【例 2-8】 原型问题的数学模型为

目标函数 $\max Z=2x_1+5x_2$

约束条件
$$\left.\begin{aligned}&x_1\leqslant 4\\&x_2\leqslant 3\\&x_1+2x_2\leqslant 8\\&x_1,x_2\geqslant 0\end{aligned}\right\}$$

其对偶问题的数学模型为：

目标函数 $\min S=4y_1+3y_2+8y_3$

约束条件
$$\left.\begin{aligned}&y_1+y_3\geqslant 2\\&y_2+2y_3\geqslant 5\\&y_1,y_2,y_3\geqslant 0\end{aligned}\right\}$$

用单纯形表分别对原型问题和对偶问题进行求解，计算过程见表 2-12 和表 2-13。

表 2-12　　原型问题单纯形表

	c_j		2	5	0	0	0	
c_i	基底	b	x_1	x_2	x_3	x_4	x_5	θ_i
0	x_3	4	1	0	1	0	0	
0	x_4	3	0	1	0	1	0	3/1=3
0	x_5	8	1	2	0	0	1	8/2=4
	Z_j-c_j	0	−2	−5	0	0	0	
0	x_3	4	1	0	1	0	0	4/1=4
5	x_2	3	0	1	0	1	0	
0	x_5	2	1	0	0	−2	1	2/1=2
	Z_j-c_j	15	−2	0	0	5	0	
0	x_3	2	0	0	1	2	−1	
5	x_2	3	0	1	0	1	0	
2	x_1	2	1	0	0	−2	1	
	Z_j-c_j	19	0	0	0	1	2	

表 2-13 对偶问题单纯形表

	b_j	0	4	3	8	0	0	
b_i	基 底	c	y_1	y_2	y_3	y_4	y_5	θ_i
4	y_1	2	1	0	1	−1	0	2/1=2
3	y_2	5	0	1	2	0	−1	5/2=2.5
	b_j-Z_j	−23	0	0	−2	4	3	
8	y_3	2	1	0	1	−1	0	
3	y_2	1	−2	1	0	2	−1	
	b_j-Z_j	−19	2	0	0	2	3	

注 由于上述原型问题的对偶问题是一个极小值问题，为了在单纯形计算中仍以检验数具有负的极大值相应列的变量为换入变量，所以，这里以 b_j-Z_j 为检验数。换言之，如仍以 Z_j-b_j 为检验数，则应选 Z_j-b_j 个有正的极大值相应的变量为换入变量。

从表 2-12 和表 2-13 运算结果可得出下述结论：

(1)
$$\max Z=\boldsymbol{c}\boldsymbol{x}^*=19$$
$$\min S=\boldsymbol{y}^*\boldsymbol{b}=19$$
$$\max Z=\min S$$

(2) 表 2-12 中 Z_j-c_j 的值恰为表 2-13 中决策变量的值，反之亦然。

因此用单纯形法求解一个线性规划问题时，在单纯形表中，能同时得到原型问题和对偶问题的最优解。也就是说与原型问题最优解之基底相对应的检验数 Z_j-c_j，可给出对偶问题的解，反之亦然。

三、对偶单纯形法

根据对偶问题和原型问题的相互关系以及［例 2-8］可以看到：在单纯形表中进行迭代时，在 $\boldsymbol{b}$ 列中得到的是原问题的基可行解，而在检验数行得到的是对偶问题的基解。通过逐步迭代，当在检验数行得到对偶问题的解也是基可行解时，根据定理 2.14 和定理 2.15 可知，已得到最优解，即原问题和对偶问题都获取最优解。

对于原问题，给定一个基 B，则对应于一个基本解 $\boldsymbol{x}=\begin{pmatrix}\boldsymbol{x}_B\\ \boldsymbol{x}_N\end{pmatrix}=\begin{pmatrix}B^{-1}\boldsymbol{b}\\ 0\end{pmatrix}$，$\boldsymbol{x}$ 不一定可行；但如果 $\boldsymbol{x}$ 对应的检验向量 $\boldsymbol{\sigma}=\boldsymbol{c}-\boldsymbol{c}_BB^{-1}A\leqslant 0$，则称 $\boldsymbol{x}$ 为原问题的一个正则解。显然，根据对偶理论，$\boldsymbol{x}$ 为对偶问题的基可行解，也即原问题的正则解和对偶问题的基本可行解是一一对应的。

同单纯形法一样，求解对偶问题（D）可以从（D）的一个基本可行解迭代到另一个基本可行解，使目标函数减少。也就是说，求解原规划（P）可以从（P）的一个正则解开始，从（P）的一个正则解迭代到另一个正则解，使目标函数值增加。当迭代到 $B^{-1}\boldsymbol{b}\geqslant 0$ 时，即 $\boldsymbol{b}$ 列中的数均大于 0，此时正则解满足非负约束，也就找到了最优解，这种方法称为对偶单纯形法（dual simplex method）。

对偶单纯形法的计算步骤描述如下：

步骤 1 根据线性规划问题，列出初始单纯形表。检查 b 列的数字，若都为非负，检验数都非正，则已得到最优解，stop。若 b 列中的数字至少还有一个负分量，检验数保持非正，那么进行以下计算。

步骤2　确定换出变量，按 $\min\{(B^{-1}b)_i \mid (B^{-1}b)_i<0\}=(B^{-1}b)_l$ 对应的基变量 x_l 为换出变量。

步骤3　确定换入变量，在单纯形表中检查 x_l 所在行的各系数 a_{lj}（$j=1,\cdots,n$）。若所有 $a_{lj}\geqslant 0$，则无可行解，停止计算。若存在 $a_{lj}<0$（$j=1,\cdots,n$），计算

$$\theta=\min\left\{\frac{c_j-Z_j}{a_{lj}} \mid a_{lj}<0\right\}=\frac{c_k-Z_k}{a_{lk}}$$

按 θ 规则所对应的列的非基变量 x_k 为换入变量，这样才能保持得到的解仍为正则解。

步骤4　以 a_{lk} 为转轴元，按单纯形法在表中进行迭代运算，得到新的计算表，回步骤1。

下面以［例2-8］来说明对偶单纯形法的演算步骤。

【例2-9】　目标函数
$$\max Z=-3x_1-x_2 \tag{2-32}$$
约束条件
$$\left.\begin{array}{l}x_1+x_2\geqslant 1\\ 2x_1+3x_2\geqslant 2\\ x_1,x_2\geqslant 0\end{array}\right\} \tag{2-33}$$

解　先将该问题转化为下述形式，以便得到对偶问题的初始可行解，即原问题的正则解。

$$\max Z=-3x_1-x_2$$
$$\left.\begin{array}{l}-x_1-x_2+x_3=-1\\ -2x_1-3x_2+x_4=-2\\ x_1,x_2,x_3,x_4\geqslant 0\end{array}\right\}$$

建立该问题的初始单纯形表，见表2-14。

表2-14　**初始单纯形表**

迭代次数	$c_j\rightarrow$			-3	-1	0	0
	$\boldsymbol{c}_B$	x_B	$\boldsymbol{b}$	x_1	x_2	x_3	x_4
1	0	x_3	-1	-1	-1	1	0
	0	x_4	-2	-2	[-3]	0	1
	$-z$		0	-3	-1	0	0

从表2-14可看出，检验数行对应的对偶问题的解释可行解。因 b 列数字为负，故需进行迭代运算。

换出变量的确定：按上述对偶单纯形法计算步骤2，计算

$$\min(-1,-2)=-2$$

故 x_4 为换出变量。

换入变量的确定：按上述对偶单纯形法计算步骤3，计算

$$\theta=\min\left\{\frac{-3}{-2},\frac{-1}{-3}\right\}=\frac{-1}{-3}=\frac{1}{3}$$

故 x_2 为换入变量。换入、换出变量的所在列、行的交叉处“-3”为转轴元。按单纯形法进行迭代并重复以上步骤，可获得该问题的最优解，见表2-15。最优解为 $x_1=0$，$x_2=1$，最优值为-1。

表 2-15

迭代次数	$c_j \to$			-3	-1	0	0
	$\boldsymbol{c}_B$	x_B	$\boldsymbol{b}$	x_1	x_2	x_3	x_4
2	0	x_3	$-1/3$	$-1/3$	0	1	$-1/3$
	-1	x_2	$2/3$	$2/3$	1	0	$-1/3$
	$-z$		$-2/3$	$-7/3$	0	0	$-1/3$
3	0	x_4	1	1	0	-3	1
	-1	x_2	1	1	1	-1	0
	$-z$		-1	-2	0	-1	0

利用对偶单纯形法，可以使某些问题的处理大为简化，从而节省较多的计算工作量，其主要优点如下：

(1) 初始解可以是非可行解，当检验数都是负数时，就可以进行基的变换，这时不要加入人工变量，因此可以简化计算。

(2) 对于变量的数目 n 小于约束条件的数目 m 的线性规划问题，用对偶单纯形法求解，可以减小迭代次数。

(3) 在敏感性分析中，可在原单纯形表最优解的基础上，用对偶法进行演算，例如：资源利用限度 b_i 发生变化时，则可以重新计算最后单纯形表中的常数列（即 b 列），如果 b 列中不出现负值，便可得最优解。如果出现负值，就可利用对偶解法进行演算。如果原线性规划课题追加一个约束。当最优解已满足追加约束要求时，则最优解不变，不然，就应继续进行单纯形表中的迭代计算。由于此时追加约束得不到满足，因此，该行的常数值必然为负，形成对偶单纯形解法。这种计算方法，会对计算工作带来较多的方便。

(4) 对于具有“$\geqslant$”约束条件的线性规划问题，用对偶解法常常可以节省较多的计算工作量。

第六节　线性规划数学模型的建立

线性规划的数学模型包括约束条件和目标函数两个部分，每一项灌排工程由于自然和经济条件不同，兴建工程的目的和要求不同，其数学模型是不相同的，一般来说，建立数学模型是解决实际工程问题的关键性工作。

线性规划的数学模型的建立，大体上包括以下几方面内容。

一、建立系统的概化网络图

建立灌溉或排水系统规划的数学模型，一般先要拟定反映实际工程或规划设计方案中工程配置状况的概化网络图，它是以工程图例、节点和连线构成的，例如：包括一座水库和一片灌区的一个简单的灌溉系统，其概化网络图就可用图 2-6 表示，图中水库和灌区均以工程图例标出，节点 1，2，3，4，5，6，分别表示水流的汇流、出流、分流和入流的地点，连线 2—3、3—4、3—6、5—6 表示河流、渠道或管道等输水设施，这是建立数学模型前的一步重要工作，它为管理运行及设计人员显示出系统全貌和各工程相互关系，为正确地建立数学模型创造条件。

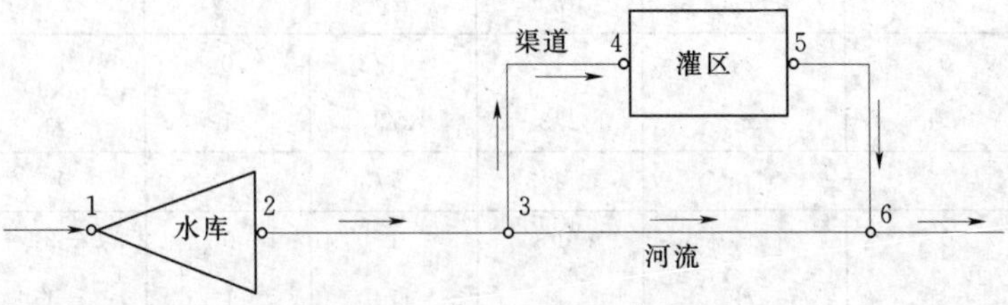

图 2-6　灌溉系统网络图

二、设定决策变量和常量

决策变量是指在管理运行或规划设计中需要确定的未知量，在灌溉和排水工程的优化课题中，这种变量通常包括水库库容、灌溉面积、时段灌溉水量、排水地区的水面率、泵站装机容量和排水工程的规模等。常量是指系统中可能遇到的各种参数和不随方案而改变的量，主要有单位面积的灌溉用水量、各种水量损失比率、各种效率系数、设计暴雨量、各种单位换算因素，以及在灌溉或排水系统中各种已成工程建筑物的尺寸数据等。在一个具体的规划问题中，哪些因素是变量，哪些因素是常量，在建立数学模型之前，都要作出正确的判断。

三、拟定目标函数

目标函数反映灌排系统要达到的总目的，这是衡量工程状况优劣的标志，常有两种表现形式：

(1) 目标函数是以物理量来反映的，如灌溉面积最大、水量损失最小和泵站装机容量最小等。

(2) 目标函数是以货币量来表示的，如灌区或排水地区的年净效益最大、年产值最高、效益费用比最大和工程投资最小等。

四、建立约束条件的数学表达式

约束条件是由若干等式或不等式组成的，它没有固定或统一的模式，但要求全面和完整地反映工程的内容，对于灌溉和排水系统的线性规划课题，有几种类型的约束是常遇到的。

1. 水流连续性约束

在模型中，服从于质量守恒的那些约束，就称为连续性约束，一般常以水流连续方程或水量平衡方程来表达。常见的情况有：

(1) 蓄水设施连续性约束。对于蓄水设施如水库、湖泊、塘堰等，可根据水量平衡原理来建立水流连续性约束，如图 2-7 所示，其约束方程可写成

$$S_{s,t+1}=S_{s,t}+I_{s,t}-D_{s,t}-L_{s,t}\qquad\forall t\tag{2-34}$$

式中 $S_{s,t+1}$，$S_{s,t}$——$t+1$、t 时段初的蓄水量；

$I_{s,t}$——t 时段内来水量；

$D_{s,t}$——t 时段内放水量；

$L_{s,t}$——t 时段内损失水量；

下标 s——蓄水设施所在地的地点；

下标 t——时段。

(2) 汇流节点连续性约束。对于汇流节点，同样可以应用质量守恒定量，建立模型的约束方程式，如图 2-8 所示，其约束方程式可表示为

$$I_{s,t}=D_{s_1,t}+\Delta F_{s,t} \qquad \forall t \tag{2-35}$$

式中 $\Delta F_{s,t}$——地点 s_1 和 s 间的河流区间入流量；

其他符号的意义同前。

若为图 2-9 的形式，其约束方程可表示为

$$D_{s_1,t}+D_{s_2,t}=I_{s,t} \qquad \forall t \tag{2-36}$$

式中符号意义同前。

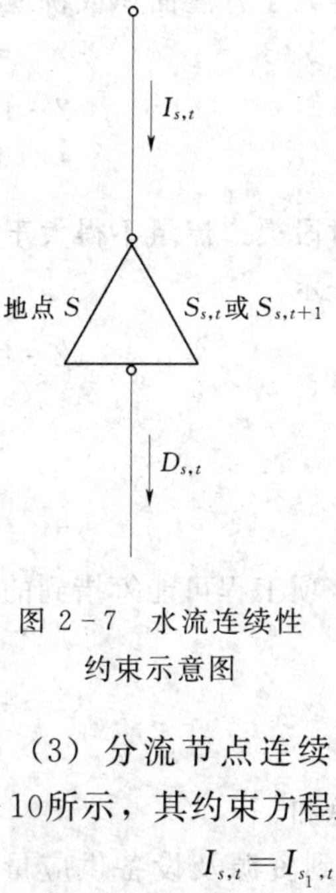

图 2-7 水流连续性约束示意图

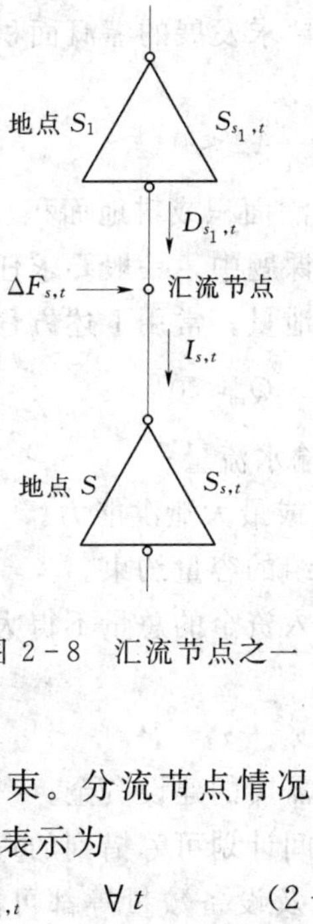

图 2-8 汇流节点之一

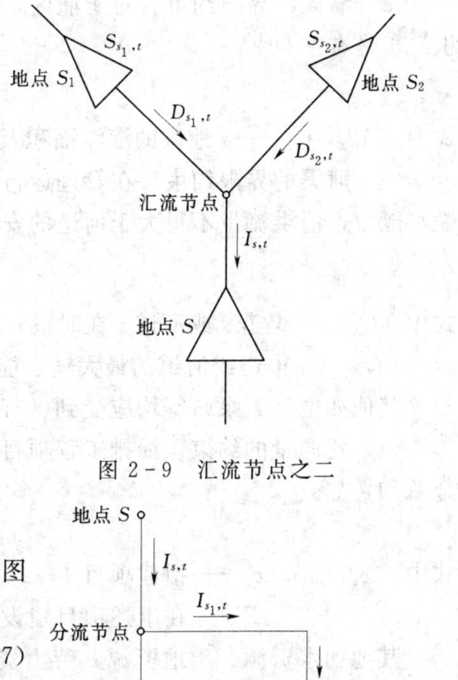

图 2-9 汇流节点之二

(3) 分流节点连续性约束。分流节点情况如图 2-10所示，其约束方程式可表示为

$$I_{s,t}=I_{s_1,t}+I_{s_2,t} \qquad \forall t \tag{2-37}$$

式中符号意义同前。

(4) 对于需要考虑输水损失的渠段，如图 2-11 所示，其约束方程式为

$$I_{s_1,t}-I_{s,t}=L_{1\sim 2,t} \qquad \forall t \tag{2-38}$$

式中 $L_{1\sim 2,t}$——渠段 1～2 间在时段 t 的输水损失；

其他符号意义同前。

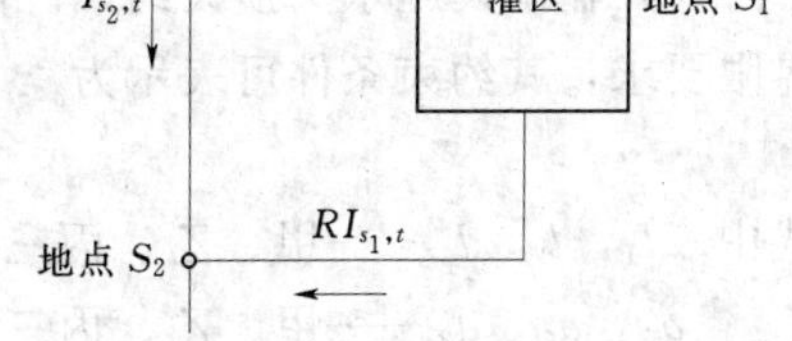

图 2-10 分流节点

其他可能出现的水流连续性约束，可以根据课题

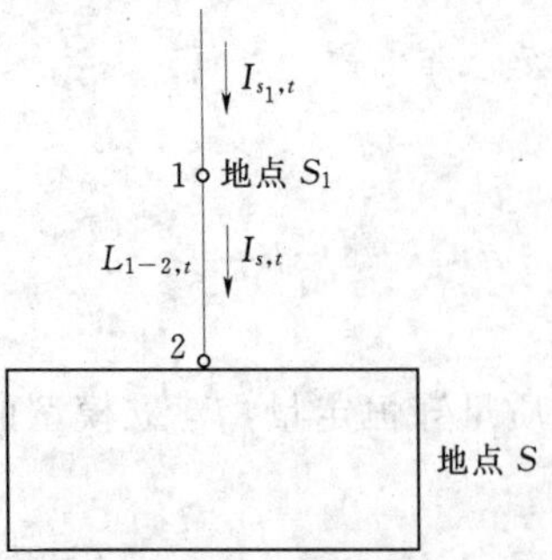

图 2-11　输水节点

的实际情况建立。

2. 界限约束

在灌溉和排水工程的系统分析中，界限约束是最常见的不等式约束，它表明某些设计变量，在数值上应受到一定限制，即不得大于或小于某一界限。例如：

(1) 水库的界限约束。对于水库，在管理运行中要求其蓄水量不得超过有效库容，否则会产生溢流。即

$$S_{s,t}-V_s\leqslant 0 \quad \forall t \tag{2-39}$$

式中　$S_{s,t}$——s 处水库在 t 时段蓄水量；

V_s——s 处水库有效库容（含垫底库容）。

另外，在规划设计中，则要求水库的总库容不得大于由地形、地质及淹没条件所确定的极限库容。即

$$V_s+V_f\leqslant V_{sm} \tag{2-40}$$

式中　V_f，V_{sm}——s 处水库的防洪库容和容许最大库容。

(2) 灌区的界限约束。对于灌区，则要求发展的灌溉面积不得大于宜灌面积或耕地面积。于是有

$$A_s-A_{sm}\leqslant 0 \tag{2-41}$$

式中　A_s，A_{sm}——s 地区的灌溉面积及宜灌面积或耕地面积。

(3) 河渠的界限约束。在管理运行的课题中，一般要求任何时段渠道流量不得大于其输水能力，泄洪流量不得大于河道的安全泄量，常用下述方程式表示

$$Q_{st}-Q_{sm}\leqslant 0 \tag{2-42}$$

式中　Q_{st}——渠道 s 或河道 s 在时段 t 的输水流量；

Q_{sm}——渠道或河道的最大输水能力或最大泄洪能力。

其他如电站、泵站等均应受到已有机组的容量约束。

(4) 资源量的约束。灌排工程项目投入资金的总量不得大于该项工程可能筹措到的资金总和，如

$$x_1+x_2+x_3\leqslant P \tag{2-43}$$

式中　x_1，x_2，x_3——拟建项目 1，2，3 需要的建设资金；

P——在上述项目建设期间计划可筹措到的资金总和。

其他如水资源、土地资源、劳力资源及设备数量等都可能受到资源及设备供应量的约束。

(5) 输水设施水头损失约束。由于供水和灌溉要求，对输水设施水头损失常有一定的界限要求，其约束条件可表示为

$$a_1l_1+a_2l_2+a_3l_3\leqslant h \tag{2-44}$$

式中　l_1，l_2，l_3——甲、乙、丙三种不同管径管路的铺设长度；

a_1，a_2，a_3——甲、乙、丙三种不同管径单位长度管路的沿程输水损失；

h——该工程在这段输水距离内允许的沿程水头损失。

对于输水渠道或输水管道中的弯头、大小头等局部水头损失，可同理写出界限约束方程。

3. 物理规律的约束

在灌溉或排水工程的系统分析中，在某些变量之间或者在某些变量与常量之间，还存在着一些物理规律的约束，例如：

(1) 有关灌区的物理规律约束。对灌区来说，如图 2-12 所示，有表明用水量与灌溉面积之间的约束，有表示水源引水量与灌溉用水量之间的约束，常表示为

$$IR_{s,t}-q_{s,t}A_{s,t}=0 \tag{2-45}$$

$$RI_{s,t}-\frac{K_t}{B}(1-\varepsilon_{s,t})E_{s,t}=0 \tag{2-46}$$

式中　$A_{s,t}$——t 时段需要灌溉的面积；

$q_{s,t}$——t 时段灌区单位面积的灌水毛流量即毛灌水率值；

$IR_{s,t}$——t 时段对系统全部灌区的灌溉净供水流量；

K_t——t 时段的持续时间；

B——单位换算系数；

$RI_{s,t}$——灌区的灌溉回归水量；

$\varepsilon_{s,t}$——从水源到整个灌输水配水等渠道的水量有效利用百分数；

$E_{s,t}$——t 时段的灌溉引水流量。

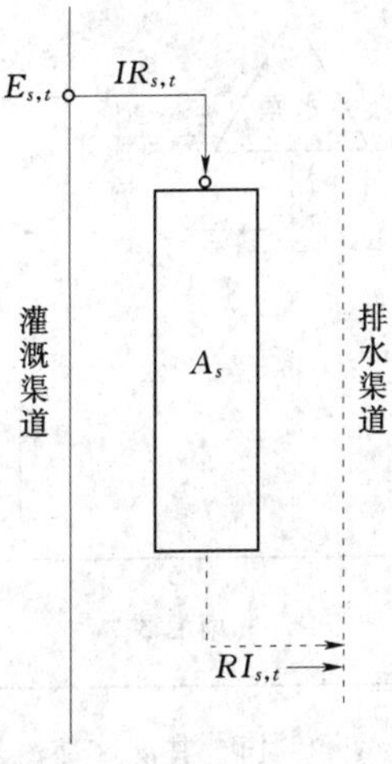

图 2-12　灌区引水示意图

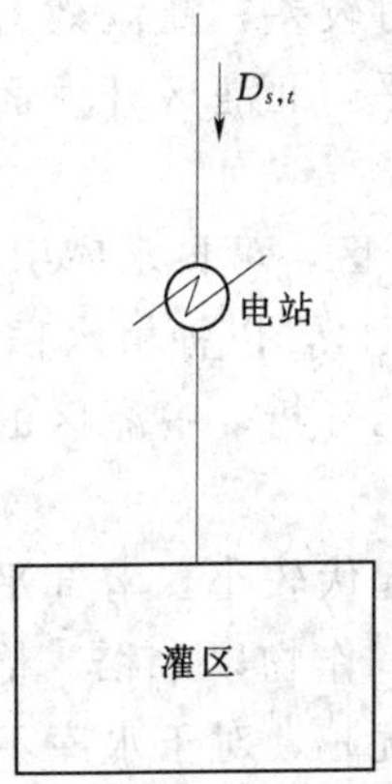

图 2-13　水电站引水示意图

(2) 有关电站的物理规律约束。最常见的反映电站物理规律约束（图 2-13）是电站的发电量应等于工作水头、水轮机过水流量与单位变换因素的乘积，其表达形式为

$$P_{s,t}-2.73\times10^{-6}e_sK_tD_{s,t}H_{s,t}\leqslant0 \tag{2-47}$$

式中　$P_{s,t}$——水电站在 t 时段生产的电能，MW·h；

e_s——水电站的总效率；

$H_{s,t}$——水电站的工作水头，m。

其他如水库泄洪流量是泄洪水头与泄洪建筑物尺寸的函数，水库放水流量是水库蓄水

深度与放水涵管尺寸的函数等，这些物理函数关系都应该根据系统的具体条件，用相应的数学表达式反映出来。

4. 条件约束

所谓条件约束是反映某些工程设施的从属关系的，例如一座水库及一座灌溉取水建筑物两项工程，不建水库，取水建筑物就没有存在的必要。因此说取水建筑物是以水库的存在为条件。条件约束中长常包括两个变量 0 及 1，1 表示工程的存在，0 表示它不存在，引入 0、1 变量涉及整数规划课题，这里不多叙述。

此外，有的课题还要给出某些技巧性的计算变换约束，例如对非线性问题采取线性化处理后，就会给出一些因变量的转换而需要增加的等式或不等式约束。

具备了目标函数和约束条件，再加上设计变量的非负条件，就构成了线性规划的完整的数学模型。

第七节 应 用 实 例

【例 2-10】 长江中游某支流上游，拟建年调节水库一座，多年平均来水量为 21400 万 m^3，可控制最大灌溉面积 64 万亩，根据地形、土壤、水资源状况等条件，灌区可划分为三部分，见图 2-14。

北灌区：位于灌区北部，属深丘区，地形起伏，土地分散，因地面高程较高，故必须从水库提水灌溉，土壤肥力较差，灌溉效益较低，为提高当地群众生活水平，北灌区开发面积应不小于 9.5 万亩。

中灌区：属浅丘区，可自水库引水自流灌溉，土壤条件稍优于北灌区，以种植水稻、小麦为主，根据地形、水源状况分析，中灌区的开发面积至少应为 16.8 万亩。

南灌区：地形起伏较小，南部平坦，港汊较多，进入平原圩区，作物以水稻、棉花为主，这里水资源条件比较优越，对于水库不能灌溉的耕地可从外河逐级提水解决干旱问题。因此，南灌区的开发面积可视水库水源状况确定。

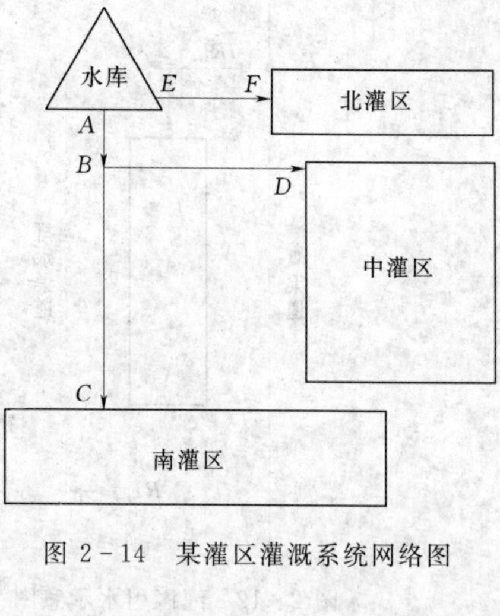

图 2-14 某灌区灌溉系统网络图

表 2-16 渠道设计流量

渠道名称	AB	BC	EF
设计流量（m^3/s）	42.5	28.0	8.0

根据灌区规划资料，各段渠道的设计流量、各部分灌区的灌溉用水定额和灌溉增产值见表 2-16 和表 2-17。

灌区中，当地地面径流（包括塘堰及小型水利设施）的供水能力为总用水量的 1/3。

根据相似灌区历年产量资料和调查资料分析，灌溉效益分摊系数为 0.4。

表 2-17 灌区灌溉用水定额及年增产值

项目 \ 灌区	北灌区	中灌区	南灌区	备注
年毛灌溉定额（m^3/亩）	600	600	610	1. 毛灌溉定额中包括渠道渗漏损失和灌水损失等
供水高峰月的毛灌溉定额（m^3/亩）	100	100	130	
单位灌溉面积的年增产值（元/亩）	240	300	360	2. 供水高峰月发生在7月

按照概算编制办法计算得水库及渠首工程的净投资为8000万元。灌区配套工程及田间工程的投资，以相似地区的扩大指标进行估算，北灌区的投资为168.0元/亩（包括泵站、渠道、配套工程和田间工程等），中、南灌区的投资为89.6元/亩，全部建设资金于建设的第一年投入，工程一年建成，次年即可投入运用。根据类似灌区资料分析，北灌区的年管理和运行费用为16元/亩，中、南灌区的管理和维修费用为6元/亩，以折算率为12%、分析期为40年计算，问如何开发北、中、南三部分的灌溉面积，使工程投产年初的净效益现值为最大。

解 1. 建立数学模型

设该水库开发北、中、南三灌区的灌溉面积分别为 x_1、x_2、x_3 万亩时，基准年的净效益现值为最大。

（1）目标函数。根据三灌区的投资、年运行费用及兴建水利工程后的增产效益来建立目标函数。

1）基准年的确定。按题意，以建设年初为基准年。

2）资金流程图。以效益或费用为纵坐标（箭头向上表示效益，箭头向下表示费用），以年份序号为横坐标，画出效益费用的资金流量图如图2-15所示。

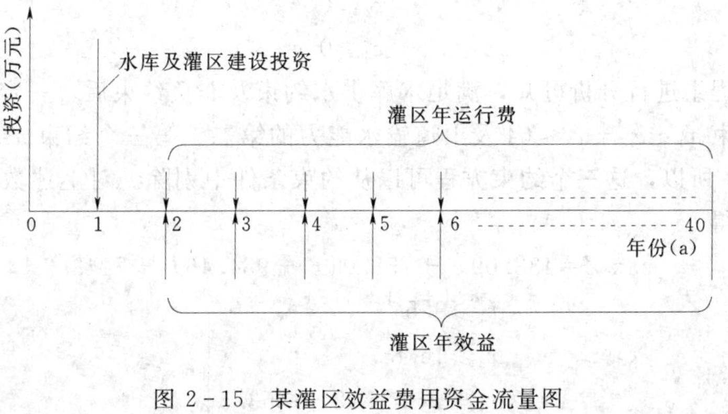

图 2-15 某灌区效益费用资金流量图

3）建立目标函数。以折算率为12%，分析期为40年，以净效益现值最大为目标，建立目标函数为

$$\max Z=\left[\frac{(1+i)^n-1}{i(1+i)^n}\times 0.4\times(240x_1+300x_2+360x_3)\right.$$

$$-6\times\frac{(1+i)^n-1}{i(1+i)^n}(x_2+x_3)-16x_1\times\frac{(1+i)^n-1}{i(1+i)^n}$$

$$-89.6(x_2+x_3)-168.0x_1-8000\Big](1+i)^{-1}$$

上述式中，$i=12\%$，$n=39$，化简后得目标函数为

$$\max Z=438.09x_1+758.04x_2+934.46x_3-7143.2$$

(2) 约束条件。

1) 灌溉面积约束。根据题意，北灌区的开发面积应不小于 9.5 万亩，中灌区的开发面积至少应为 16.8 万亩，全灌区最大灌溉面积为 64 万亩，于是建立约束条件为

$$x_1 \geqslant 9.5$$
$$x_2 \geqslant 16.8$$
$$x_1+x_2+x_3 \leqslant 64$$

2) 水库供水量约束。水库年来水量为 21400 万 m^3，北、中、南三灌区的多年平均灌溉毛定额分别为 $600m^3$/亩、$600m^3$/亩、$610m^3$/亩，塘堰及小型水利设施的供水能力为灌区总用水量的 1/3，于是

$$2/3(600x_1+600x_2+610x_3) \leqslant 21400$$

3) 渠道输水能力约束。根据用水高峰月（7 月）的灌溉用水量及渠道的输水能力，建立渠道输水能力的约束为

$$100x_1 \leqslant 8\times 31\times 8.64$$
$$100x_2+130x_3 \leqslant 42.5\times 31\times 8.64$$
$$130x_3 \leqslant 28\times 31\times 8.64$$

4) 非负约束。所有决策变量均为非负实数，即

$$x_1 \geqslant 0$$
$$x_2 \geqslant 0$$
$$x_3 \geqslant 0$$

对约束方程组进行分析可知，满足水库供水约束及非负约束后，一定可以满足灌溉面积的第三个约束 $x_1+x_2+x_3 \leqslant 64$ 及渠道输水能力的第二、第三个约束 $x_2+1.3x_3 \leqslant 113.8$ 和 $x_3 \leqslant 57.69$。所以，这三个约束方程可以从约束条件中剔除。对上述数学模型进行化简和整理后，可得

目标函数　　$\max Z=438.09x_1+758.04x_2+934.46x_3-7143.2$

约束条件

$$\left.\begin{array}{l} x_1 \geqslant 9.5 \\ x_2 \geqslant 16.8 \\ x_1+x_2+1.02x_3 \leqslant 53.5 \\ x_1 \leqslant 21.43 \\ x_1, x_2, x_3 \geqslant 0 \end{array}\right\}$$

2. 用两阶段法求解

(1) 第一阶段建立辅助规划的数学模型，并求出原规划的初始基可行解，见表 2-18。

1) 数学模型

目标函数　　$\max Z'=-y_1-y_2$

约束条件

$$\left.\begin{aligned}&x_1-x_4+y_1=9.5\\&x_2-x_5+y_2=16.8\\&x_1+x_2+1.02x_3+x_6=53.5\\&x_1+x_7=21.43\\&x_1,x_2,x_3,x_4,x_5,x_6,x_7\geqslant 0\\&y_1,y_2\geqslant 0\end{aligned}\right\}$$

2）求辅助规划的最优解。用单纯形法对辅助规划求解，解算过程和结果见表 2-18。

表 2-18　　辅助规划单纯形计算表

c_j			0	0	0	0	0	0	0	−1	−1	θ_i
c_i	基	b	x_1	x_2	x_3	x_4	x_5	x_6	x_7	y_1	y_2	
−1	y_1	9.5	1	0	0	−1	0	0	0	1	0	$\frac{9.5}{1}=9.5$
−1	y_2	16.8	0	1	0	0	−1	0	0	0	1	
0	x_6	53.5	1	1	1.02	0	0	1	0	0	0	$\frac{53.5}{1}=53.5$
0	x_7	21.4	1	0	0	0	0	0	1	0	0	
	Z_j-c_j		−1	−1	0	1	1	0	0	0	0	$\frac{21.4}{1}=21.4$
0	x_1	9.5	1	0	0	−1	0	0	0	1	0	
−1	y_2	16.8	0	1	0	0	−1	0	0	0	1	$\frac{16.8}{1}=16.8$
0	x_6	44.0	0	1	1.02	1	0	1	0	−1	0	$\frac{44}{2}-44$
0	x_7	11.9	0	0	0	1	0	0	1	−1	0	
0	Z_j-c_j		0	−1	0	0	1	0	0	0	0	
0	x_1	9.5	1	0	0	−1	0	0	0	1	0	
0	x_2	16.8	0	1	0	0	−1	0	0	0	1	
0	x_6	27.2	0	0	1.02	1	1	1	0	−1	−1	
0	x_7	11.9	0	0	0	1	0	0	1	−1	0	
	Z_j-c_j		0	0	0	0	0	0	0	1	1	

（2）第二阶段以辅助规划的最优解，作为原规划的第一个基可行解，对原规划数学模型求解，求解过程见表 2-19。

表 2-19　　原规划单纯形计算表

c_j			438.09	758.04	934.46	0	0	0	0	θ_i
c_i	基	b	x_1	x_2	x_3	x_4	x_5	x_6	x_7	
438.09	x_1	9.5	1	0	0	−1	0	0	0	
758.04	x_2	16.8	0	1	0	0	−1	0	0	
0	x_6	27.2	0	0	1.02	1	1	1	0	$\frac{27.2}{1.02}=266.67$
0	x_7	11.9	0	0	0	1	0	0	1	
	Z_j-c_j		0	0	−934.46	−438.09	−758.04	0	0	
438.09	x_1	9.5	1	0	0	−1	0	0	0	
758.04	x_2	16.8	0	1	0	0	−1	0	0	
934.46	x_3	26.67	0	0	1	0.98	0.98	0.98	0	
0	x_7	11.9	0	0	0	1	0	0	1	
	Z_j-c_j		0	0	0	477.68	157.73	915.77	0	

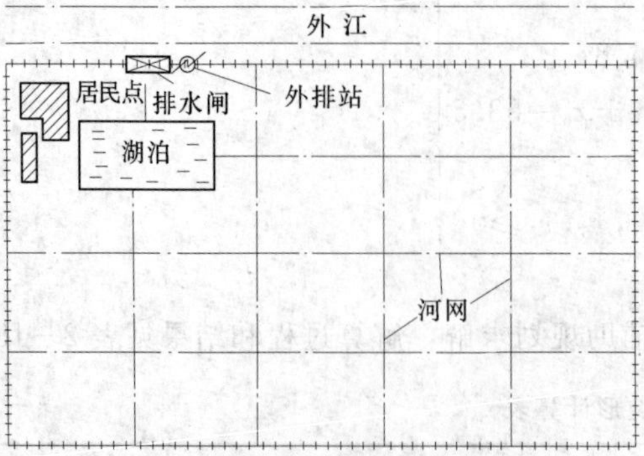

图 2-16　某圩垸除涝系统示意图

根据解算结果，当折算率为 12%，分析期为 40 年时，北灌区设计灌溉面积应为 9.5 万亩，中、南灌区设计灌溉面积分别应为 16.8 万亩和 26.67 万亩，基准年的最大净效益现值为 34675.78 万元。

【例 2-11】　长江中游某圩垸（图 2-16）出于汛期（5～9 月）外江水位高于垸内田面高程，除少数年份江水短期回落有可能自排外，一般均需利用垸内湖泊、河网滞蓄和泵站抽排。该地区排水面积、原有水利设施、规划标准及有关经济指标见表 2-20。要求在规定的 10 年一遇三日暴雨三日排完的除涝标准下，确定该圩垸的最优湖泊水面率 x_1、河网水面率 x_2 和相应排涝装机容量 x_3，以使工程总费用为最小。

表 2-20　　　　某圩垸基本资料统计表

土地和耕地面积	圩垸总面积 $43.4km^2$ 土地利用系数 0.7 水田占圩垸总耕地面积的比值 0.5	农副业生产情况	粮食单产（稻谷）500kg/亩 粮食单价 0.3 元/kg 粮食生产成本以粮食产值的 50%计 湖泊鲜鱼单产 50kg/亩 鲜鱼单价 0.8 元/kg 养鱼成本以鲜鱼产值的 50%计
现有水利设施	现有水面率 12.6% 其中，湖泊水面率 3.8% 河网水面率 8.8% 湖泊滞涝有效水深 0.8m 河网滞涝有效水深 0.8m 现有抽排装机容量 2020kW 相应抽排流量 $22.6m^3/s$ 相应抽排设计扬程 7m 左右 平均湖堤长度为 $7500m/km^2$ 排涝输水必须的河网水面率为 3% 圩垸允许最大湖泊水面率为 15% 圩垸允许最小湖泊水面率为 2% 抽排装机容量多年平均电费 2 元/kW	规划表转及现有经济指标	除涝标准 10 年一遇三日暴雨三日排完 设计降雨量为 235mm 设计排水历时为 3d 水田允许滞涝水深为 50mm 降雨期三天的蒸发量为 10mm 湖泊排涝工程有效使用年限 50 年 贴现率 6% 围湖土堤长度单价 3 元/m 土堤年运行费用以土堤投资的 4%计 抽排装机投资 800 元/kW 抽排站有效使用年限为 25 年 抽排站年费用以投资的 10%计 圩垸耕地农田基本建设投资 100 元/亩 圩垸耕地农田基本建设年运行费用以投资的 10%计

注　按 1980 年价格计算。

解　1. 建立数学模型

(1) 目标函数。这一问题的目标函数可写为

$$\min Z=\left\{\frac{1}{100}[C_1Fx_1+C_2F(x_2-x'_2)]+C_3x_3\right\}$$

1) C_1 的计算

$$C_1 = C_{1a} - C_{1b} - C_{1c} - C_{1d}$$

其中

$$C_{1a} = A_1 \eta_l y P_r (1-\eta_r)(P/A,i,n)$$

$$C_{1b} = L_a C_l + C_a (P/A,i,n)$$

$$C_{1c} = A_1 \eta_l C_c - C_f (P/A,i,n)$$

$$C_{1d} = A_1 F_f P_f (1-\eta_f)(P/A,i,n)$$

式中 C_1——单位面积湖面的全部支出现值，元/km^2；

C_{1a}——湖面多年农业产值损失现值，元/km^2；

C_{1b}——湖泊修筑围堤的成本现值，元/km^2；

C_{1c}——农田基本建设成本现值，元/km^2；

C_{1d}——湖面多年养殖收入现值，元/km^2；

A_1——平方公里的亩数；

η_l——土地利用系数；

y——单位耕地面积粮食（稻谷）产量，kg/亩；

P_r——1980年粮食（稻谷）的单价，元/kg；

η_r——粮食（稻谷）生产成本占其产值的百分数；

L_a——湖泊的围堤长度，m/km^2；

C_l——围湖土堤的单位长度造价，元/m；

C_a——围湖土堤的年运行费用，元/m；

C_c——圩垸农田基本建设投资，元/亩；

C_f——圩垸农田基本建设的管理和运行费用，元/亩；

F_f——湖泊鲜鱼单产，kg/亩；

P_f——鲜鱼单价，元/kg；

η_f——养鱼成本占鲜鱼产值的百分数；

$(P/A,i,n)$——等额年金计算现值时的复利系数。

根据给出的资料数据，代入上述公式中，则

$$C_{1a} = 1500\times 0.7\times 500\times 0.3\times (1-0.5)\times \frac{(1+0.06)^{50}-1}{0.06\times (1+0.06)^{50}}$$

$$=124.11(万元/km^2)$$

$$C_{1b} = 7500\times 3+7500\times 3\times 4\%\times \frac{(1+0.06)^{50}-1}{0.06\times (1+0.06)^{50}}$$

$$=3.67(万元/km^2)$$

$$C_{1c} = 1500\times 0.7\times 100+1500\times 0.7\times 100\times 10\%\times \frac{(1+0.06)^{50}-1}{0.06\times (1+0.06)^{50}}$$

$$=27.05(万元/km^2)$$

$$C_{1d} = 1500\times 50\times 0.8\times (1-0.5)\times \frac{(1+0.06)^{50}-1}{0.06\times (1+0.06)^{50}}$$

$$=47.28(万元/km^2)$$

$$C_1 = C_{1a}+C_{1b}-C_{1c}-C_{1d} = 124.11+3.67-27.05-47.28$$

$$=53.45(万元/km^2)$$

2)C_2 的计算

$$C_2=C_{1a}-C_{1c}+C_{2a}$$
$$C_{2a}=C_{2k}+C_{2c}$$

式中 C_2——开挖单位面积河网的全部支出现值，元/km²；

C_{2a}——开挖单位面积河网的成本现值，元/km²；

C_{2k}——开挖河网的投资现值，元/km²；

C_{2c}——河网系年运行管理费用现值，元/km²。

根据经验统计，河网提供 1m³ 的滞涝容积，大约需要开挖 2m³ 的土方；而每平方公里河网水面可提供滞涝容积为 $1000^2\times0.8=80\times10^4$（m³），故相应需开挖 $2\times80=160\times10^4$（m³）土方，如每开挖 1m³ 土方单价为 0.5 元，则开挖 1km² 河网投资为 $0.5\times160=80\times10^4$（元/km³），所以开挖河网的成本现值 C_{2a} 为

$$C_{2a}=80+80\times4\%\times\frac{(1+0.06)^{50}-1}{0.06\times(1+0.06)^{50}}=130.43(\text{万元/km}^2)$$

故
$$C_2=C_{1a}-C_{1c}+C_{2a}=227.50(\text{万元/km}^2)$$

3) C_3 的计算

$$C_3=C_{3a}+C_{3b}+C_{3c}+C_{3d}$$

式中 C_3——单位千瓦抽排装机全部支出现值，元/kW；

C_{3a}——单位千瓦抽排装机的投资，元/kW；

C_{3b}——抽排站每千瓦更新费，元/kW；

C_{3c}——单位千瓦装机多年管理运行费用现值，元/kW；

C_{3d}——单位千瓦装机多年运行电费现值，元/kW。

把数据代入上述公式中，则

$$\begin{aligned}C_3&=800+800\times\frac{1}{(1+0.06)^{25}}+800\times10\%\\&\quad\times\frac{(1+0.06)^{50}-1}{0.06\times(1+0.06)^{50}}+2\times\frac{(1+0.06)^{50}-1}{0.06\times(1+0.06)^{50}}\\&=800+186.5+126+31.5\\&=0.23(\text{万元/kW})\end{aligned}$$

将以上确定的各项参数值和有关的给定值代入目标函数方程式，经整理得：

目标函数 $\min Z=23.2x_1+98.7(x_2-x'_2)+0.23x_3$

（2）约束方程。

1）水量平衡约束。这一约束即相应于规划水面率为 x_1 和 x_2 的湖泊、河网滞涝容积，以及装机容量为 x_3 的泵站在设计排涝历时内的抽排水量之和，应等于设计频率降雨所形成的径流量，即

$$H_{湖}Fx_1+H_{河}Fx_2+\frac{1}{10^4}T\beta x_3=W$$

式中 $H_{湖}$，$H_{河}$——湖泊和河网滞涝有效水深，一般均为 0.8～1.0m，取 0.8m；

T——设计排涝历时，d；

β——单位装机容量每天（工作 22h）抽排的水量，m³/（kW·d）；

W——设计频率降雨产生的总径流量，$10^4 m^3$。

其中
$$\beta=\frac{\text{圩垸现有抽排流量}\times 22\times 3600}{\text{现有抽排装机容量}}$$
$$=\frac{22.6\times 22\times 3600}{2020}$$
$$=886[m^3/(kW\cdot d)]$$
$$W=0.1F[(P-E)-\alpha_{田}\,h_{田}]$$
$$=0.1\times 43.3[(235-10)-0.5\times 50]$$
$$=868\times 10^4(m^3)$$

式中 P——设计频率降雨量，mm；

$\alpha_{田}$——水田占圩垸总面积的比值；

$h_{田}$——水田允许滞涝水深，mm，根据水稻耐淹深度确定，一般取 30～50mm；

其他符号意义同前。

2）最小河网水面率约束。规划的河网水面率 x_2 应大于圩垸排涝输水所必需的河网水面率

$$x_2\geqslant x_2'$$

式中 x_2'——专门用于排涝输水的河网水面率，可按经验确定，长江中游湖区可取 2%～3%。

故
$$x_2\geqslant 3$$

3）最小抽排装机约束。湖区设计暴雨，在汛期往往前后两次相继出现，为了保证湖泊、河网能滞蓄第二次暴雨径流，因此必须足够的抽排装机容量使滞蓄于湖泊、河网中的第一次暴雨径流在第二次暴雨来到之前抽排出去，即

$$x_3\geqslant\frac{W}{t\beta}$$

式中 t——两次暴雨出现的间歇时间，d，可按各地历年降雨资料分析统计确定，洞庭湖地区一般定为 10～15d，湖北江汉平原四湖地区一般定为 5～10d；

其他符号意义同前。

现
$$W=868\times 10^4 m^3$$
$$\beta=886m^3/(kW\cdot d)$$
$$t=10d$$

故
$$\frac{W}{t\beta}=\frac{868\times 10^4}{10\times 886}=980(kW)$$
$$x_3\geqslant 980$$

4）最大湖泊水面率约束。南方平原圩区，一般地少人多，为了保证必要的农田面积，所规划的湖泊水面率 x_1 应该有一定的限度，不应大于允许的最大湖泊水面率 x_1'，即

$$x_1\leqslant x_1'$$

式中 x_1'——允许的最大湖泊水面率，一般取 10%～15%。

取 $x_1\leqslant 15\%$。

5）最小湖泊水面率约束。有时为了满足湖区养鱼、供水等多种经营和综合利用的要

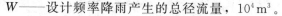

求，所规划的湖泊水面率 x_1 应不小于最小湖泊水面率 x_1''，即

$$x_1 \geqslant x_1''$$

式中　x_1''——最小湖泊水面率，按该圩区具体情况，确定为 2%。

故

$$x_1 \geqslant 2$$

把上述目标函数和约束条件写在一起，则其数学模型可完整写出如下：

目标函数　$\min Z = 23.2x_1 + 98.7x_2 + 0.23x_3 - 98.7x_2'$

约束条件

$$\begin{gathered} 34.72x_1 + 34.72x_2 + 0.27x_3 = 868 \\ x_2 \geqslant 3 \\ x_3 \geqslant 980 \\ x_1 \leqslant 15 \\ x_1 \geqslant 2 \\ x_1, x_2, x_3 \geqslant 0 \end{gathered}$$

2. 用两阶段法求解

上述问题是一个三变量的线性规划问题，由于数学模型的约束条件中带有“$\geqslant$”和“$=$”的符号，所以需要采用两阶段法求解。求解的步骤如下。

第一阶段：引入人工变量 y_i，剩余变量 x_5，x_6，x_7 以及松弛变量 x_4，构造一个与原规划对应的辅助规划，这个辅助规划以人工变量 y_i 之和的负值为极大作为目标函数。

辅助规划为：

目标函数　$\max Z' = -(y_1 + y_2 + y_3 + y_4)$

约束条件

$$\left.\begin{aligned} & 34.72x_1 + 34.72x_2 + 0.27x_3 + y_1 = 868 \\ & x_2 - x_3 + y_2 = 3 \\ & x_3 - x_6 + y_3 = 980 \\ & x_1 + x_4 = 15 \\ & x_1 - x_7 + y_4 = 2 \\ & x_1, x_2, x_3, x_4, x_5, x_6, x_7, y_1, y_2, y_3, y_4 \geqslant 0 \end{aligned}\right\}$$

写出辅助规划数学模型以后，即可按单纯形法计算最优解，见表 2-21。

表 2-21　　第一阶段辅助规划计算表

c_j										-1	-1	-1	-1	θ_i
c_i	基	b	x_1	x_2	x_3	x_4	x_5	x_6	x_7	y_1	y_2	y_3	y_4	
-1	y_1	868	34.72	34.72	0.27	0	0	0	0	1	0	0	0	868/34.72
-1	y_2	3	0	1	0	0	-1	0	0	0	1	0	0	=24
-1	y_3	980	0	0	1	0	0	-1	0	0	0	1	0	
0	x_4	15	1	0	0	1	0	0	0	0	0	0	0	
-1	y_4	2	[1]	0	0	0	0	0	-1	0	0	0	1	2/1=2
	$Z_j - c_j$	-1853	-35.72	-35.72	-1.27	0	1	1	1	0	0	0	0	
-1	y_1	798.56	0	34.72	0.27	0	0	0	34.72	1	0	0	-34.72	798.56/34.72=23 3/1=3

续表

c_j										-1	-1	-1	-1	θ_i
c_i	基	b	x_1	x_2	x_3	x_4	x_5	x_6	x_7	y_1	y_2	y_3	y_4	
-1	y_2	3	0	1	0	0	-1	0	0	0	1	0	0	798.56/
-1	y_3	980	0	0	1	0	0	-1	0	0	0	1	0	34.72=23
0	x_4	13	0	0	0	1	0	0	1	0	0	0	-1	3/1=3
0	x_1	2	1	0	0	0	0	0	-1	0	0	0	1	
	Z_j-c_j	-1781.56	0	-35.72	-1.27	0	1	1	-34.72	0	0	0	35.72	
-1	y_1	694.4	0	0	0.27	0	34.72	0	34.72	1	-34.72	0	34.72	694.4/
0	x_2	3	0	1	0	0	-1	0	0	0	1	0	0	34.72=
-1	y_2	980	0	0	1	0	0	-1	0	0	0	1	0	20
0	x_4	13	0	0	0	1	0	0	1	0	0	0	-1	
0	x_1	2	1	0	0	0	0	0	-1	0	0	0	1	
	Z_j-c_j	-1674.4	0	0	1.27	0	-34.72	1	34.72	0	35.72	0	35.72	
0	x_5	20	0	0	0.0078	0	1	0	1	$+0.0288$	-1	0	-1	20/0.0078
0	x_2	23	0	1	0.0078	0	0	0	1	0.0288	0	0	-1	=2564
1	y_3	980	0	0	1	0	0	-1	0	0	0	1	0	980/1=980
0	x_4	13	0	0	0	1	0	0	1	0	0	0	-1	
0	x_1	2	1	0	0	0	0	0	-1	0	0	0	1	
	Z_j-c_j	-980	0	0	-1	0	0	1	0	-1	1	0	1	
0	x_4	12.36	0	0	0	0	1	0.0077	1	0.0288	-1	-0.0078	-1	
0	x_2	15.36	0	1	0	0	0	0.0077	1	0.0288	0	-0.0078	-1	
0	x_3	980	0	0	1	0	0	-1	0	0	0	1	0	
0	x_4	13	0	0	0	1	0	0	1	0	0	0	-1	
0	x_1	2	1	0	0	0	0	0	-1	0	0	0	1	
0	Z_j-c_j	0	0	0	0	0	0	0	0	1	1	1	1	

第二阶段：以原规划的约束条件及目标函数为数学模型，并把表 2-20 中的 $x_2'=3\%$ 代入目标函数中，于是原规划的目标为

$$\min Z=23.2x_1+98.7x_2+0.23x_3-98.7\times 3$$

即

$$\min Z=23.2x_1+98.7x_2+0.23x_3-296.1$$

为使极小值问题变为极大值问题，目标函数改写为

$$\max Z=-23.2x_1-98.7x_2-0.23x_3+296.1$$

以辅助规划的最优解作为第一个基可行解，用单纯形法列表计算（表 2-22），求得原规划问题的最优解为

$x_1=14.45\%$（湖泊水面率）

$x_2=3\%$（主要用以排涝输水兼作滞涝用的河网水面率）

$x_3=980\text{kW}$（抽排装机容量）

表 2-22　　第二阶段原规划计算表

c_j		-23.2	-98.7	-0.23	0	0	0	0	0	θ_i
c_i	基	b	x_1	x_2	x_3	x_4	x_5	x_6	x_7	
0	x_5	12.36	0	0	0	0	1	$+0.0078$	[1]	
-98.7	x_2	15.36	0	1	0	0	0	0.0078	1	12.36/1=12.36
-0.23	x_3	980	0	0	1	0	0	-1	0	15.36/1=15.36

续表

c_j		-23.2	-98.7	-0.23	0	0	0	0	0	θ_i
c_i	基	b	x_1	x_2	x_3	x_4	x_5	x_6	x_7	
0	x_4	13	0	0	0	1	0	0	1	
-23.2	x_1	2	1	0	0	0	0	0	-1	
	Z_j-c_j	-1787.83	0	0	0	0	0	-0.54	-75.5	
0	x_7	12.36	0	0	0	0	1	0.0078	1	
-98.7	x_2	3.00	0	1	0	0	-1	0	0	
-0.23	x_3	980	0	0	1	0	0	-1	0	
0	x_4	0.64	0	0	0	1	-1	0.0078	0	
-23.2	x_1	14.36	1	0	0	0	1	0.0078	0	
	Z_j-c_j	-854.65	0	0	0	0	75.5	0.05	0	

把最优解代入原规划的目标函数，得到最优方案的费用为

$$\min Z=23.2\times14.45+98.7\times3+0.23\times980-296.1$$
$$=856.74-296.1=560.64\text{（万元）}$$

习　题

1. 试用图解法求解下列线性规划问题；指出各问题是否有最优解，如果有最优解，是属于什么性质的最优解。

① $\max Z=x_1+x_2$
$$\begin{cases}x_1+2x_2\leqslant 8\\x_1+x_2\geqslant 1\\x_2\leqslant 3\\x_1,\ x_2\geqslant 0\end{cases}$$

② $\max Z=15x_1-16x_2$
$$\begin{cases}3x_1+5x_2\leqslant 15\\5x_1+2x_2\leqslant 10\\x_1,\ x_2\geqslant 0\end{cases}$$

③ $\max Z=3x_1-2x_2$
$$\begin{cases}x_1+x_2\leqslant 1\\2x_1+2x_2\geqslant 4\\x_1,\ x_2\geqslant 0\end{cases}$$

④ $\min Z=2x_1-10x_2$
$$\begin{cases}x_1-x_2\geqslant 0\\x_1-5x_2\geqslant -5\\x_1,\ x_2\geqslant 0\end{cases}$$

2. 分别用图解法和单纯形法求解下面的线性规划问题，并指出单纯形法的每步迭代相当于图形上哪一个极点。

① $\max Z=2x_1+3x_2$
$$\begin{cases}x_1+2x_2\leqslant 14\\x_1+x_2\leqslant 9\\3x_1+x_2\leqslant 24\\x_1,\ x_2\geqslant 0\end{cases}$$

② $\max Z=2x_1+x_2$
$$\begin{cases}3x_1+5x_2\leqslant 15\\3x_1+x_2\leqslant 12\\x_1,\ x_2\geqslant 0\end{cases}$$

③ $\max Z=4x_1+3x_2$
$$\begin{cases}2x_1+x_2\leqslant 30\\x_1+2x_2\leqslant 24\\x_1,\ x_2\geqslant 0\end{cases}$$

④ $\max Z=6x_1+14x_2+13x_3$
$$\begin{cases}x_1+4x_2+2x_3\leqslant 48\\x_1+2x_2+4x_3\leqslant 60\\x_1,\ x_2,\ x_3\geqslant 0\end{cases}$$

3. 将以下线性规划问题变为标准形式，并注明松弛变量、剩余变量和人工变量。

① $\max Z=2x_1+x_2+x_3$

$$\begin{cases}2x_1-3x_2-x_3\leqslant 9\\2x_2-x_3\geqslant 4\\x_1+x_3=6\\x_1,\ x_2,\ x_3\geqslant 0\end{cases}$$

② $\max Z=x_1$

$$\begin{cases}-x_1+x_2\leqslant 2\\x_1+x_2\leqslant 8\\-x_1+x_2\geqslant -4\\x_1,\ x_2\geqslant 0\end{cases}$$

4. 用两阶段法求解以下线性规划问题。

① $\min Z=20x_1+30x_2$

$$\begin{cases}x_1+4x_2\geqslant 8\\x_1+x_2\geqslant 5\\2x_1+x_2\geqslant 7\\x_1,\ x_2\geqslant 0\end{cases}$$

② $\max Z=x_1+x_2$

$$\begin{cases}2x_1+x_2\geqslant 4\\x_1+7x_2\geqslant 7\\x_1,\ x_2\geqslant 0\end{cases}$$

5. 用对偶法求解下列问题。

① $\min Z=5x_1+7x_2$

$$\begin{cases}2x_1+x_2\geqslant 10\\3x_1+2x_2\geqslant 18\\x_1+2x_2\geqslant 10\\x_1,\ x_2\geqslant 0\end{cases}$$

② $\min Z=3x_1+2x_2+x_3+4x_4$

$$\begin{cases}2x_1+4x_2+5x_3+x_4\geqslant 0\\3x_1-x_2+7x_3-2x_4\geqslant 2\\5x_1+2x_2+x_3+6x_4\geqslant 15\\x_1,\ x_2,\ x_3,\ x_4\geqslant 0\end{cases}$$

6. 某地区有三个乡的农田共用一条灌溉渠道，各乡的可灌面积及分配到的年最大用水量如表 2-23 所示。种植作物为小麦、棉花及玉米，各种作物的需水量（含损失）、净收益，以及地区（含三个乡）规定各种作物总种植面积的最高限额如表 2-24 所示。三个乡达成协议，各乡的播种面积与其可灌面积之比应该相等，而各乡种植何种作物并无限制。问这三个乡如何安排种植计划，才使地区（含三个乡）的总净收益最大？

表 2-23　各乡可灌耕地面积及允许年最大用水量

乡序号	河灌耕地面积（亩）	分配的年水量（万 m^3）
1	400	6.00
2	600	8.00
3	300	3.75

表 2-24　各乡有关资料

作物种类	种植面积限额（亩）	需用水量（m^3/亩）	净收益（元/亩）
小麦	600	300	400
棉花	500	200	300
玉米	325	100	100

7. 某蓄水池送水到某自来水厂的水池，距离为 4780m，如图 2-17 所示，蓄水池的低水位高程为 30m，水厂水池的水位高程为 17.5m，高差为 12.5m，要求输水流量 $Q=$ 116L/s，现有 4 种直径的管材可供选择，作为输水管道，其单位长度的水头损失（局部水头损失略去不计）及造价列于表 2-25。问怎样选择这 4 种管道（可以组合使用），使输水设施既保证供水且造价最低。

表 2-25　　各种管材单位长度造价及输水水头损失

管径 d (mm)	单价 (元/m)	每千米输水水头损失 (m)（输水流量 Q=116L/s）
600	110	0.419
500	70	1.030
400	54	3.120
300	36	13.800

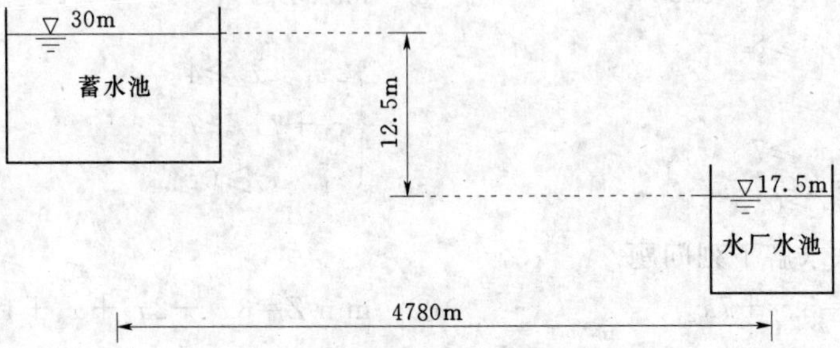

图 2-17　蓄水池至水厂输水示意图

第三章

整数规划及其应用

在线性规划问题中，有些最优解可能是分数或小数，但有些实际问题. 要求解必须取整数值（称为整数解）。为了满足整数解的要求，似乎只要把已得到的带有分数或小数的解，经过“舍入化整”即可，但这往往是不可行的。因为化整后的解有可能不是可行解；或虽是可行解，但不一定是最优解。因此，对求最优整数规划的问题，有必要另行研究。我们称这样的问题为整数规划（Integer Programming，简称 IP）。整数规划是数学规划的一个重要分支。

本章将介绍整数规划问题的类型及其数学模型，求解整数规划的割平面法、分枝定界法、0—1 规划与隐枚举法。

第一节　整数规划的类型及数学模型

一、纯整数规划

在整数规划中，如果所有的变量均限制为非负整数，就称为纯整数规划（Pure Integer Programming），或称为全整数规划（All Integer Programming）。其数学模型用式(3-1）表示。

$$
\left.\begin{aligned}
&\text{目标函数} && \min Z/\max Z=\sum_{j=1}^{n}c_jx_j\\
&\text{约束方程} && \sum_{j=1}^{n}a_{ij}x_j\leqslant(\text{或}\geqslant,=)b_i\quad(i=1,\cdots,m)\\
& && x_j\geqslant 0\text{ 的整数}\quad(j=1,\cdots,n)
\end{aligned}\right\}\qquad(3-1)
$$

二、混合整数规划

如果模型（3-1）中仅一部分变量限制为非负整数，则称为混合整数规划（Mixed Integer Programming），其数学模型用式（3-2）表示。

目标函数　　$\min Z/\max Z=\sum_{j=1}^{n}c_jx_j$

约束条件

$$\left.\begin{aligned}&\sum_{j=1}^{n} a_{ij}x_j \leqslant (\text{或} \geqslant, =) b_i\\&x_j \geqslant 0\\&x_k \text{ 为整数}\end{aligned}\right\}$$

$$(i=1,\cdots,m; j=1,\cdots n; k=1,2,\cdots,l<n) \tag{3-2}$$

三、0—1 型整数规划

如果整数规划中所有变量的取值仅限于 0 或 1，则该整数规划就称为 0—l 型整数规划，其数学模型为在模型式（3 - 1）中增加变量的附加约束

$$x_j=0 \quad \text{或} \quad x_j=1(j=1,\cdots,n) \tag{3-3}$$

第二节 割平面法

这个方法的基础仍然是用解线性规划的方法解整数规划问题。首先不考虑变量 x_j 的整数要求，按一般线性规划求解，得到的解通常是不满足整数约束的，然后再增加一个新的线性约束（几何上称为割平面），使相应线性规划问题的可行域切割掉一部分，并使切割掉的部分只包含非整数可行解，没有切割掉任何整数可行解。这个方法的关键在于怎样找到适当的割平面（可能不止一次），使切割后最终得到这样的可行域，它的一个有整数坐标的极点恰好是整数规划问题的最优解。这个方式是 R. E. Gomory 提出来的，所以又称为 Gomory 割平面法。我们只讨论纯整数规划的情形。

一、割平面法求解示例

【例 3 - 1】 求解：

目标函数

$$\max Z=x_1+x_2 \quad ①$$

约束条件

$$\left.\begin{aligned}-x_1+x_2\leqslant 1 \quad ②\\3x_1+x_2\leqslant 4 \quad ③\\x_1,x_2\geqslant 0 \quad ④\\x_1,x_2 \text{ 为整数} \quad ⑤\end{aligned}\right\}$$

如不考虑条件⑤，求得相应线性规划的最优解为

$$x_1=\frac{3}{4}, x_2=\frac{7}{4}, \max Z=\frac{5}{2}$$

图 3 - 1 中域 R 的极点 A，它不符合整数条件。如果能找到一条直线 CD 去切割域 R（图 3 - 2），割掉三角形域 ACD，那么具有整数坐标的 C 点（1，1）就是域 R' 的一个极点，如在域 R' 上求解①～④，而得到的最优解又恰巧在 C 点，就得到原问题的整数解。因此该解法的关键就是怎样构造一个这样的“割平面” CD，尽管它可能不是唯一的，也可能不是一步求到的。下面仍就本例说明。

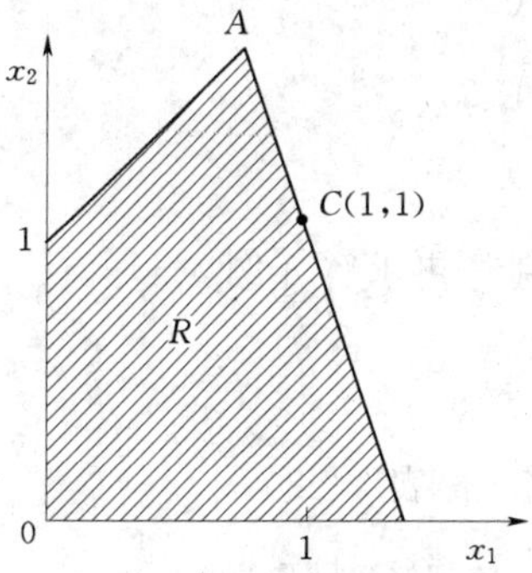

图 3-1 不考虑条件⑤最优解示意图

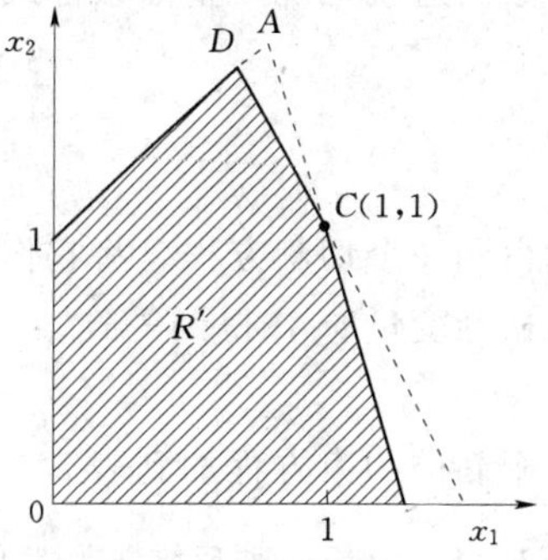

图 3-2 割平面法示意图

在原问题的前两个不等式中增加非负松弛变量 x_3，x_4，使两式变成等式约束

$$\left.\begin{array}{ll} -x_1+x_2+x_3=1 & ⑥ \\ 3x_1+x_2+x_4=4 & ⑦ \end{array}\right\}$$

不考虑条件⑤，用单纯形表求解，见表 3-1。

表 3-1　　　　对应线性规划的单纯形表

计算条件	c_j			1	1	0	0
	C_B	X_B	b	x_1	x_2	x_3	x_4
初始计算	0	x_3	1	−1	1	1	0
	0	x_4	4	3	1	0	1
			0	1	1	0	0
最终计算	1	x_1	3/4	1	0	−1/4	1/4
	1	x_2	7/4	0	1	3/4	1/4
			−5/2	0	0	−1/2	−1/2

从表 3-1 的最终计算中，得到非整数的最优解

$$x_1=\frac{3}{4},\ x_2=\frac{7}{4},\ x_3=x_4=0,\ \max Z=\frac{5}{2}$$

由最终计算中得到变量间的关系式

$$x_1-\frac{1}{4}x_3+\frac{1}{4}x_4=\frac{3}{4}$$

$$x_2+\frac{3}{4}x_3+\frac{1}{4}x_4=\frac{7}{4}$$

将系数和常数项都分解成整数和非负真分数之和并移项，则以上两式变为

$$x_1-x_3=\frac{3}{4}-(\frac{3}{4}x_3+\frac{1}{4}x_4)$$

$$x_2-1=\frac{3}{4}-(\frac{3}{4}x_3+\frac{1}{4}x_4)$$

现考虑整数条件式⑤，要求 x_1，x_2 都是非负整数，于是由条件⑥和⑦可知 x_3，x_4 也应是非负整数（如不都是整数，则应在 x_3，x_4 之前乘以适当常数，使之都是整数）。在上列两式中（只考虑一式即可）等式左边是整数，在等式右边的括号内是正数，所以等式右

边必是负数。这就是说，整数条件式⑤可由下式替代

$$\frac{3}{4}-\left(\frac{3}{4}x_3+\frac{1}{4}x_4\right)\leqslant 0$$

即

$$-3x_3-x_4\leqslant -3 \qquad ⑧$$

这就得到一个切割方程，将它作为附加约束条件，再求解［例 3-1］。

引入松弛变量 x_5，得到等式

$$-3x_3-x_4+x_5=-3$$

将这个新的约束方程加到表 3-1 的最终计算中，得表 3-2。

表 3-2　　对应线性规划（增加一个割平面）的初始单纯形表

c_j			1	1	0	0	0
C_B	X_B	b	x_1	x_2	x_3	x_4	x_5
1	x_1	3/4	1	0	−1/4	1/4	0
1	x_2	7/4	0	1	3/4	1/4	0
0	x_5	−3	0	0	−3	−1	1
		−5/2	0	0	−1/2	−1/2	0

从表 3-2 中 b 列可看到，得到的是非可行解，于是需要用对偶单纯形法继续进行计算。选择 x_5 均为换出变量，计算

$$\theta=\min_j\left(\frac{c_j-Z_j}{a_{ij}}\middle|a_{ij}<0\right)=\min\left(\frac{-\frac{1}{2}}{-3},\frac{-\frac{1}{2}}{-1}\right)=\frac{1}{6}$$

将 x_3 作为换入变量，再按原单纯形法进行迭代，得表 3-3。

表 3-3　　对应线性规划（增加一个割平面）的最优单纯形表

c_j			1	1	0	0	0
C_B	X_B	b	x_1	x_2	x_3	x_4	x_5
1	x_1	1	1	0	0	1/3	1/12
1	x_2	1	0	1	0	0	1/4
0	x_3	1	0	0	1	−1	−1/3
		−2	0	0	0	−1/3	−1/6

由于 x_1，x_2 的值已经都是整数，解题已完成。

二、割平面法的求解步骤

现把求一个切割方程的步骤归纳如下。

（1）令 x_i 是相应线性规划最优解中为分数值的一个基变量，由单纯形表的最终计算得到

$$x_i+\sum_k a_{ik}x_k=b_i \qquad (3-4)$$

式中　$i\in \boldsymbol{Q}$，$\boldsymbol{Q}$——构成基变量号码的集合；

$k\in \boldsymbol{K}$，$\boldsymbol{K}$——构成非基变量号码的集合。

（2）将 b_i 和 a_{ik} 都分解成整数部分 N 与非负真分数 f 之和。即

$$\left.\begin{array}{l} b_i = N_i + f_i,\ 0 < f_i < 1 \\ a_{ik} = N_{ik} + f_{ik},\ 0 < f_{ik} < 1 \end{array}\right\} \tag{3-5}$$

而 N 表示不超过 b 的最大整数。例如

若 $b=2.45$，则 $N=2$，$f=0.45$

若 $b=-2.45$，则 $N=-3$，$f=0.55$

带入式（3-4）得

$$x_i + \sum_k N_{ik} x_k - N_i = f_i - \sum_k f_{ik} x_k \tag{3-6}$$

（3）提出变量（包括松弛变量）为整数的条件（还有非负条件），这时，式（3-6）左边必须是整数，但右边因为 $0<f_i<1$，而不能为正，即

$$f_i - \sum_k f_{ik} x_k \leqslant 0 \tag{3-7}$$

这就是一个切割方程。

由式（3-4）、式（3-6）、式（3-7）可知：①切割方程式（3-7）真正进行了切割，至少把非整数最优解这一点割掉了；②没有割掉整数解，这是因为相应的线性规划的任意整数可行解都满足式（3-7）的缘故。

（4）上述步骤反复进行，直至所有变量均达到整数为止。

Gomory 的切割法自 1958 年被提出后，即引起了人们的关注。但割平面法存在收敛缓慢的弱点，导致其应用并不广泛。但若和其他方法（如分枝定界法）配合使用，也是非常有效的。

第三节　分枝定界法

在求解整数规划时，如果变量很少且可行域是有界的，可以采用穷举变量的所有可行的整数组合，然后比较它们的目标函数值以定出最优解，这种方法称为“枚举法”或“穷举法”。比如在［例 3-1］中，变量只有 x_1 和 x_2，由条件③，x_1 所能取的整数值为 0、1 共 2 个；由条件②与③，x_2 所能取的整数值为 0、1 共 2 个，它们的组合数是 $2\times2=4$ 个，穷举法可以使用。

但是对于规模稍大的问题，可行的整数组合数甚多，如用穷举法求解，则工作量大，是不可取的。为此，需要寻求只需检查可行整数组合中的一部分，就能确定最优整数解的方法。而分枝定界法（Branch and Bound Method）正是按着这种思路发展起来的一种解题方法。

分枝定界法可用于求解纯整数或混合的整数规划问题，在 20 世纪 60 年代由 Land Doig 和 Dakin 等人提出。这种方法灵活且便于编程求解，已成为求解整数规划的重要方法。分枝定界法的基本思路为：设有最大化整数规划问题 A，与它对应的线性规划问题 B；从解问题 B 开始，若其最优解不符合 A 的整数条件，那么 B 的最优目标函数值必是 A 的最优目标函数 Z^* 的上界，记为 $\overline{Z}$；而 A 定任意可行解的目标函数值将是 Z^* 的一个下界 $\underline{Z}$。分枝定界法就是将 B 的可行域分成子区域（称为分枝）的方法，逐步减小 $\overline{Z}$ 和增大 $\underline{Z}$（称为定界），最终求出 Z^* 的一种迭代解法。

一、分枝定界法求解示例

现举例说明利用分枝定界法求解整数规划的步骤。

【例 3-2】 求解：

$$
\left.\begin{array}{llr}
\text{目标函数} & \max Z=4x_1+9x_2 & ① \\
\text{约束条件} & 9x_1+7x_2\leqslant 56 & ② \\
& 7x_1+20x_2\leqslant 70 & ③ \\
& x_1,\ x_2\geqslant 0 & ④ \\
& x_1,\ x_2\ \text{为整数} & ⑤
\end{array}\right\}\quad (P)
$$

解　不考虑该问题的整数约束⑤，得到相应的松弛型线性规划问题（P_0）：

$$
\left.\begin{array}{llr}
\text{目标函数} & \max Z=4x_1+9x_2 & ① \\
\text{约束条件} & 9x_1+7x_2\leqslant 56 & ② \\
& 7x_1+20x_2\leqslant 70 & ③ \\
& x_1,\ x_2\geqslant 0 & ④
\end{array}\right\}\quad (P_0)
$$

用单纯形法求解（P_0），得到最优解为 $x_1=4.809$，$x_2=1.817$，$Z_0=35.589$，对应于图 3-3 中的 B 点。可见它不符合整数条件⑤。这时 Z_0 是原问题（P）的最优目标函数值 Z^* 的上界（记作 $\overline{Z}$）。由于原问题（P）的目标函数的系数为整数，且最优解的 x_1，x_2 应为整数，所以 $\overline{Z}=35$。又因为 $x_1=0$，$x_2=0$ 是问题（P）的一个可行解，相应的目标函数值 $Z=0$，是 Z^* 的上界（记作 $\underline{Z}$），有 $\underline{Z}=0$。因此有 $\underline{Z}=0\leqslant Z^*\leqslant 35=\overline{Z}$。

分枝定界法首先任意选择问题（P_0）的最优解中的一个非整数解的变量值，例如 $x_1=4.809$，可以认为最优整数解 x_1 必满足条件

$$x_1\leqslant 4\quad \text{或}\quad x_1\geqslant 5$$

在区间（4，5）内的 x_1 的值因不合乎整数条件，所以不予考虑。

于是将问题（P_0）分解成为两个子问题 P_1 和 P_2（即两枝），其形式为：

$$
\left.\begin{array}{ll}
\text{目标函数} & \max Z=4x_1+9x_2 \\
\text{约束条件} & 9x_1+7x_2\leqslant 56 \\
& 7x_1+20x_2\leqslant 70 \\
& x_1\leqslant 4 \\
& x_1,\ x_2\geqslant 0
\end{array}\right\}\quad (P_1)
$$

$$
\left.\begin{array}{ll}
\text{目标函数} & \max Z=4x_1+9x_2 \\
\text{约束条件} & 9x_1+7x_2\leqslant 56 \\
& 7x_1+20x_2\leqslant 70 \\
& x_1\geqslant 5 \\
& x_1,\ x_2\geqslant 0
\end{array}\right\}\quad (P_2)
$$

为叙述方便，记问题（P_0）的可行域为 R_0，（P_1）和（P_2）的可行域分别为 R_1 和 R_2（图 3-3）。

然后，利用单纯形法（或者对偶单纯行法）分别求解（P_1）和（P_2）的最优解和最

优值（表 3-4），此时 $Z_1=34.9$ 和 $Z_2=34.139$ 可分别定为（P_1）和（P_2）两个分枝的目标函数值的上界。

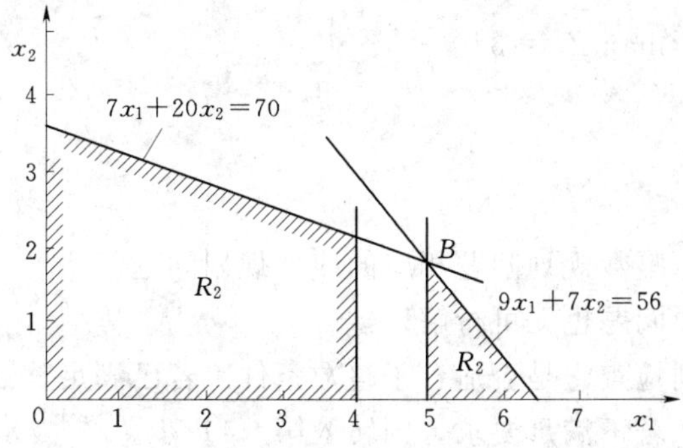

图 3-3　分枝定界解法示意图

表 3-4　　问题（P_0）的分枝表

项目	目标函数 Z	变量 x_1	变量 x_2
问题（P_1）	34.900	4.000	2.100
问题（P_2）	34.139	5.000	1.571

继续对问题（P_1）和（P_2）进行分枝。先分解问题（P_1），因为它的 Z 值上界更大些。在（P_1）原有约束条件之外，分别增加相互排斥的约束 $x_2\leqslant 2$［称为问题（P_3）］和 $x_2\geqslant 3$［称为问题（P_4）］，从而舍去 $x_2>2$ 及 $x_2<3$ 之间的非整数解部分。

全题的解算过程见图 3-4。

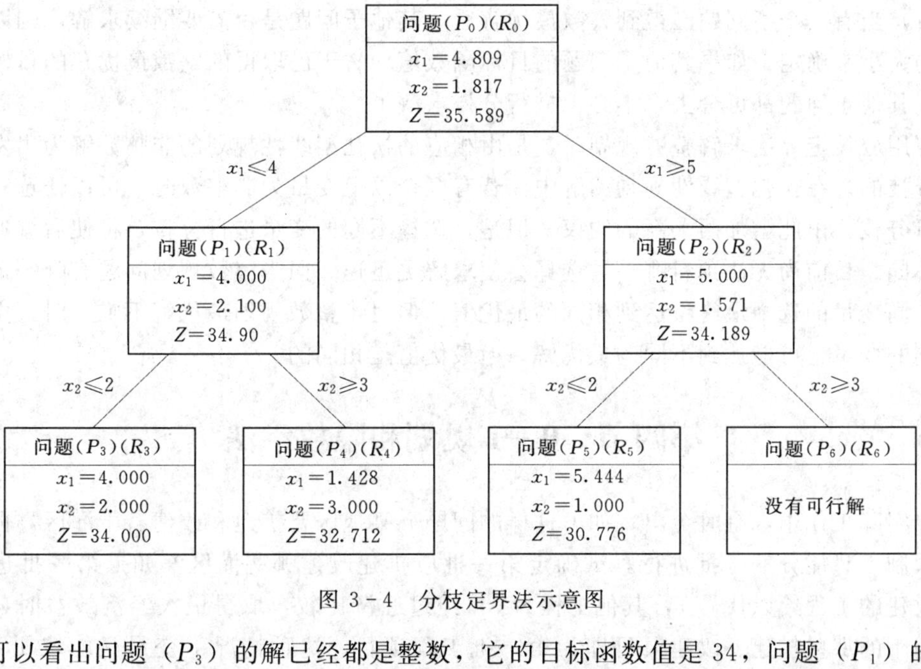

图 3-4　分枝定界法示意图

可以看出问题（P_3）的解已经都是整数，它的目标函数值是 34，问题（P_1）的另一分枝问题（P_4）的最优解仍不是整数。若继续分解问题（P_4），则其后继问题的目标值 Z 绝不会超过 32.712，而 32.712 已小于问题（P_3）的整数解，所以问题（P_4）不必再作分解了。

由于问题（P_2）的目标值 $Z=34.189$，大于问题（P_3）（已经得到整数解）的 $Z=34$，所以问题（P_2）的后继问题仍有可能得到目标函数值等于问题（P_3）的 Z 值，于是需将问题（P_2）再进行分枝，并分别附加约束条件 $x_2 \leqslant 1$［称为问题（P_5）］和 $x_2 \geqslant 3$［称为问题（P_6）］。解问题（P_5）得 $Z=30.776$，而问题（P_6）又没有可行解，这样就得到了原问题（P_0）的最优整数解是

$$x_1^* = 4, x_2^* = 2, \max Z^* = 34$$

二、分枝定界法求解步骤

分枝定界法求解步骤可以归纳为：

（1）不考虑整数约束，用单纯形法求解原整数规划问题相应的线性规划问题。

（2）若相应线性规划问题无可行解，则原问题也无可行解。

（3）如果相应线性规划问题有最优解，则检查它是否适合于整数条件。若已满足整数要求，则这个最优解也就是原问题的最优解；若不满足要求，则转入第（4）步。

（4）在相应线性规划问题的最优解中，任选一个不符合整数约束的变量 x_j。如果 $x_j = b_j$，则把相应线性规划问题增加约束后分解为两个线性规划的子问题，即

1）$x_j \leqslant$（小于 b_j 的最大整数）；

2）$x_j \geqslant$（大于 b_j 的最小整数）。

（5）用单纯形法求解第（4）步分解得到的两个子问题。

（6）重复步骤（3）～（5），直到解得整数解为止。

（7）当有一个子问题已得到整数最优解后，其他子问题是否需要继续求解，则以目标函数的大小来确定。如果其他子问题的目标函数值均劣于已取得的整数最优解的目标函数值时，其他子问题都可舍去，不必再进行分枝求解了。

在用分枝定界法求解整数规划时，是由相应的松弛型线性规划的非整数解为出发点来进行分枝的。在松弛型线性规划的解中，若有 2 个以上变量为非整数时，可以任选一个变量进行分枝，由此增加两个新的约束。但是，选择不同的变量进行分枝，将使后继的问题有所不同。目前尚无法预料哪一种选择会使求解更迅速。而当整数规划问题有唯一最优解时，不同变量的选择最终将达到相同的最优值。但对于整数规划最优解不唯一时，由于选择不同的变量也可能达到不同的最优解，但最优值是相同的。

第四节　0—1 规划和隐枚举法

在实际工作中，有时会出现如下这样的问题：某地区要扩建和改建若干灌区，但由于资金限制，只能分期分批进行，试确定第一批应扩建改建哪些灌区？如果第一批进行扩建、改建的工程给以代号 1，其他工程为 0，经过经济比较，取得最大经济效益时，决策变量为 1 的那些扩建、改建项目即为第一批工程项目。这种情况下变量只能取 1，代表“有”，或 0，代表“无”，这就典型的“0—1”型整数规划问题，是整数规划中的一个特例。

对于有 n 个变量的 0—1 规划，这 n 个变量所有可能的 0—1 组合数有 2^n 个，当然可以对这 2^n 个 0—1 组合点逐个检查其可行性，并比较目标函数值，从而求得 0—1 规划的最优解和最优值，这种方法为完全枚举法（或称为穷举法）。

当变量 n 比较小时，这种方法是可行的。当变量 n 比较大时，用完全枚举法解 0—1 规划将使得计算工作量很大，以至于效率低下甚至无法完成求解。为了节省计算工作量，设计一种方法，在达到最优解之前只需依次检查所有可能“0—1”变量取值中的部分组合，这种方法就称为隐枚举法。

一、隐枚举法的标准数学模型

对于不同的“0—1”型整数规划，其数学模型往往是不同的。为了使用统一的求解规则，需将不同形式的数学模型转化为标准的数学模型。标准数学模型为：

目标函数
$$\min Z = \sum_{j=1}^{n} c_j x_j$$

约束方程
$$Q_i = -b_i + \sum_{j=1}^{n} a_{ij} x_j \geqslant 0 (i = 1, 2, \cdots, m)$$
$$x_j = 0 or 1$$

其中，$c_j \geqslant 0$，$j=1$，2，…，n，即规定价格系数为非负。如果 $c_j < 0$，则做变量置换 $x'_j = 1 - x_j$，可使 $c_j > 0$。

约束条件均为不小于 0 的形式，目标函数为极小化的问题。

二、隐枚举法求解示例

【例 3-3】 求解“0—1”型整数规划，其数学模型为：

目标函数
$$\min Z = 4x_1 + 3x_2 + 2x_3$$

约束条件
$$\left.\begin{array}{l} 2x_1 - 5x_2 + 3x_3 \leqslant 4 \\ 4x_1 + x_2 + 3x_3 \geqslant 3 \\ x_2 + x_3 \geqslant 1 \\ x_j = 0 \text{ 或 } 1\ (j=1,\ 2,\ 3) \end{array}\right\}$$

解　(1) 把上述数学模型转换成枚举法的标准数学模型。

目标函数
$$\min Z = 4x_1 + 3x_2 + 2x_3$$

约束条件
$$\left.\begin{array}{ll} Q_1 = 4 - 2x_1 + 5x_2 - 3x_3 \geqslant 0 & ① \\ Q_2 = -3 + 4x_1 + x_2 + 3x_3 \geqslant 0 & ② \\ Q_1 = -1 + x_2 + x_3 \geqslant 0 & ③ \\ x_j = 0 \text{ 或 } 1 (j=1,2,3) & \end{array}\right\}$$

(2) 令所有变量为零，显然，这个解是使目标函数值为最小的解。但是，这个解不一定可行，必须对每个约束条件进行检查。当 $x_1 = x_2 = x_3 = 0$ 时，则

$$Q_1 = 4 \geqslant 0$$
$$Q_2 = -3 \leqslant 0$$
$$Q_3 = -1 \leqslant 0$$

所以，约束条件②和③得不到满足（$Q_2 < 0$，$Q_3 < 0$）。图 3-5 中节点 1 相应 $x_1 = x_2 = x_3 = 0$ 的解为不可行。

在节点 1 处，哪几个变量为 0，哪几个变量为 1，均未被选定，因此变量 x_1，x_2 和 x_3

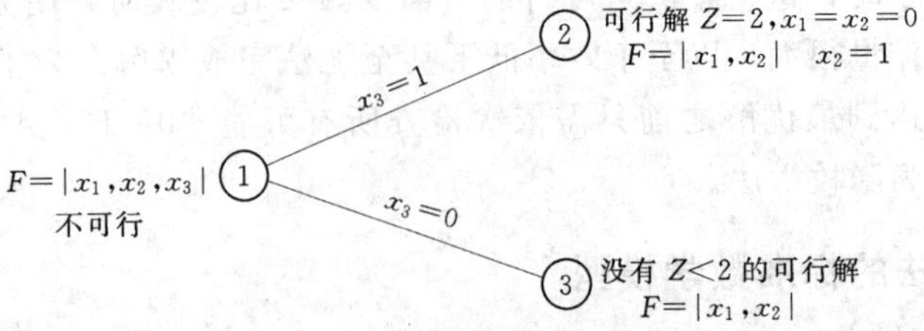

图 3-5　隐枚举法示意

在节点 1 处称为自由变量。如果用 **F** 表示自由变量集. 则在图 3-5 节点 1 相应的 **F** 集为

$$\boldsymbol{F}=\{x_1, x_2, x_3\}$$

(3) 在不满足要求的约束条件中，令带有正系数的每个变量为 1，检查是否可以使原来不满足的约束条件成为可行（即不小于 0)。如果在不满足要求的约束条件中，令带负系数的变量为 l，这些变量只会使约束变得“更”不可行。如果不可能使所有不满足的约束条件变为可行，则从节点 1 的分枝是不可行的。如果得到满足，则有可能从节点 1 分枝后得到可行解。

在本例中，约束条件②、③中的变量 x_1，x_2，x_3 的系数均为正。所以令 $x_1=x_2=x_3=1$，于是有

$$Q_2=-3+4+1+3=5>0$$

$$Q_3=-1+1+1=1>0$$

说明有可能从节点 1 分枝后得到可行解。

(4) 为了达到寻求目标函数值最优的目的，常在不满足的约束条件方程中选择一个带有正系数而且是自由的变量，并规定其值为 1，使其转变为非自由变量，然后再检查其变量值的组合，是否满足所有约束条件，成为可行。

从自由变量集 **F** 中选择一个使其转化为非自由变量，并规定其值为 1 的一种常用方法是：使某变量成为非自由变量后，所有约束离可行性的总距离为最小。所谓约束离可行性的距离是指当某变量值（自由变量值取 0，非自由变量取 1）代入某约束条件中，若使约束 $Q_j\geqslant 0$ 成立，则该约束离可行性的距离是 0；当某变量值代入某约束条件中，若使约束 $Q_j<0$，则加到约束条件式中以使该约束为 0 的数，就是该约束离可行性的距离。如本例中，对变量 1（$x_1=1$）

$Q_1=4-2=2$　　离可行性的距离 0

$Q_2=-3+4=1$　离可行性的距离 0

$Q_3=-1$　　　　离可行性的距离 1

离各约束条件可行性的总距离为 0+0+1=1。

对变量 2（$x_2=1$）

$Q_1=4+5=9$　　　离可行性的距离 0

$Q_2=-3+1=-2$　离可行性的距离 2

$Q_3=-1+1=0$　　离可行性的距离 0

总距离为 2。

对变量 3（$x_3=1$）

$$Q_1=4-3=1 \quad 离可行性的距离 0$$
$$Q_2=-3+3=0 \quad 离可行性的距离 0$$
$$Q_3=-1+1=0 \quad 离可行性的距离 0$$

总距离为 0。

今变量 3（即 $x_3=1$）使所有约束离可行性的总距离为最小，因此取变量 x_3 转化为非自由变量（取最接近可行性的变量为非自由变量），并规定 x_3 为 1，而 x_1 和 x_2 仍是自由的，可取 0 或 1。这时，$\boldsymbol{F}$ 变为 $\{x_1, x_2\}$。若取 $\boldsymbol{NF}$ 表示非自由变量集，则 $\boldsymbol{NF}=\{x_3\}$，$Z=4\times0+3\times0+2\times1=2$。显然该 Z 值是可行的（因为 $x_1=x_2=0$，$x_3=1$ 时，Q_1，Q_2，Q_3 均不小于 0），而且是目前最好的解。这个解相当于图 3-5 的节点 2。

（5）当 $x_3=1$，且令其他变量（本例中 x_1，x_2）也为 1 的任何解，只会增加目标函数 Z 的值，所以再没有必要检查由节点 2 分枝的任何解了（也就是说节点 2 的分枝均被隐枚举了）。

（6）由节点 2 返回节点 1，并规定 $x_3=0$，x_1，x_2 仍是自由的，这就相当于图 3-5 中的节点 3。

节点 3 和节点 1 的情况一样是不可行的。因为 x_3 规定了变量值为 0，这时 $x_1=x_2=x_3=0$，故约束②和③不能满足。

（7）检验是否需从节点 3 做分枝，即检验节点 3 的自由变量 x_1，x_2 能否规定为 1（能否转变为非自由变量且规定其值为 1），即检验是否符合下列两个条件：

1）该变量在目标函数中的系数小于 B 值

$$B=Z_{\min}-Z_{(j\in \boldsymbol{NF})}=Z_{\min}-\sum_{j\in \boldsymbol{NF}}c_jx_j$$

式中　$Z_{\min}$——到目前为止最好的目标函数值；

$Z_{(j\in \boldsymbol{NF})}$——非自由变量集的目标函数值。

只有满足上述条件，使该自由变量规定为 1 时，得到的目标函数值更好（更小），在本例中

$$Z_{\min}=2$$

$$Z_{(j\in \boldsymbol{NF})}=\sum_{j\in \boldsymbol{NF}}c_jx_j=0\ (\text{节点 3 非自由变量集},x_3=0)$$

$$B=2-0=2$$

也就是说若某变量在目标函数中的系数小于 2 时，那么，这个变量的值由 0 变为 1 能使目标函数值更小。但在本例中，变量 x_1，x_2 在目标函数中的系数均大于 2，不满足这个条件要求。

2）该变量在不满足的约束条件中系数为正。因为只有系数为正时，才有可能在该变量被规定为 1 时（由节点 3 分枝时），得到可行解。

在本例中节点 3 的自由变量 x_1 和 x_2，虽然它们在不满足约束条件 2 和条件 3 中的系数均为正。但在目标函数中的系数均大于 B（即大于 2），因此，若把 x_1 和 x_2 中任意一个规定为 1，都不能使目标函数值得到改善，这说明了从节点 3 分枝不可能得到比目前 $Z_{\min}$ 更优的可行解。所以，本题最优解是

$$x_1^* = x_2^* = 0, x_3^* = 1, Z^* = 2$$

对于混合整数规划，也可采用割平面法或分枝定界法求解，它和纯整数规划在解法上没有本质区别，只是混合整数规划的子域部分是由受整数约束的变量来形成的，不再举例叙述。

第五节 应用实例

【例 3-4】 有 3 万亩提水灌区拟建两种不同规格的泵站，甲种泵站每站可灌溉 0.25 万亩，乙种泵站每站可灌溉 0.4 万亩，但甲种泵站限制不得超过 8 座，乙种泵站限制不得超过 4 座，甲种泵站平均增产效益 1 万元，乙种泵站平均增产效益 2 万元，问每种泵站各建几座可获效益最大？

（一）整数规划数学模型

设建 x_1 座甲种泵站，建 x_2 座乙种泵站。其数学模型如下：

目标函数 $\max Z = 10x_1 + 20x_2$

约束条件

$$0.25x_1 + 0.4x_2 \leqslant 3 \quad ①$$
$$x_1 \leqslant 8 \quad ②$$
$$x_2 \leqslant 4 \quad ③$$
$$x_1 \geqslant 0, x_2 \geqslant 0 \quad ④$$
$$x_1, x_2 \text{为整数} \quad ⑤$$

（二）割平面法求解

先不考虑整数约束⑤，将①的两边同乘以 20，这样做的目的是为了保证能够获得割平面方程，使原问题约束条件的系数和常数项全为整数。然后，再引进松弛变量 x_3，x_4，x_5，得到相应的线性规划问题。

目标函数 $\max Z = 10x_1 + 20x_2$

约束条件

$$\left.\begin{aligned} &5x_1 + 8x_2 + x_3 = 60 \\ &x_1 + x_4 = 8 \\ &x_2 + x_5 = 4 \\ &x_j \geqslant 0 \quad (j = 1, 2, \cdots, 5) \end{aligned}\right\}$$

用单纯形法求解，得最终表 3-5。

表 3-5 **对应线性规划的最优单纯形表**

X_B	b	x_1	x_4	x_3	x_4	x_5	x_6
x_1	5.6	1	0	0.2	0	−1.6	0
x_4	2.4	0	0	−0.2	1	1.6	0
x_2	4	0	1	0	0	1	0
$-Z$	−136	0	0	−2	0	−4	0

因 x_1，x_4 非整数，所以可由 x_1 或 x_4 所在行产生割平面。为了能较“深”地切割上

述线性规划问题的可行域，一般选较大的 f_i 那行（取 $f_k=\max\{f_i \mid f_i=b_{i0}-[b_{i0}],b_{i0}>0\}$ 的行），现选 x_1 所在行作为源行产生割平面，填入表 3-6"源行→割平面"部分中，并用对偶单纯形法求得表 3-6"最终表"部分。

表 3-6　　增加割平面方程的对偶单纯形表

	X_B	b	x_1	x_4	x_3	x_4	x_5	x_6
源行→	x_1	5.6	1	0	0.2	0	−1.6	0
	x_4	2.4	0	0	−0.2	1	1.6	0
	x_2	4	0	1	0	0	1	0
割平面	x_6	−0.6	0	0	−0.2	0	−0.4	1
	$-Z$	−136	0	0	−2	0	−4	0
最终表	x_1	5	1	0	0	0	−2	1
	x_4	3	0	0	1	1	2	0
	x_2	4	0	1	0	0	1	0
	x_3	3	0	0	0	0	2	−5
	$-Z$	−130	0	0	0	0	0	−10

从表 3-6"最终表"中可见，所有的基变量的值均为非负整数，因此，该整数规划问题的最优解为 $X^*=(5,4)^T$，最优值 $Z^*=130$，即最优方案为建甲种泵站 5 座，乙种泵站 4 座，可获得最大利润为 130 千元。

此题最优解不唯一，读者可自行计算得出。

（三）分枝定界法求解

求解：

目标函数　　$\max Z=10x_1+20x_2$

约束条件

$$\left.\begin{array}{l}5x_1+8x_2\leqslant 60\\ x_1\leqslant 8\\ x_2\leqslant 4\\ x_1\geqslant 0,\ x_2\geqslant 0\end{array}\right\}$$

解　（1）先不考虑整数约束，解该问题相应的线性规划问题，所得最优解是 $x_1=5.6$，$x_2=4$（即图 3-6 中的 E 点）$\max Z=136$，它是整数规划问题的上界 $\overline{Z}=136$，下界 $\underline{Z}=-\infty$。

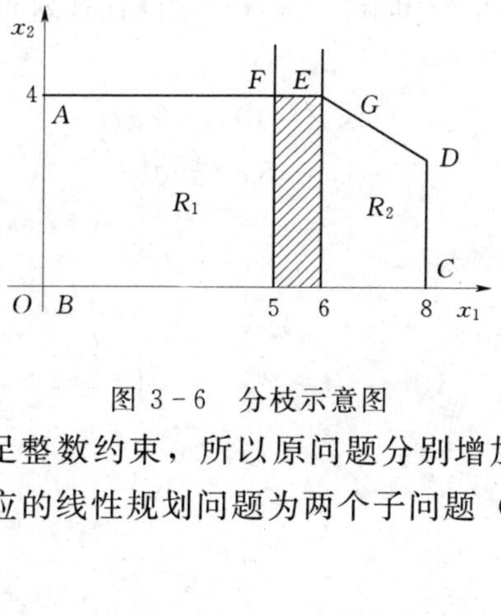

图 3-6　分枝示意图

（2）由于 $x_1=5.6$ 不满足整数约束，所以原问题分别增加约束条件 $x_1\leqslant 5$ 和 $x_1\geqslant 6$，分枝成两个子问题，它们相应的线性规划问题为两个子问题（1）和（2）。

问题（1）：

目标函数 $\max Z=10x_1+20x_2$

约束条件
$$\left.\begin{aligned}&5x_1+8x_2\leqslant 60\\&x_1\leqslant 8\\&x_2\leqslant 4\\&x_1\leqslant 5\\&x_1\geqslant 0,x_2\geqslant 0\end{aligned}\right\}$$

问题（2）：

目标函数 $\max Z=10x_1+20x_2$

约束条件
$$\left.\begin{aligned}&5x_1+8x_2\leqslant 60\\&x_1\leqslant 8\\&x_2\leqslant 4\\&x_1\geqslant 6\\&x_1\geqslant 0,x_2\geqslant 0\end{aligned}\right\}$$

此时，线性规划问题的可行域 R 被分割成两个相应的子域 R_1 和 R_2，如图 3-6 所示。

显然，在阴影区域（不包括边界线）内不含有 x_1 的整数点，因此不含有整数规划的可行解。

（3）求解问题（1）。具体做法：只要将表 3-5 中，$x_1=5.6-0.2x_3+1.6x_5$ 代入 $x_1\leqslant 5$ 后，并加入松弛变量 x_6，得 $-0.2x_3+1.6x_5+x_6=-0.6$，再将此式加到表 3-5 中，然后用对偶单纯形法求得最优解，如表 3-6 所示。

问题（1）的最优解为 $x_1=5$，$x_2=4$，$\max Z=130$。由于最优解已满足整数要求，故不再分枝。如果再分枝，即使求出新的整数最优解，其最优值也不可能超过 130，因为 $Z=130$ 是问题（1）相应的整数规划问题目标函数值的上界。容易理解，此时 $Z=130$ 已成为原问题目标函数值的一个下界。因为对于最大化问题，即使再求出目标函数值小于 130 的整数解也不可能成为最优解。于是，同时修改原问题的下界 $\underline{Z}=130$，并且不再往下分枝。

（4）用同样的方法求解问题（2）。得最优解为 $x_1=6$，$x_2=3.75$，$\max Z=135$，由于 x_2 不满足整数要求，同时 $Z=135>\underline{Z}=130$，所以对原问题又分别增加约束条件 $x_2\leqslant 3$ 和 $x_2\geqslant 4$，将子问题分成两枝，构成两个子问题，其相应的线性规划问题为问题（3）和问题（4）。

问题（3）：

目标函数 $\max Z=10x_1+20x_2$

约束条件
$$\left.\begin{aligned}&5x_1+8x_2\leqslant 60\\&x_1\leqslant 8\\&x_2\leqslant 4\\&x_1\geqslant 6\\&x_2\leqslant 3\\&x_1\geqslant 0,x_2\geqslant 0\end{aligned}\right\}$$

问题（4）：

目标函数　　　　$\max Z = 10x_1 + 20x_2$

约束条件

$$\left.\begin{array}{l} 5x_1 + 8x_2 \leqslant 60 \\ x_1 \leqslant 8 \\ x_2 \leqslant 4 \\ x_1 \geqslant 6 \\ x_2 \geqslant 4 \\ x_1 \geqslant 0, x_2 \geqslant 0 \end{array}\right\}$$

此时继续分枝，有可能得到 Z 值大于 $\underline{Z}=130$ 的整数解。

（5）继续分别求解问题（3）和问题（4），以上过程可用下面的树形图 3－7 表示。其中问题（4）无可行解，显然它相应的整数规划问题必无可行解，故不继续分枝。

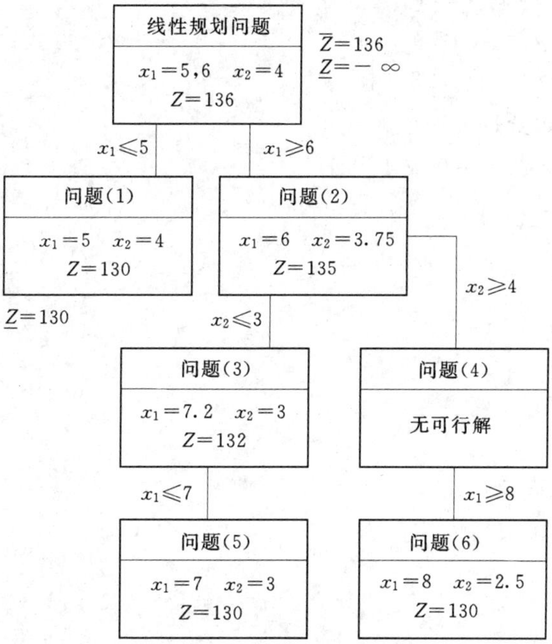

图 3－7　分枝定界示意图

图 3－7 中每个分枝的地方称为节点。本整数规划问题得到的最优解为 $x_1^*=5$，$x_2^*=4$ 或 $x_1^*=7$，$x_2^*=3$。其相应的最优值为 $Z^*=130$。

从以上分析和求解过程可以看出，在分枝的同时，相应地确定了原问题的上界与下界。故分枝定界法因此而得名。

对于不再分枝的问题（1）、问题（5）、问题（6），并不是说它们不可以从分枝后的子问题中找到新的可行解，而是表明即使找到新的可行解也不会优于目前的可行解，这些可行解已被全部隐含枚举了，因此分枝定界法是一种隐枚举法。

习　题

1. 用割平面法求解下述问题：

$$\max Z = x_1 + x_2$$

约束于 $\left.\begin{aligned} & 2x_1 + x_2 \leqslant 6 \\ & 4x_1 + 5x_2 \leqslant 20 \\ & x_1 \geqslant 0,\ x_2 \geqslant 0 \quad \text{且为整数} \end{aligned}\right\}$

2. 用分枝定界法求解：

$$\max Z = 3x_1 + 2x_2$$

约束于 $\left.\begin{aligned} & 2x_1 + 3x_2 \leqslant 14 \\ & 2x_1 + x_2 \leqslant 9 \\ & x_1 \geqslant 0,\ x_2 \geqslant 0 \quad \text{且为整数} \end{aligned}\right\}$

3. 用隐枚举法求解：

$$\max Z = 4x_1 + 3x_2 + 2x_3$$

约束条件 $\left.\begin{aligned} & 2x_1 - x_2 + 3x_3 \leqslant 4 \\ & 4x_1 + x_2 + 3x_3 \geqslant 3 \\ & x_2 + x_3 \geqslant 1 \\ & x_1,\ x_2,\ x_3 = 0 \text{ 或 } 1 \end{aligned}\right\}$

第四章

非线性规划及其应用

在第二章、第三章中，数学模型中的目标函数和约束条件都是自变量的线性函数。如果目标函数或约束条件中包含有自变量的非线性函数，则这样的优化问题就属于非线性规划。

非线性规划（Non－linear Programming，简称 NLP）是数学规划的一个重要分支，在灌溉排水工程中有着广泛应用。灌溉排水系统的优化问题中，各种变量之间存在着大量的非线性函数关系，线性规划可以看作非线性规划的特殊情况。一般说来，非线性规划问题的求解比线性规划困难。线性规划有通用的单纯形解法，而非线性规划的若干解法都有其特定的适用范围，计算程序的通用性比较低，数学模型也更为复杂。因此非线性规划是一个有待进一步研究的领域。

第一节　非线性规划的基本数学概念

一、数学模型

非线性规划的数学模型包括目标函数和约束条件两部分。目标函数可以是极小化形式，也可以是极大化形式；约束条件可以包括不等式约束和等式约束或仅为其中一种。数学模型表示如下：

目标函数
$$\min f(\boldsymbol{X}) \text{或} \max f(\boldsymbol{X}) \tag{4-1}$$
约束条件
$$g_i(\boldsymbol{X}) \geqslant 0 \quad (i=1,2,\cdots,l) \tag{4-2}$$
$$h_j(\boldsymbol{X}) = 0 \quad (j=1,2,\cdots,m) \tag{4-3}$$

式中　$\boldsymbol{X}$——自变量，为 n 维欧氏空间 $\boldsymbol{E}^n$ 的向量，$\boldsymbol{X}=(x_1, x_2, \cdots, x_n)^T$；

l，m——不等式约束和等式约束条件的数目。

式（4－2）代表一组不等式约束，该式两边同乘－1 即变为“≤”约束形式。

【例 4－1】 南方某圩垸地区，地势平坦低洼，易遭涝灾，拟修建除涝工程。除涝工程由两种工程措施组成：一是利用当地原有湖泊蓄存涝水，即修建一定规模的湖堤使涝水在其中蓄存到某一深度；二是在原有泵站的基础上扩大规模，增加该地区涝水向外河排泄的能力。要求决策出投资最少的除涝工程规模。除涝工程规模用蓄涝湖泊面积 x_1(km^2)、泵站装机容量 x_2(10^3kW)、湖泊蓄涝水深 x_3(m)来表示。根据分析，使除涝工程投资

f(10^4 元)最小的目标函数为

$$\min f=(40x_3^2+30x_3+10)x_1+300x_2 \tag{4-4}$$

根据除涝标准的规定，在出现设计暴雨的情况下，除涝能力与应排除的涝水总量相等，达到水量平衡。根据湖区地形和泵站条件，水量平衡的表达式如下

$$3.125x_2+x_1x_3-9.6875=0 \tag{4-5}$$

根据原有泵站装机容量（1.5×10^3kW）及水产养殖业的要求，还应满足下列条件

$$x_1\geqslant4 \tag{4-6}$$

$$x_2\geqslant1.5 \tag{4-7}$$

$$x_3\geqslant0.4 \tag{4-8}$$

上述目标函数式（4-4）及约束条件式（4-5）为非线性函数，这样就构成了一个非线性规划数学模型。

二、凸集

设 $\boldsymbol{R}$ 是 n 维欧氏空间 $\boldsymbol{E}^n$ 的集合，若集合 $\boldsymbol{R}$ 中任意两点 $\boldsymbol{X}^{(1)}\in\boldsymbol{R}$ 及 $\boldsymbol{X}^{(2)}\in\boldsymbol{R}$，其连线上的一切点 $\alpha\boldsymbol{X}^{(1)}+(1-\alpha)\boldsymbol{X}^{(2)}\in\boldsymbol{R}(0<\alpha<1)$，则称 $\boldsymbol{R}$ 为凸集。图 4-1 是二维空间集合的例子，其中图 4-1（a）和图 4-1（b）是凸集，图 4-1（c）不是凸集。

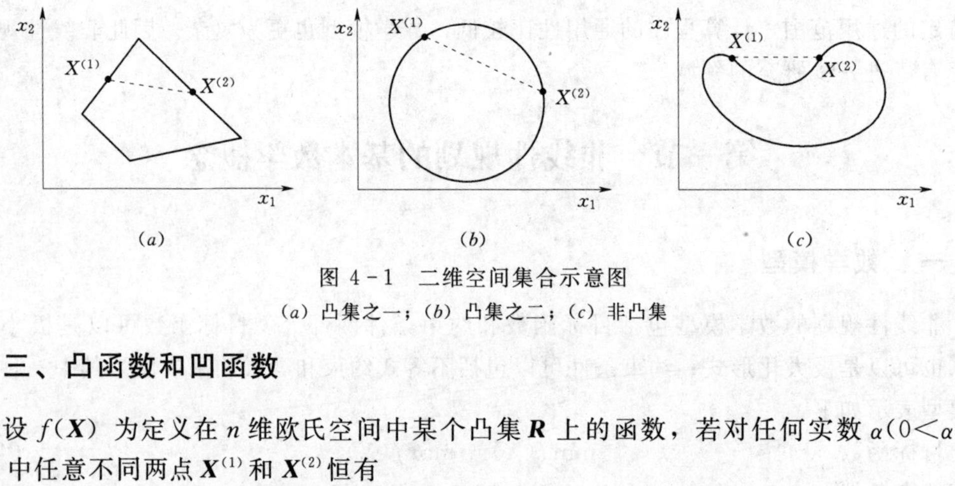

图 4-1　二维空间集合示意图

（a）凸集之一；（b）凸集之二；（c）非凸集

三、凸函数和凹函数

设 $f(\boldsymbol{X})$ 为定义在 n 维欧氏空间中某个凸集 $\boldsymbol{R}$ 上的函数，若对任何实数 $\alpha(0<\alpha<1)$ 及 $\boldsymbol{R}$ 中任意不同两点 $\boldsymbol{X}^{(1)}$ 和 $\boldsymbol{X}^{(2)}$ 恒有

$$f(\alpha\boldsymbol{X}^{(1)}+(1-\alpha)\boldsymbol{X}^{(2)})\leqslant\alpha f(\boldsymbol{X}^{(1)})+(1-\alpha)f(\boldsymbol{X}^{(2)}) \tag{4-9}$$

则称 $f(\boldsymbol{X})$ 为定义在 $\boldsymbol{R}$ 上的凸函数。

若对任何 $\alpha(0<\alpha<1)$ 和 $\boldsymbol{R}$ 中任意不同两点 $\boldsymbol{X}^{(1)}$ 及 $\boldsymbol{X}^{(2)}$，恒有

$$f(\alpha\boldsymbol{X}^{(1)}+(1-\alpha)\boldsymbol{X}^{(2)})<\alpha f(\boldsymbol{X}^{(1)})+(1-\alpha)f(\boldsymbol{X}^{(2)}) \tag{4-10}$$

则称 $f(\boldsymbol{X})$ 为定义在 $\boldsymbol{R}$ 上的严格凸函数。

若将式（4-9）和式（4-10）的“$\leqslant$”和“$<$”反向，即得到凹函数和严格凹函数的定义。也就是说，若函数 $f(\boldsymbol{X})$ 是凸函数（严格凸函数），则 $-f(\boldsymbol{X})$ 一定是凹函数（严格凹函数）。

凸函数和凹函数的几何意义十分明显，可由单自变量函数图 4-2 表示。若函数 $f(\boldsymbol{X})$ 图形上任意两点 A 和 B 的连线都在函数图形的上方，则函数曲线下凸，称函数 $f(\boldsymbol{X})$ 为

凸函数，如图 4-2 (*a*)。若函数 $f(\boldsymbol{X})$ 任意两点 C 和 D 的连线处处都在函数图形下方，则函数曲线下凹，称函数 $f(\boldsymbol{X})$ 为凹函数，如图 4-2 (*b*)。特别的情况：线性函数作为曲线的特例，既可视为凸函数，也可视为凹函数。

由图 4-2 (*a*)、(*b*) 可知，如果函数 $f(\boldsymbol{X})$ 是严格凸函数或严格凹函数，则其函数曲线都是单峰的。如果函数曲线是多峰的 [图 4-2 (*c*)]，则 $f(\boldsymbol{X})$ 是非凹、非凸函数。

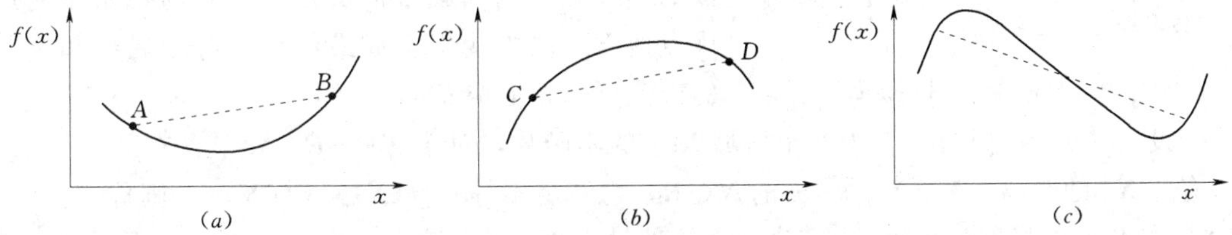

图 4-2　函数图形

(*a*) 凸函数；(*b*) 凹函数；(*c*) 非凹非凸函数

凸函数和凹函数具有如下性质：

性质 1　设 $f(\boldsymbol{X})$ 为定义在凸集 $\boldsymbol{R}$ 上的凸函数（凹函数），则对任意实数 $\boldsymbol{\beta}\geqslant 0$，函数 $\boldsymbol{\beta} f(\boldsymbol{X})$ 也是定义在 $\boldsymbol{R}$ 上的凸函数（凹函数）。

性质 2　设 $f_1(\boldsymbol{X})$ 和 $f_2(\boldsymbol{X})$ 为定义在凸集 $\boldsymbol{R}$ 上的两个凸函数（凹函数），则其和 $f(\boldsymbol{X})=f_1(\boldsymbol{X})+f_2(\boldsymbol{X})$ 仍为定义在 $\boldsymbol{R}$ 上的凸函数（凹函数）。

证明：以凸函数为例，因为 $f_1(\boldsymbol{X})$ 和 $f_2(\boldsymbol{X})$ 都是定义在 $\boldsymbol{R}$ 上的凸函数，故对 $\boldsymbol{R}$ 上的任两点 $\boldsymbol{X}^{(1)}$ 和 $\boldsymbol{X}^{(2)}$ 以及任意实数 α $(0<\alpha<1)$ 恒有

$$f_1(\alpha\boldsymbol{X}^{(1)}+(1-\alpha)\boldsymbol{X}^{(2)})\leqslant\alpha f_1(\boldsymbol{X}^{(1)})+(1-\alpha)f_1(\boldsymbol{X}^{(2)})$$

$$f_2(\alpha\boldsymbol{X}^{(1)}+(1-\alpha)\boldsymbol{X}^{(2)})\leqslant\alpha f_2(\boldsymbol{X}^{(1)})+(1-\alpha)f_2(\boldsymbol{X}^{(2)})$$

将上式两端相加得

$$f(\alpha\boldsymbol{X}^{(1)}+(1-\alpha)\boldsymbol{X}^{(2)})\leqslant\alpha f(\boldsymbol{X}^{(1)})+(1-\alpha)f(\boldsymbol{X}^{(2)})$$

故 $f(\boldsymbol{X})$ 也是 R 上的凸函数。

【例 4-2】 试证明 $f(\boldsymbol{X})=-x^2$ 为凹函数。

证明：首先由定义证明 $f(\boldsymbol{X})=x^2$ 为凸函数。

在实数集 $\boldsymbol{R}$ 中任意指定两点 $\boldsymbol{X}^{(1)}$ 和 $\boldsymbol{X}^{(2)}$ 以及任意实数 $\alpha(0<\alpha<1)$，看下述各式是否成立？

$$[\alpha\boldsymbol{X}^{(1)}+(1-\alpha)\boldsymbol{X}^{(2)}]^2\leqslant\alpha(\boldsymbol{X}^{(1)})^2+(1-\alpha)(\boldsymbol{X}^{(2)})^2$$

即
$$(\boldsymbol{X}^{(1)})^2(\alpha-\alpha^2)-2(\boldsymbol{X}^{(1)})(\boldsymbol{X}^{(2)})(\alpha-\alpha^2)+(\boldsymbol{X}^{(2)})^2(\alpha-\alpha^2)\geqslant 0$$

或
$$(\alpha-\alpha^2)(\boldsymbol{X}^{(1)}-\boldsymbol{X}^{(2)})^2\geqslant 0$$

由于 $0<\alpha<1$，故 $(\alpha-\alpha^2)>0$。显然，不管 $\boldsymbol{X}^{(1)}$ 和 $\boldsymbol{X}^{(2)}$ 取什么值，总有上式成立，从而证明 $f(\boldsymbol{X})=-x^2$ 为凹函数。

四、局部最优解和全局最优解

在非线性规划中，满足约束条件并使目标函数达到最优值的向量 $\boldsymbol{X}^*=(x_1^*,x_2^*,\cdots,x_n^*)^T$ 称为最优点，$\boldsymbol{X}^*$ 和目标函数最优值 $f(\boldsymbol{X}^*)$ 组成这一问题的最优解。

线性规划的最优解是全局最优解。非线性规划问题，其可行域中可能存在若干个极值

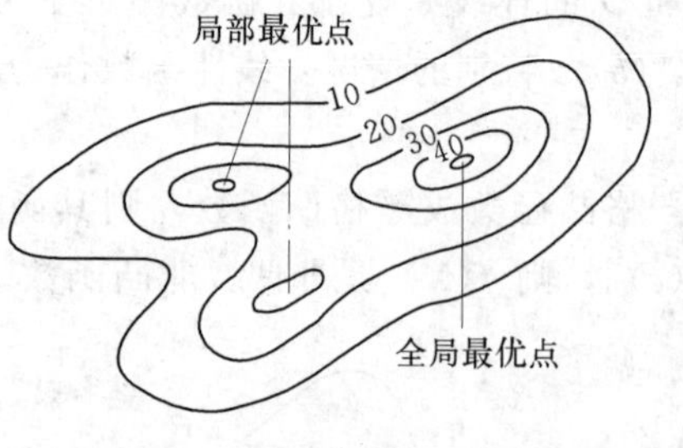

图 4-3　多峰目标函数

点，即目标函数为多峰情况，如图 4-3 所示。一部分可行域上的极值点称为局部最优点，它不一定是整个可行域的最优点。非线性规划算法，一般提供局部最优解。因此在求得一个最优解之后，尚需判断它是局部最优解还是全局最优解。对多峰目标函数的非线性规划问题，常从几个不同的初始点向最优点搜索，从中找出全局最优解。对于局部和全局的极值可作如下定义：

设 $f(\boldsymbol{X})$ 为定义在 E^n 中某个区域 $\boldsymbol{R}$ 上的实函数，对于 $\boldsymbol{X}^*\in\boldsymbol{R}$，如果存在某个 $\varepsilon>0$，所有与 $\boldsymbol{X}^*$ 的距离 $\|\boldsymbol{X}-\boldsymbol{X}^*\|<\varepsilon$ 的 $\boldsymbol{X}\in\boldsymbol{R}$，均满足不等式 $f(\boldsymbol{X})\geqslant f(\boldsymbol{X}^*)$，则称 $\boldsymbol{X}^*$ 为 $f(\boldsymbol{X})$ 在 $\boldsymbol{R}$ 上的局部最小点，$f(\boldsymbol{X}^*)$ 为局部最小值。若只有 $f(\boldsymbol{X})>f(\boldsymbol{X}^*)$，而无等式关系，则 $\boldsymbol{X}^*$ 和 $f(\boldsymbol{X}^*)$ 分别为严格局部最小点和严格局部最小值。

若点 $\boldsymbol{X}^*\in\boldsymbol{R}$，对于所有 $\boldsymbol{X}\in\boldsymbol{R}$ 都有 $f(\boldsymbol{X})\geqslant f(\boldsymbol{X}^*)$，则称 $\boldsymbol{X}^*$ 为 $f(\boldsymbol{X})$ 在 $\boldsymbol{R}$ 上的全局最小点，$f(\boldsymbol{X}^*)$ 为全局最小值。若对于所有 $\boldsymbol{X}\in\boldsymbol{R}$ 且 $\boldsymbol{X}\neq\boldsymbol{X}^*$ 都有 $f(\boldsymbol{X})>f(\boldsymbol{X}^*)$，则称 $\boldsymbol{X}^*$ 为 $f(\boldsymbol{X})$ 在 $\boldsymbol{R}$ 上的严格全局最小点，$f(\boldsymbol{X}^*)$ 为严格全局最小值。

将上述定义中的 $f(\boldsymbol{X})$ 与 $f(\boldsymbol{X}^*)$ 间的不等式反向，便得相应的局部最大值和全局最大值的定义。

五、函数梯度、海赛矩阵及极值条件

若 $f(\boldsymbol{X})$ 在 $\boldsymbol{X}$ 处可微，则 $f(\boldsymbol{X})$ 对 $\boldsymbol{X}$ 各分量的偏导数所组成的 n 维向量称为梯度，用 $\nabla f(\boldsymbol{X})$ 表示。即

$$\nabla f(\boldsymbol{X})=\left(\frac{\partial f(\boldsymbol{X})}{\partial x_1},\frac{\partial f(\boldsymbol{X})}{\partial x_2},\cdots,\frac{\partial f(\boldsymbol{X})}{\partial x_n}\right)^T \tag{4-11}$$

若 $f(\boldsymbol{X})$ 二阶连续可微，则海赛（Hesse）矩阵 $\boldsymbol{H}(\boldsymbol{X})$ 是二阶偏导数 $n\times n$ 的对称矩阵，即

$$\boldsymbol{H}(\boldsymbol{X})=\begin{bmatrix}\dfrac{\partial^2 f(\boldsymbol{X})}{\partial x_1^2} & \dfrac{\partial^2 f(\boldsymbol{X})}{\partial x_1\partial x_2} & \cdots & \dfrac{\partial^2 f(\boldsymbol{X})}{\partial x_1\partial x_n}\\ \dfrac{\partial^2 f(\boldsymbol{X})}{\partial x_2\partial x_1} & \dfrac{\partial^2 f(\boldsymbol{X})}{\partial x_2^2} & \cdots & \dfrac{\partial^2 f(\boldsymbol{X})}{\partial x_2\partial x_n}\\ \vdots & \vdots & \vdots & \vdots\\ \dfrac{\partial^2 f(\boldsymbol{X})}{\partial x_n\partial x_1} & \dfrac{\partial^2 f(\boldsymbol{X})}{\partial x_n\partial x_2} & \cdots & \dfrac{\partial^2 f(\boldsymbol{X})}{\partial x_n^2}\end{bmatrix} \tag{4-12}$$

设 h_{ij} 为海赛矩阵 $\boldsymbol{H}(\boldsymbol{X})$ 的元素，且 $\boldsymbol{H}(\boldsymbol{X}^*)$ 正定，即在 $\boldsymbol{X}^*$ 点 $\boldsymbol{H}(\boldsymbol{X}^*)$ 的各阶主子式均大于零，也就是

$$h_{11}>0,\ \begin{vmatrix}h_{11} & h_{12}\\ h_{21} & h_{22}\end{vmatrix}>0,\ \cdots,\ \begin{vmatrix}h_{11} & h_{12} & \cdots & h_{1n}\\ h_{21} & h_{22} & \cdots & h_{2n}\\ \vdots & \vdots & \vdots & \vdots\\ h_{n1} & h_{n2} & \cdots & h_{nn}\end{vmatrix}>0$$

反之，若 $\boldsymbol{H}(\boldsymbol{X}^*)$ 负定，即在 $\boldsymbol{X}^*$ 点 $\boldsymbol{H}(\boldsymbol{X}^*)$ 的奇阶主子式均小于零，偶阶主子式均

大于零，即

$$h_{11}<0,\ \begin{vmatrix} h_{11} & h_{12} \\ h_{21} & h_{22} \end{vmatrix}>0,\ \begin{vmatrix} h_{11} & h_{12} & h_{13} \\ h_{21} & h_{22} & h_{23} \\ h_{31} & h_{32} & h_{33} \end{vmatrix}<0,\ \cdots,\ (-1)^n \begin{vmatrix} h_{11} & h_{12} & \cdots & h_{1n} \\ h_{21} & h_{22} & \cdots & h_{2n} \\ \vdots & \vdots & \vdots & \vdots \\ h_{n1} & h_{n2} & \cdots & h_{nn} \end{vmatrix}>0$$

若上述正定条件中的“$>$”为“$\geqslant$”，则为 $\boldsymbol{H}(\boldsymbol{X}^*)$ 的半正定条件；同样，若上述负定条件中的“$<$”和“$>$”为“$\leqslant$”和“$\geqslant$”，则成为 $\boldsymbol{H}(\boldsymbol{X}^*)$ 的半负定条件。

连续可微函数 $f(\boldsymbol{x})$ 在 $\boldsymbol{X}^*$ 处存在极值的必要条件是 $\nabla f(\boldsymbol{x}^*)$ 为零。二次连续可微函数 $f(\boldsymbol{x})$ 在 $\boldsymbol{X}^*$ 处存在极值的充分条件是：$\nabla f(\boldsymbol{x}^*)$ 为零，并且 $\boldsymbol{H}(\boldsymbol{X}^*)$ 正定，则 $\boldsymbol{X}^*$ 为严格局部极小点；半正定，为局部极小点；负定，为严格局部极大点；半负定，为局部极大点。

六、凸规划

非线性规划问题中，若约束条件构成的可行域是凸集，目标函数为凸函数，且求极小值，或目标函数为凹函数求极大值，则称为凸规划。凸规划问题的最优解即全局最优解。线性规划的可行域为凸集，目标函数既是凸函数，又是凹函数，故是凸规划的一种特殊形式。

判别非线性规划是否凸规划的意义在于判别该最优解是否全局最优解，这需要根据凸函数和凹函数的定义判别目标函数是凸函数还是凹函数，并且按凸集的定义判别该规划的可行域是否凸集。

【例 4-3】 试证明如下非线性规划为凸规划：

$$\left.\begin{aligned} &\min f(\boldsymbol{X})=2x_1^2+3x_2^2 \\ &g_1(\boldsymbol{X})=1-x_1^2-x_2^2\geqslant 0 \\ &g_2(\boldsymbol{X})=x_1\geqslant 0 \\ &g_3(\boldsymbol{X})=x_2\geqslant 0 \end{aligned}\right\}$$

证：首先判别可行域是否凸集，即由约束条件

$$g_1(\boldsymbol{X})=1-x_1^2-x_2^2\geqslant 0,g_2(\boldsymbol{X})=x_1\geqslant 0,g_3(\boldsymbol{X})=x_2\geqslant 0$$

得到在自变量空间 X_1 和 X_2 构成的可行域，如图 4-4（a）阴影部分所示。其中 $g_1(\boldsymbol{X})$ 是凹函数，$g_2(\boldsymbol{X})$ 和 $g_3(\boldsymbol{X})$ 是线性函数，由此可知上述约束构成一个可行域为凸集 $\boldsymbol{R}$；若第一个约束条件改为 $g_1(\boldsymbol{X})=1-x_1^2-x_2^2=0$，其他两个约束条件不变，可行域 $\boldsymbol{R}$ 不是凸集，而是一段弧线 AB，如图 4-4（b）；若第一个约束改为：$g_1(\boldsymbol{X})=1-x_1^2-x_2^2\leqslant 0$，其他约束仍不变，可行域 $\boldsymbol{R}$ 如图 4-4（c）阴影部分所示，也不是凸集。

然后，再判断 $f(X)$ 是否凸函数。由［例 4-2］的证明，再根据凸函数性质 1 和性质 2 可知，在可行域 $\boldsymbol{R}$ 中 $f(X)$ 是凸函数。根据凸规划的定义，由此可以证明上述非线性规划问题为凸规划。

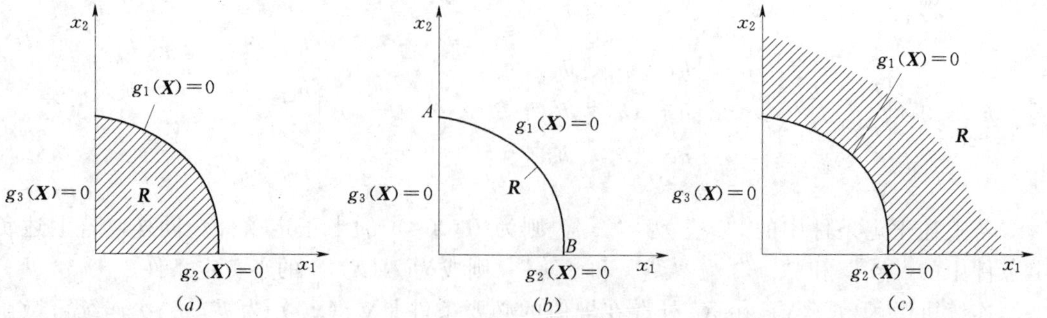

图 4-4　可行域图

(a) 凸集；(b) 非凸集之一；(c) 非凸集之二

第二节　无约束非线性规划

无约束非线性规划，是寻求单自变量或多自变量非线性函数的极值问题。如果函数关系比较简单，可按极值存在的必要条件及充分条件，用微分法求最优解。当函数关系复杂，甚至无明确的数学表达式，这时常使用搜索方法。多变量函数最优解搜索方法大体分为两类：一类称为解析法，它需要用到函数的一阶和二阶导数，即用到函数的解析性质；另一类称为直接法，它不需要求函数的导数，而是直接去比较搜索点函数值的大小。

一、梯度法

梯度法又称最陡上升（下降）法，属于解析法。与爬山或下谷相似，前进时人们用眼睛望着山顶或谷底，以确定前进的方向和步长，从而找出最好的路线。如果人们看不到山顶或谷底，就需要根据所在点的信息摸索前进，摸索的方法是使每步都沿所在点的最陡方向前进，逐步逼近最优点。沿着最陡梯度搜索的方法就是梯度法。

设无约束条件的多变量函数最优化问题是

$$\min f(\boldsymbol{X}) \tag{4-13}$$

式（4-13）中，$\boldsymbol{X}=(x_1, x_2, \cdots, x_n)^T \in \boldsymbol{E}^n$，并设目标函数 $f(\boldsymbol{X})$ 二次连续可微，极小点为 $\boldsymbol{X}^*$。以 $\boldsymbol{X}^{(k)}$ 表示极小点的第 k 次近似，为了找到第 $k+1$ 次近似点，可由 $\boldsymbol{X}^{(k)}$ 点出发，沿某方向 $\boldsymbol{P}^{(k)}$ 移动一个步长 λ，即

$$\boldsymbol{X}^{(k+1)}=\boldsymbol{X}^{(k)}+\lambda \boldsymbol{P}^{(k)} \tag{4-14}$$

式中　$\boldsymbol{P}^{(k)}$——搜索方向；

λ——步长。

将 $f(\boldsymbol{X})$ 在 $\boldsymbol{X}^{(k)}$ 处按泰勒展开，并取一次近似可得

$$\begin{aligned} f[\boldsymbol{X}^{(k+1)}] &= f(\boldsymbol{X}^{(k)}+\lambda \boldsymbol{P}^{(k)}) \\ &\approx f(\boldsymbol{X}^{(k)})+\lambda[\nabla f(\boldsymbol{X}^{(k)})]^T \boldsymbol{P}^{(k)} \end{aligned} \tag{4-15}$$

由式（4-15）可知：由于 $\lambda>0$，只要 $[\nabla f(\boldsymbol{X}^{(k)})]^T \boldsymbol{P}^{(k)}<0$，即可使函数值减小。由线性代数可知当 $\boldsymbol{P}^{(k)}$ 与 $[\nabla f(\boldsymbol{X}^{(k)})]^T$ 方向相反呈 180°时，两向量的乘积最小，即

$$\boldsymbol{P}^{(k)}=-\nabla f(\boldsymbol{X}^{(k)}) \tag{4-16}$$

如果用 $\hat{\boldsymbol{P}}^{(k)}$ 表示 $\boldsymbol{P}^{(k)}$ 方向的单位向量，即

$$\hat{\boldsymbol{P}}^{(k)}=-\frac{\nabla f(\boldsymbol{X}^{(k)})}{|\nabla f(\boldsymbol{X}^{(k)})|} \tag{4-17}$$

在选定了搜索方向之后，还要确定步长 λ 值。由式（4－14）可知，从 $\boldsymbol{X}^{(k)}$ 出发沿 $\boldsymbol{P}^{(k)}$ 方向下降，所达到的 $\boldsymbol{X}^{(k+1)}$ 点的位置与步长 λ 有关。λ 选择得好，可以比较快地接近最优点 $\boldsymbol{X}^*$。有两种选择步长的方法，一种是固定（或渐减）步长法，适当地选择 λ 可以使目标函数值减少，即

$$f(\boldsymbol{X}^{(k+1)})<f(\boldsymbol{X}^{(k)})$$

另一种是最佳步长法，即沿负梯度方向寻求使 $f(\boldsymbol{X})$ 最小的步长 $\lambda^{(k)}$，也称为一维搜索法，即沿 $\boldsymbol{P}^{(k)}$ 方向进行一维搜索。

寻求最佳步长 $\lambda^{(k)}$ 时，将 $f(\boldsymbol{X})$ 用泰勒级数展开，取二阶近似

$$f(\boldsymbol{X})\approx f(\boldsymbol{X}^{(k)})+[\nabla f(\boldsymbol{X}^{(k)})]^T(\boldsymbol{X}-\boldsymbol{X}^{(k)})+\frac{1}{2}(\boldsymbol{X}-\boldsymbol{X}^{(k)})^T\boldsymbol{H}(\boldsymbol{X}^{(k)})(\boldsymbol{X}-\boldsymbol{X}^{(k)})$$

用 $\lambda\boldsymbol{P}^{(k)}$ 代替上式中的 $(\boldsymbol{X}-\boldsymbol{X}^{(k)})$，则得

$$f(\boldsymbol{X}^{(k)}+\lambda\boldsymbol{P}^{(k)})\approx f(\boldsymbol{X}^{(k)})+[\nabla f(\boldsymbol{X}^{(k)})]^T\lambda\boldsymbol{P}^{(k)}+\frac{1}{2}\lambda(\boldsymbol{P}^{(k)})^T\boldsymbol{H}(\boldsymbol{X}^{(k)})\lambda\boldsymbol{P}^{(k)}$$

上式右端对 λ 求导，并令其导数等于零即可得近似最佳步长 $\lambda^{(k)}$，即

$$[\nabla f(\boldsymbol{X}^{(k)})]^T\boldsymbol{P}^{(k)}+(\boldsymbol{P}^{(k)})^T\boldsymbol{H}(\boldsymbol{X}^{(k)})\lambda^{(k)}\boldsymbol{P}^{(k)}=0$$

$$\lambda^{(k)}=-\frac{[\nabla f(\boldsymbol{X}^{(k)})]^T\boldsymbol{P}^{(k)}}{(\boldsymbol{P}^{(k)})^T\boldsymbol{H}(\boldsymbol{X}^{(k)})\boldsymbol{P}^{(k)}}$$

或

$$\lambda^{(k)}=\frac{[\nabla f(\boldsymbol{X}^{(k)})]^T\ \nabla f(\boldsymbol{X}^{(k)})}{[\nabla f(\boldsymbol{X}^{(k)})]^T\boldsymbol{H}(\boldsymbol{X}^{(k)})\nabla f(\boldsymbol{X}^{(k)})} \tag{4-18}$$

综上所述，梯度法的迭代计算步骤为：

（1）选取初始点 $\boldsymbol{X}^{(k)}=\boldsymbol{X}^{(0)}$，给定允许误差 $\varepsilon>0$。

（2）计算梯度 $\nabla f(\boldsymbol{X}^{(k)})$ 及其模

$$\|\nabla f(\boldsymbol{X}^{(k)})\|=\sqrt{\left(\frac{\partial f(\boldsymbol{X}^{(k)})}{\partial x_1}\right)^2+\left(\frac{\partial f(\boldsymbol{X}^{(k)})}{\partial x_2}\right)^2+\cdots+\left(\frac{\partial f(\boldsymbol{X}^{(k)})}{\partial x_n}\right)^2}$$

（3）检验是否满足收敛性判别准则

$$\|\nabla f(\boldsymbol{X}^{(k)})\|\leqslant\varepsilon$$

若满足判别准则，迭代停止，得

$$\boldsymbol{X}^*=\boldsymbol{X}^{(k)}$$

$$f(\boldsymbol{X}^*)=f(\boldsymbol{X}^{(k)})$$

否则，转入第（4）步。

（4）继续进行搜索，按照固定步长搜索，或者按照最佳步长法确定步长在 $\boldsymbol{P}^{(k)}$ 方向的最优解，即

$$f[\boldsymbol{X}^{(k)}-\lambda^{(k)}\nabla f(\boldsymbol{X}^{(k)})]=\min f[\boldsymbol{X}^{(k)}-\lambda\,\nabla f(\boldsymbol{X}^{(k)})]$$

也可利用式（4－18）求近似最佳步长 $\lambda^{(k)}$。

（5）令 $\boldsymbol{X}^{(k+1)}=\boldsymbol{X}^{(k)}-\lambda^{(k)}\nabla f(\boldsymbol{X}^{(k)})$，以 $\boldsymbol{X}^{(k+1)}$ 作为新的 $\boldsymbol{X}^{(k)}$ 返回第（2）步，重新迭

代计算，直至得到满足精度要求的最优解。

【例 4-4】　设有一无约束非线性规划问题，目标函数为

$$f(\boldsymbol{X})=x_1^2+25x_2^2 \tag{4-19}$$

试用梯度法求目标函数的极小值 $\min f(\boldsymbol{X})$，已知 $\varepsilon=0.01$。

解　设初始点为 $\boldsymbol{X}^{(0)}=(2,2)^T$，相应目标函数 $f(\boldsymbol{X}^{(0)})=104$，在 $\boldsymbol{X}^{(0)}$ 点函数 $f(\boldsymbol{X}^{(0)})$ 梯度及其模分别为

$$\frac{\partial f(\boldsymbol{X})}{\partial x_1}=2x_1$$

$$\frac{\partial f(\boldsymbol{X})}{\partial x_2}=50x_2$$

$$\nabla f(\boldsymbol{X}^{(0)})=(2x_1,50x_2)^T=(4,100)^T$$

$$\|\nabla f(\boldsymbol{X}^{(0)})\|=\sqrt{\left(\frac{\partial f(\boldsymbol{X}^{(0)})}{\partial x_1}\right)^2+\left(\frac{\partial f(\boldsymbol{X}^{(0)})}{\partial x_2}\right)^2}$$

$$\|\nabla f(\boldsymbol{X}^{(0)})\|\approx 100>\varepsilon$$

按上述方法确定搜索方向 $\boldsymbol{P}^{(k)}$，并按单位梯度的固定步长 $\lambda^{(k)}=1$ 进行逐次迭代，计算过程见表 4-1。

表 4-1　　**固定步长迭代过程**

点	x_1	x_2	$\frac{\partial f(\boldsymbol{X}^{(0)})}{\partial x_1}$	$\frac{\partial f(\boldsymbol{X}^{(0)})}{\partial x_2}$	$\|\nabla f(\boldsymbol{X}^{(0)})\|$	到下一点步长	
						Δx_1	Δx_2
0	2	2	4	100	100	−0.04	−1.00
1	1.96	1.00	3.92	50	50.1	−0.078	−1.00
2	1.88	0	3.76	0	3.76	−1.00	0
3	0.88	0	1.76	0	1.76	−1.00	0
4	−0.12	0	−0.24	0	0.24	+ 1.00	0
5	0.88	0	1.76	0	1.76	−1.00	0

由表 4-1 可见，如继续计算下去，x_1 将来回摆动，难以收敛到极小点 $\boldsymbol{X}^*=(0,0)^T$。为了使搜索收敛，必须不断减小步长 $\lambda^{(k)}$ 值。

若采用近似最佳步长来搜索，迭代过程如表 4-2 和图 4-5 所示。表中 $\lambda^{(k)}$ 的值由式 (4-18) 算出。如 $\lambda^{(0)}$ 的计算如下

$$\boldsymbol{H}(\boldsymbol{X}^{(0)})=\begin{bmatrix}\dfrac{\partial^2 f(\boldsymbol{X}^{(0)})}{\partial x_1^2} & \dfrac{\partial^2 f(\boldsymbol{X}^{(0)})}{\partial x_1\partial x_2}\\ \dfrac{\partial^2 f(\boldsymbol{X}^{(0)})}{\partial x_1\partial x_2} & \dfrac{\partial^2 f(\boldsymbol{X}^{(0)})}{\partial x_2^2}\end{bmatrix}=\begin{pmatrix}2 & 0\\ 0 & 50\end{pmatrix}$$

$$\lambda^{(0)}=\frac{[\nabla f(\boldsymbol{X}^{(0)})]^T\,\nabla f(\boldsymbol{X}^{(0)})}{[\nabla f(\boldsymbol{X}^{(0)})]^T\boldsymbol{H}(\boldsymbol{X}^{(0)})\nabla f(\boldsymbol{X}^{(0)})}$$

$$\text{分子}=(4,100)\begin{pmatrix}4\\100\end{pmatrix}=10016$$

$$\text{分母}=(4,100)\begin{pmatrix}2 & 0\\ 0 & 50\end{pmatrix}\begin{pmatrix}4\\100\end{pmatrix}=(8,5000)\begin{pmatrix}4\\100\end{pmatrix}=500032$$

$$\lambda^{(0)}=\frac{10016}{500032}=0.02003$$

表 4-2　　最佳步长迭代过程

点	$\lambda^{(k)}$	x_1	x_2	$\frac{\partial f(\boldsymbol{X}^{(k)})}{\partial x_1}$	$\frac{\partial f(\boldsymbol{X}^{(k)})}{\partial x_2}$	$f(\boldsymbol{X}^{(k)})$
0		2	2	4	100	104
1	0.02003	1.92	−0.003	3.84	−0.15	3.69
2	0.48236	0.068	0.069	0.14	3.45	0.124
3	0.02003	0.065	−0.000	0.13	0.00	0.0042
4	0.50000	0.000	0.000	0	0	0

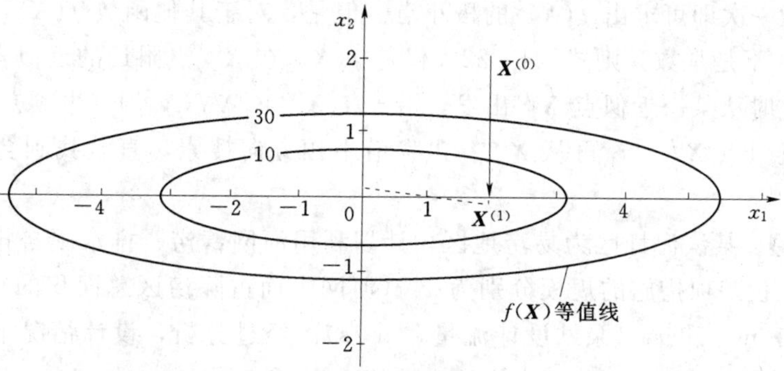

图 4-5　二元二次函数梯度法寻优示意图

其他 $\lambda^{(k)}$ 的计算类似。由计算结果可看出，采用近似最佳步长法收敛较快。第 2 步算完，即得到点 $\boldsymbol{X}^{(2)}=(0.068,\ 0.069)$，到第 4 步即得最小点 (0，0)。

由上述计算可见：计算近似最佳步长需要计算海赛矩阵，比较麻烦。其实，计算最佳步长时也可以不用海赛矩阵。如计算 $\lambda^{(0)}$ 时，由于

$$\boldsymbol{X}^{(1)}=\boldsymbol{X}^{(0)}-\lambda\nabla f(\boldsymbol{X}^{(0)})=\begin{pmatrix}2\\2\end{pmatrix}-\lambda\begin{pmatrix}4\\100\end{pmatrix}=\begin{pmatrix}2-4\lambda\\2-100\lambda\end{pmatrix}$$

代入目标函数可得

$$f(\boldsymbol{X}^{(1)})=(2-4\lambda)^2+25(2-100\lambda)^2=104-10016\lambda+250016\lambda^2$$

令

$$\frac{\mathrm{d}f(\boldsymbol{X}^{(1)})}{\mathrm{d}\lambda}=0$$

即得所求步长 $\lambda^{(0)}=0.02003$，与近似步长相近。

由这个例子还可看出，采用固定步长法迭代较慢，必须不断减小步长 $\lambda^{(k)}$ 的值以保证收敛到极小点。而采用最佳步长时收敛较快，且相邻两次的搜索方向互相垂直。

二、牛顿法

假定无约束极值问题的目标函数 $f(\boldsymbol{X})$ 二阶连续可微，$\boldsymbol{X}^{(k)}$ 为其极小点的某一近似点。在这个近似点附近取 $f(\boldsymbol{X})$ 二阶泰勒多项式逼近

$$f(\boldsymbol{X})\approx f(\boldsymbol{X}^{(k)})+[\nabla f(\boldsymbol{X}^{(k)})]^T(\boldsymbol{X}-\boldsymbol{X}^{(k)})+\frac{1}{2}(\boldsymbol{X}-\boldsymbol{X}^{(k)})^T\boldsymbol{H}(\boldsymbol{X}^{(k)})(\boldsymbol{X}-\boldsymbol{X}^{(k)})\quad(4-20)$$

则其梯度

$$\nabla f(\boldsymbol{X}) \approx \nabla f(\boldsymbol{X}^{(k)}) + \boldsymbol{H}(\boldsymbol{X}^{(k)}) \Delta \boldsymbol{X} \tag{4-21}$$

根据极值条件，这个函数的极小点梯度应为零，即

$$\nabla f(\boldsymbol{X}^{(k)}) + \boldsymbol{H}(\boldsymbol{X}^{(k)}) \Delta \boldsymbol{X} = 0$$

或

$$\boldsymbol{H}(\boldsymbol{X}^{(k)})^{-1} \nabla f(\boldsymbol{X}^{(k)}) + \Delta \boldsymbol{X} = 0$$

$$\Delta \boldsymbol{X} = -\boldsymbol{H}(\boldsymbol{X}^{(k)})^{-1} \nabla f(\boldsymbol{X}^{(k)})$$

即

$$\boldsymbol{X} = \boldsymbol{X}^{(k)} - \boldsymbol{H}(\boldsymbol{X}^{(k)})^{-1} \nabla f(\boldsymbol{X}^{(k)}) \tag{4-22}$$

式中，$-\boldsymbol{H}(\boldsymbol{X}^{(k)})^{-1} \nabla f(\boldsymbol{X}^{(k)})$ 称为牛顿方向。

式（4-22）对于二次函数 $f(\boldsymbol{X})$ 是准确表达式，因为二次函数海赛矩阵 $\boldsymbol{H}(\boldsymbol{X})$ 在任何点均为常数，泰勒展开的三阶项为零。在这种情况下，从任一点 $\boldsymbol{X}^{(k)}$ 出发，用式（4-22）只要搜索一次即可求出 $f(\boldsymbol{X})$ 的极小点。但是，对于其他函数 $f(\boldsymbol{X})$，如果其二阶海赛矩阵 $\boldsymbol{H}(\boldsymbol{X})$ 不是常数，则式（4-22）仅是 $f(\boldsymbol{X})$ 在 $\boldsymbol{X}^{(k)}$ 点附近的近似表达式，具有一定近似性。这时从某一近似点 $\boldsymbol{X}^{(k)}$ 出发，沿 $-\boldsymbol{H}(\boldsymbol{X}^{(k)})^{-1} \nabla f(\boldsymbol{X}^{(k)})$（牛顿方向）进行搜索，找出下一个近似点 $\boldsymbol{X}^{(k+1)}$，再从 $\boldsymbol{X}^{(k+1)}$ 出发沿牛顿方向搜索，直至找到合乎精度要求的 $\boldsymbol{X}^*$ 点。

【例 4-5】 某滨海圩区为易涝地区，计划利用河网蓄涝、排水闸自排和泵站抽排三项措施除涝。设三项措施的规模分别为 x_1（河网水面占除涝区总面积的百分数,%）、x_2（排水闸宽度，m）和 x_3（泵站设计流量，m^3/s）。经过分析，设计情况下应蓄存和排除的涝水总量为 1400 万 m^3，三项措施的排蓄能力为 $100x_1+180x_2+5x_3$（万 m^3）。投资金额与三项措施规模有关，可表示为 $15x_1^2+55x_1+17.5x_2^2+5x_2+5x_3$（万元）。试决策总投资最少的三项措施规模。

解　这是一个多变量二次函数无约束非线性规划问题。首先按照水量平衡原理，三项措施规模有如下关系

$$100x_1+180x_2+5x_3=1400$$

即

$$x_3=280-20x_1-36x_2 \tag{4-23}$$

目标函数　　$$f(\boldsymbol{X})=15x_1^2+55x_1+17.5x_2^2+5x_2+5x_3$$

将式（4-23）关系式代入目标函数，则目标函数可以表示为

$$\min f(\boldsymbol{X})=1400-45x_1-175x_2+15x_1^2+17.5x_2^2$$

用牛顿法求解，设初始点为 $(1,1)^T$

$$\boldsymbol{X}^{(0)}=(1,1)^T$$

$$\nabla f(\boldsymbol{X}^{(0)})=(-45+30x_1,-175+35x_2)^T=(-15,-140)^T$$

$$\boldsymbol{H}(\boldsymbol{X}^{(0)})=\begin{pmatrix}30 & 0\\ 0 & 35\end{pmatrix}$$

$$\boldsymbol{H}(\boldsymbol{X}^{(0)})^{-1}=\begin{bmatrix}\frac{1}{30} & 0\\ 0 & \frac{1}{35}\end{bmatrix}$$

$$\boldsymbol{X}^{(1)}=\boldsymbol{X}^{(0)}-\boldsymbol{H}(\boldsymbol{X}^{(0)})^{-1}\nabla f(\boldsymbol{X}^{(0)})$$

$$=\begin{pmatrix}1\\1\end{pmatrix}-\begin{bmatrix}\frac{1}{30} & 0\\ 0 & \frac{1}{35}\end{bmatrix}\begin{pmatrix}-15\\-140\end{pmatrix}$$

$$=\begin{pmatrix}1.5\\5.0\end{pmatrix}$$

$$\nabla f(\boldsymbol{X}^{(1)})=(0,\ 0)^T$$

即
$$\boldsymbol{X}^*=\boldsymbol{X}^{(1)}$$

将 $x_1=1.5\%$，$x_2=5\text{m}$ 代入式（4-23），则 $x_3=70\text{m}^3/\text{s}$。投资为 $\min f(\boldsymbol{X})=928.75$ 万元。

三、拟牛顿法

在函数复杂时，用牛顿法需要计算 $\nabla f(\boldsymbol{X})$ 和 $\boldsymbol{H}(\boldsymbol{X})$ 及 $\boldsymbol{H}(\boldsymbol{X})^{-1}$，工作量很大。因此不少人对牛顿法提出了改进算法，这些改进算法称为拟牛顿法。其中，变尺度法（简称DFP法）是一种有代表性的算法。因为它是戴维敦（Davidon）、傅莱丘（Fletcher）和鲍维尔（Powell）经过多次修正而提出来的，所以用他们三人姓名首字母命名。DFP法的特点是在寻优过程中利用多次迭代的矩阵 $\overline{\boldsymbol{H}}^{(k)}$ 近似代替 $\boldsymbol{H}(\boldsymbol{X}^{(k)})^{-1}$，即进行搜索时以 $\{-\overline{\boldsymbol{H}}^{(k)}\nabla f(\boldsymbol{X}^{(k)})\}$ 代替 $\{-\boldsymbol{H}(\boldsymbol{X}^{(k)})^{-1}\nabla f(\boldsymbol{X}^{(k)})\}$ 为搜索方向。迭代开始时使用 $n\times n$ 单位矩阵，以后逐渐矫正，即

$$\overline{\boldsymbol{H}}^{(0)}=\boldsymbol{I}$$
$$\overline{\boldsymbol{H}}^{(1)}=\overline{\boldsymbol{H}}^{(0)}+\Delta\overline{\boldsymbol{H}}^{(0)}$$
$$\vdots$$
$$\overline{\boldsymbol{H}}^{(k+1)}=\overline{\boldsymbol{H}}^{(k)}+\Delta\overline{\boldsymbol{H}}^{(k)}$$

其中，$\Delta\overline{\boldsymbol{H}}^{(k)}$ 称为矫正矩阵，按式（4-24）计算

$$\Delta\overline{\boldsymbol{H}}^{(k)}=\frac{\Delta\boldsymbol{X}^{(k)}[\Delta\boldsymbol{X}^{(k)}]^T}{[\Delta\boldsymbol{G}^{(k)}]^T\Delta\boldsymbol{X}^{(k)}}-\frac{\overline{\boldsymbol{H}}^{(k)}\Delta\boldsymbol{G}^{(k)}[\Delta\boldsymbol{G}^{(k)}]^T\overline{\boldsymbol{H}}^{(k)}}{[\Delta\boldsymbol{G}^{(k)}]^T\overline{\boldsymbol{H}}^{(k)}\Delta\boldsymbol{G}^{(k)}}\tag{4-24}$$

其中
$$\Delta\boldsymbol{X}^{(k)}=\boldsymbol{X}^{(k+1)}-\boldsymbol{X}^{(k)}$$
或
$$\Delta\boldsymbol{X}^{(k)}=\lambda^{(k)}\boldsymbol{P}^{(k)}$$
$$\Delta\boldsymbol{G}^{(k)}=\nabla f(\boldsymbol{X}^{(k+1)})-\nabla f(\boldsymbol{X}^{(k)})$$

DFP法解算步骤：

（1）给出初始点 $\boldsymbol{X}^{(0)}$ 和计算精度 ε。

（2）若 $\|\nabla f(\boldsymbol{X}^{(0)})\|<\varepsilon$ 则停止，否则转到第（3）步。

（3）令 $\overline{\boldsymbol{H}}^{(0)}=\boldsymbol{I}$，$\boldsymbol{P}^{(0)}=-\nabla f(\boldsymbol{X}^{(0)})$，沿 $\boldsymbol{P}^{(0)}$ 方向进行一维搜索，即

$$\min_{\lambda} f(\boldsymbol{X}^{(0)}+\lambda\boldsymbol{P}^{(0)})=f(\boldsymbol{X}^{(0)}+\lambda^{(0)}\boldsymbol{P}^{(0)})$$

$$\boldsymbol{X}^{(1)}=\boldsymbol{X}^{(0)}+\lambda^{(0)}\boldsymbol{P}^{(0)}$$

（4）对 $\boldsymbol{X}^{(1)}$（一般为 $\boldsymbol{X}^{(k)}$）检验计算精度，若 $\|\nabla f(\boldsymbol{X}^{(k)})\|<\varepsilon$ 则停止，否则转到第（5）步。

（5）计算 $\Delta\overline{\boldsymbol{H}}^{(k)}$ 和 $\overline{\boldsymbol{H}}^{(k)}$，沿 $\boldsymbol{P}^{(k)}=-\overline{\boldsymbol{H}}^{(k)}\nabla f(\boldsymbol{X}^{(k)})$ 方向进行一维搜索，确定步长 $\lambda^{(k)}$，即

$$\min_{\lambda} f(\boldsymbol{X}^{(k)}+\lambda\boldsymbol{P}^{(k)})=f(\boldsymbol{X}^{(k)}+\lambda^{(k)}\boldsymbol{P}^{(k)})$$

$$\boldsymbol{X}^{(k+1)}=\boldsymbol{X}^{(k)}+\lambda^{(k)}\boldsymbol{P}^{(k)}$$

(6) 如果 $k+1=n$，则令 $\boldsymbol{X}^{(0)}=\boldsymbol{X}^{(k+1)}$ 转到第（2）步，否则转到第（4）步。

【例 4-6】 用 DFP 法解下列数例

$$\min f(\boldsymbol{X})=60-10x_1-4x_2+x_1^2+x_2^2-x_1x_2 \tag{4-25}$$

解

设 $\boldsymbol{X}^{(0)}=(0,0)^T$

$$\nabla f(\boldsymbol{X}^{(0)})=(-10+2x_1-x_2,-4+2x_2-x_1)^T$$
$$=(-10,-4)^T$$

令 $$\boldsymbol{P}^{(0)}=-\nabla f(\boldsymbol{X}^{(0)})=(10,4)^T$$

$$\boldsymbol{X}^{(1)}=\boldsymbol{X}^{(0)}+\lambda\boldsymbol{P}^{(0)}=(10\lambda,4\lambda)^T$$

$$f(\boldsymbol{X}^{(1)})=60-10(10\lambda)-4(4\lambda)+(10\lambda)^2+(4\lambda)^2-(10\lambda)(4\lambda)$$
$$=60-116\lambda+76\lambda^2$$

$$\frac{\mathrm{d}f}{\mathrm{d}\lambda}=-116+152\lambda=0$$

$$\lambda^{(0)}=0.76316$$

$$\boldsymbol{X}^{(1)}=(10\lambda,4\lambda)^T=(7.6316,3.0526)^T$$

$$\nabla f(\boldsymbol{X}^{(1)})=(2.2106,-5.5264)^T$$

$$\Delta\boldsymbol{X}=\boldsymbol{X}^{(1)}-\boldsymbol{X}^{(0)}=(7.6316,3.0526)^T$$

$$\Delta\boldsymbol{G}=\nabla f(\boldsymbol{X}^{(1)})-\nabla f(\boldsymbol{X}^{(0)})=(12.2106,-1.5264)^T$$

$$\overline{\boldsymbol{H}}^{(1)}=\begin{pmatrix}1&0\\0&1\end{pmatrix}+\frac{1}{88.527}\begin{pmatrix}58.2413&23.2962\\23.2962&9.3184\end{pmatrix}$$
$$-\frac{1}{151.429}\begin{pmatrix}149.099&-18.6383\\-18.6383&2.3299\end{pmatrix}$$
$$=\begin{pmatrix}0.67328&0.38624\\0.38624&1.08987\end{pmatrix}$$

$$\boldsymbol{P}^{(1)}=-\overline{\boldsymbol{H}}^{(1)}\nabla f(\boldsymbol{X}^{(1)})=(0.6462,5.1692)^T$$

$$\boldsymbol{X}^{(2)}=\boldsymbol{X}^{(1)}+\lambda\boldsymbol{P}^{(1)}=(7.6316+0.6462\lambda,3.0526+5.1692\lambda)^T$$

$$f(\boldsymbol{X}^{(2)})=60-10(7.6316+0.6462\lambda)-4(3.0526+5.1692\lambda)$$
$$+(7.6316+0.6462\lambda)^2+(3.0526+5.1692\lambda)^2$$
$$-(7.6316+0.6462\lambda)(3.0526+5.1692\lambda)$$
$$=15.737-27.1386\lambda+23.7979\lambda^2$$

$$\frac{\mathrm{d}f}{\mathrm{d}\lambda}=-27.1386+47.5958\lambda=0$$

$$\lambda^{(1)}=0.57019$$

$$\boldsymbol{X}^{(2)}=(7.6316+0.6462\lambda,3.0526+5.1692\lambda)^T=(8,6)^T$$

$$\nabla f(\boldsymbol{X}^{(2)})=(0,0)^T$$

则 $$\boldsymbol{X}^*=\boldsymbol{X}^{(2)},\min f(\boldsymbol{X})=8$$

四、共轭梯度法

梯度法在离极值点较远时收敛较快，愈近极值点收敛越慢，特别当出现尖扁或狭谷形目标函数时，收敛更慢。如图 4-6 所示，向极值点搜索的路线呈锯齿状，几乎不能前进，因此常在开始时使用梯度法，后期使用其他方法。其中，共轭梯度法就是一种较好的方法。

对于二元二次问题一般可以用图 4-7 所示的同心椭圆簇线表示目标函数等值线。从任何一点 $\boldsymbol{X}^{(0)}$ 出发，沿 $\boldsymbol{P}^{(0)}$ 方向进行一维搜索，得到极小点 $\boldsymbol{X}^{(1)}$，则 $\boldsymbol{X}^{(1)}$ 一定是某椭圆上的切点，切线为 $\boldsymbol{P}^{(0)}$。再从 $\boldsymbol{X}^{(1)}$ 点沿 $\boldsymbol{P}^{(1)}$ 方向进行一维搜索，如果 $\boldsymbol{P}^{(1)}$ 为指向极值点 $\boldsymbol{X}^*$ 的方向，这时一定可以找到极值点 $\boldsymbol{X}^*$。可以证明，指向 $\boldsymbol{X}^*$ 的 $\boldsymbol{P}^{(1)}$ 向量是 $\boldsymbol{P}^{(0)}$ 向量关于 $\boldsymbol{H}(\boldsymbol{X})$ 的共轭方向。换句话说，在进行从 $\boldsymbol{X}^{(1)}$ 点开始的一维搜索时，如果能求得 $\boldsymbol{P}^{(0)}$ 的共轭方向，沿此方向一定可以一次达到极值点。这个共轭方向与 $\boldsymbol{X}^{(1)}$ 点的负梯度方向偏离一个角度。偏离值可以用 $\beta\boldsymbol{P}^{(0)}$ 表示。β 称为共轭系数，可用公式计算。

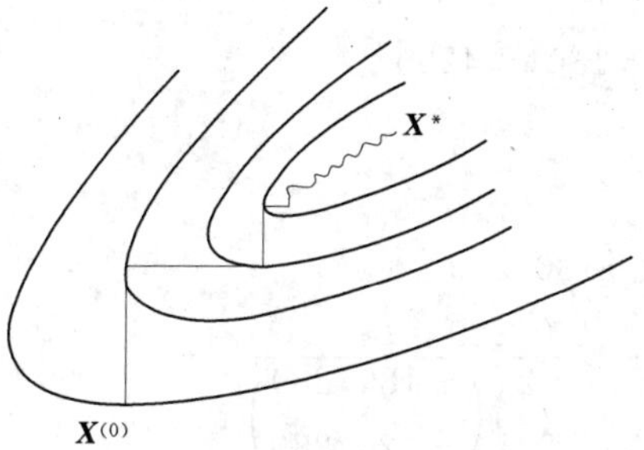

图 4-6 梯度法示意图

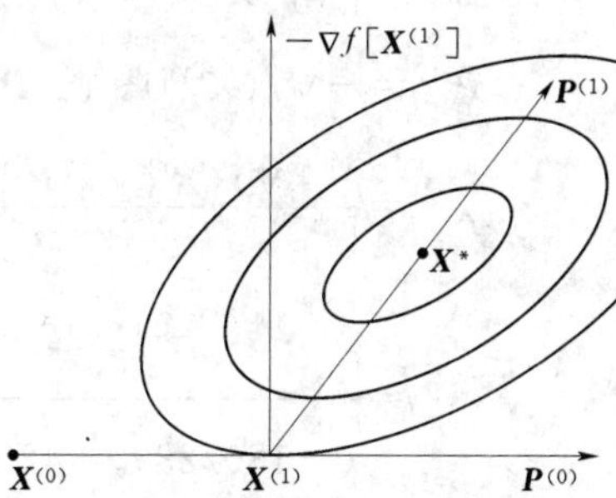

图 4-7 共轭梯度法示意图

共轭梯度法的解题步骤如下：

(1) 选择初始点 $\boldsymbol{X}^{(0)}$，给定精度 ε。

(2) 计算 $\boldsymbol{P}^{(0)}=-\nabla f(\boldsymbol{X}^{(0)})$。

(3) 进行一维搜索

$$\lambda^{(k)}=\frac{-[\nabla f(\boldsymbol{X}^{(k)})]^T\boldsymbol{P}^{(k)}}{[\boldsymbol{P}^{(k)}]^T\boldsymbol{H}^{(k)}\boldsymbol{P}^{(k)}} \tag{4-26}$$

$$\boldsymbol{X}^{(k+1)}=\boldsymbol{X}^{(k)}+\lambda^{(k)}\boldsymbol{P}^{(k)} \tag{4-27}$$

(4) 如果 $\|\nabla f(\boldsymbol{X}^{(k+1)})\|<\varepsilon$，则停；否则计算

$$\beta^{(k)}=\frac{[\nabla f(\boldsymbol{X}^{(k+1)})]^T\ \nabla f(\boldsymbol{X}^{(k+1)})}{[\nabla f(\boldsymbol{X}^{(k)})]^T\ \nabla f(\boldsymbol{X}^{(k)})} \tag{4-28}$$

$$\boldsymbol{P}^{(k+1)}=-\nabla f(\boldsymbol{X}^{(k+1)})+\beta^{(k)}\boldsymbol{P}^{(k)}$$

(5) 如果 $k=n$，则 $\boldsymbol{X}^{(0)}=\boldsymbol{X}^{(n)}$，转到第 (2) 步，否则 $k=k+1$，转到第 (3) 步。

对于多元二次函数问题，原理相同，所以该解法可以推广到多元二次问题。下面以一个二元二次非线性规划问题来说明上述解法和步骤。

【例 4-7】 用共轭梯度法解下列数例

$$\min f(\boldsymbol{X})=3x_1^2+x_2^2-2x_1x_2-4x_1 \tag{4-29}$$

解 设初始点 $\boldsymbol{X}^{(0)}=(-2,4)^T$

$$\nabla f(\boldsymbol{X}^{(0)})=(6x_1-2x_2-4,2x_2-2x_1)^T=(-24,12)^T$$

$$\boldsymbol{P}^{(0)}=-\nabla f(\boldsymbol{X}^{(0)})=(24,\ -12)^T$$

$$\boldsymbol{H}(\boldsymbol{X}^{(0)})=\begin{pmatrix}6 & -2\\ -2 & 2\end{pmatrix}$$

$$\lambda^{(0)}=\frac{-[\nabla f(\boldsymbol{X}^{(0)})]^T\boldsymbol{P}^{(0)}}{[\boldsymbol{P}^{(0)}]^T\boldsymbol{H}(\boldsymbol{X}^{(0)})\boldsymbol{P}^{(0)}}=\frac{-(-24,12)\begin{pmatrix}24\\ -12\end{pmatrix}}{(24,-12)\begin{pmatrix}6 & -2\\ -2 & 2\end{pmatrix}\begin{pmatrix}24\\ -12\end{pmatrix}}=\frac{5}{34}$$

$$\boldsymbol{X}^{(1)}=\boldsymbol{X}^{(0)}+\lambda^{(0)}\boldsymbol{P}^{(0)}=\left(\frac{26}{17},\frac{38}{17}\right)^T$$

$$\nabla f(\boldsymbol{X}^{(1)})=\left(\frac{12}{17},\frac{24}{17}\right)^T$$

$$\beta^{(0)}=\frac{[\nabla f(\boldsymbol{X}^{(1)})]^T\ \nabla f(\boldsymbol{X}^{(1)})}{[\nabla f(\boldsymbol{X}^{(0)})]^T\ \nabla f(\boldsymbol{X}^{(0)})}=\frac{1}{289}$$

$$\boldsymbol{P}^{(1)}=-\nabla f(\boldsymbol{X}^{(1)})+\beta^{(0)}\boldsymbol{P}^{(0)}=\frac{1}{289}(-180,-420)^T$$

$$\lambda^{(1)}=\frac{-[\nabla f(\boldsymbol{X}^{(1)})]^T\boldsymbol{P}^{(1)}}{[\boldsymbol{P}^{(1)}]^T\boldsymbol{H}(\boldsymbol{X}^{(1)})\boldsymbol{P}^{(1)}}$$

$$=\frac{(-12/17,-24/17)\begin{pmatrix}-180/289\\ -420/289\end{pmatrix}}{(-180/289,-420/289)\begin{pmatrix}6 & -2\\ -2 & 2\end{pmatrix}\begin{pmatrix}-180/289\\ -420/289\end{pmatrix}}$$

$$=0.85$$

$$\boldsymbol{X}^{(2)}=\boldsymbol{X}^{(1)}+\lambda^{(1)}\boldsymbol{P}^{(1)}=(1,1)^T$$

$$\nabla f(\boldsymbol{X}^{(2)})=(0,\ 0)^T$$

$$\boldsymbol{X}^*=(1,\ 1)^T$$

$$f(\boldsymbol{X}^*)=-2$$

共轭梯度法对于非二次函数亦可以使用，特别是搜索点靠近极值点时，函数的性质更接近二次函数的性质。但是，非二次函数采用共轭梯度法时，为了改善收敛性质，需要对共轭系数加以修正。

五、直接搜索法

上述各种带有解析性质的搜索方法，在目标函数变量过多或表达式过于复杂，或者目标函数根本没有解析表达式而无法计算其导数时，可以采取另外一种只计算函数值的优化方法，称为直接搜索法。

（一）坐标轮换法

坐标轮换法是多变量优化问题中最古老的搜索算法。该法思路是：对于一个 n 维函数轮流沿这 n 个坐标方向探索最优解。也就是：在一次搜索中只改变一个变量，保持所有其他变量为常数进行搜索，直到沿这一个变量坐标搜索到最优解；然后再从这个点沿第二个坐标搜索，依次变换变量，重复上述搜索，直到对第 n 个坐标搜索到最优解。

对 n 个坐标搜索一遍称为一个探查循环，用这个方法可以进行若干个探查循环，直到满足收敛判别准则为止。一般以探查循环的终点 $\boldsymbol{X}^{(n)}$ 和起始点 $\boldsymbol{X}^{(0)}$ 之间的距离或 $f(\boldsymbol{X}^{(n)})-f(\boldsymbol{X}^{(0)})$ 的绝对值判断是否收敛。

这个方法的实质是把一个多变量问题转化为一系列单变量问题来寻优，因此它是一种降维法。该方法比较简单，但收敛较慢，计算时间长。当目标函数图形为狭长的山谷或山脊形，且脊线不平行坐标轴时，用坐标轮换法几乎搜索不到极值点。当变量之间相关性很强时，本法的使用效果也不好。

对于圆形或形状不太扁的椭圆，采用坐标轮换法效果较好，其寻优过程如图 4－8 所示。从 $\boldsymbol{X}^{(0)}=(0,2)^T$ 出发分别沿 x_1 和 x_2 方向搜索，经过若干个探查循环，最后收敛于最优点 $\boldsymbol{X}^*$。但是，如果遇到图 4－9 所示的尖扁图形，脊线不平行任何坐标轴，从某点出发只要搜索到脊线上的点如 $\boldsymbol{X}$，就再也不能前进，无论沿 x_1 或 x_2 方向都无法再找到更好的点。

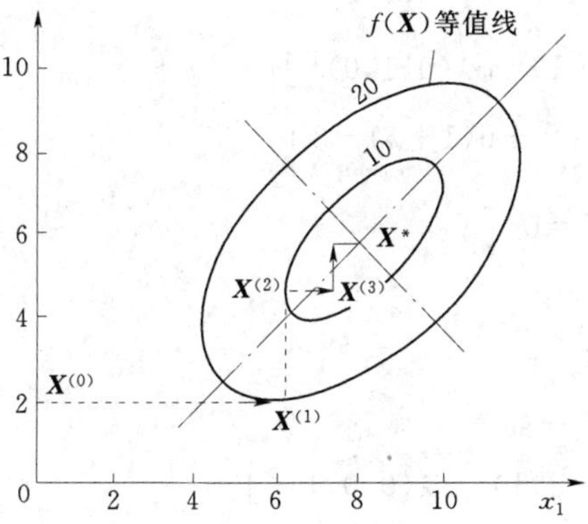

图 4－8 坐标轮换法示意图之一

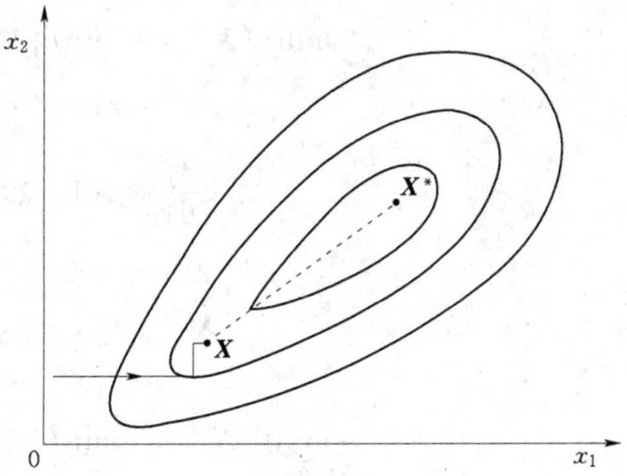

图 4－9 坐标轮换法示意图之二

设 $\boldsymbol{e}_1$，$\boldsymbol{e}_2$，…，$\boldsymbol{e}_n$ 分别表示 n 维坐标的单位向量，即

$$\boldsymbol{e}_1=(1,0,0,\cdots,0)^T$$
$$\boldsymbol{e}_2=(0,1,0,\cdots,0)^T$$
$$\vdots$$
$$\boldsymbol{e}_n=(0,0,0,\cdots,1)^T$$

则坐标轮换法的迭代步骤如下：

(1) 取初始点 $\boldsymbol{X}^{(0)}\in \boldsymbol{E}^n$，确定允许收敛误差 $\varepsilon>0$，令 $k=1$。

(2) 求单变量问题的最优步长 λ^{k-1}，使得

$$\min_{\lambda} f(\boldsymbol{X}^{(k-1)}+\lambda \boldsymbol{e}_k)=f(\boldsymbol{X}^{(k-1)}+\lambda^{(k-1)}\boldsymbol{e}_k)$$

令 $\boldsymbol{X}^{(k)}=\boldsymbol{X}^{(k-1)}+\lambda^{(k-1)}\boldsymbol{e}_k$。

(3) 若 $k=n$，转到第 (4) 步；若 $k<n$，令 $k=k+1$ 转到第 (2) 步。

(4) 检验是否满足收敛性判别准则

$$\|\boldsymbol{X}^{(n)}-\boldsymbol{X}^{(0)}\|<\varepsilon$$

若满足判别准则，迭代停止；否则，令 $\boldsymbol{X}^{(0)}=\boldsymbol{X}^{(n)}$，$k=1$ 转到第 (2) 步。

【例 4－8】 试用坐标轮换法求

$$\min f(\boldsymbol{X})=2x_1^2-8x_1+x_2^2+6x_2+x_3^2+4x_3 \tag{4-30}$$

规定函数精度 $\varepsilon=0.1$。

解　设初始点 $\boldsymbol{X}^{(0)}=(1,1,1)^T, f(\boldsymbol{X}^{(0)})=6$

令
$$\boldsymbol{X}^{(1)}=\boldsymbol{X}^{(0)}+\lambda\boldsymbol{e}_1$$

$$\begin{aligned}\min_\lambda f(\boldsymbol{X}^{(1)})&=\min_\lambda f[(1,1,1)^T+\lambda(1,0,0)^T]\\&=\min_\lambda f[(1+\lambda,1,1)^T]\\&=\min_\lambda f[2(1+\lambda)^2-8(1+\lambda)+12]\end{aligned}$$

$$\frac{\mathrm{d}f}{\mathrm{d}\lambda}=4(1+\lambda)-8=0$$

$$\lambda^{(0)}=1$$

$$\boldsymbol{X}^{(1)}=(2,1,1)^T$$

令
$$\boldsymbol{X}^{(2)}=\boldsymbol{X}^{(1)}+\lambda\boldsymbol{e}_2$$

$$\begin{aligned}\min_\lambda f(\boldsymbol{X}^{(2)})&=\min_\lambda f[(2,1,1)^T+\lambda(0,1,0)^T]\\&=\min_\lambda f[(1+\lambda)^2+6(1+\lambda)-3]\end{aligned}$$

$$\frac{\mathrm{d}f}{\mathrm{d}\lambda}=2(1+\lambda)+6=0$$

$$\lambda^{(1)}=-4$$

$$\boldsymbol{X}^{(2)}=(2,-3,1)^T$$

令
$$\boldsymbol{X}^{(3)}=\boldsymbol{X}^{(2)}+\lambda\boldsymbol{e}_3$$

$$\begin{aligned}\min_\lambda f(\boldsymbol{X}^{(3)})&=\min_\lambda f[(2,-3,1)^T+\lambda(0,0,1)^T]\\&=\min_\lambda f[(1+\lambda)^2+4(1+\lambda)-17]\end{aligned}$$

$$\frac{\mathrm{d}f}{\mathrm{d}\lambda}=2(1+\lambda)+4=0$$

$$\lambda^{(2)}=-3$$

$$\boldsymbol{X}^{(3)}=(2,-3,-2)^T$$

$$f(\boldsymbol{X}^{(3)})=-21$$

用函数值检验 $|f(\boldsymbol{X}^{(3)})-f(\boldsymbol{X}^{(0)})|=27>\varepsilon$，需要继续搜索。

重设 $\boldsymbol{X}^{(0)}=\boldsymbol{X}^{(3)}=(2,\ -3,\ -2)^T$，同上解法求得

$$\lambda^{(0)}=0,\lambda^{(1)}=0,\lambda^{(2)}=0$$

$$\boldsymbol{X}^{(3)}=(2,-3,-2)^T$$

与 $\boldsymbol{X}^{(0)}$ 相同，则得 $\boldsymbol{X}^*=(2,-3,-2)^T, \min f(\boldsymbol{X})=-21$。

(二) 模矢法

模矢法与坐标轮换法相似，它是以初始点 $\boldsymbol{X}^{(0)}$ 作为第一个基点，从初始点轮流向每个坐标方向探索，寻求目标函数值较小的新基点 $\boldsymbol{X}^{(1)}$。同样再找出新基点 $\boldsymbol{X}^{(2)}$，$\boldsymbol{X}^{(3)}$，…，直到求得目标函数最小的点为止。与上述坐标轮换法不同的是：除初始点外，在每得到一个新基点 $\boldsymbol{X}^{(k)}$ 的时候，不是以 $\boldsymbol{X}^{(k)}$ 基点作为下一个探索循环的起点，而是沿模矢（$\boldsymbol{X}^{(k)}-\boldsymbol{X}^{(k-1)}$）再向前移动同样的距离，得到点 $\boldsymbol{T}_k=\boldsymbol{X}^{(k)}+(\boldsymbol{X}^{(k)}-\boldsymbol{X}^{(k-1)})$ 为新的探索起点。只

有当 T_k 点的函数不能使目标改善时，才退回 $X^{(k)}$ 为新探索起点。如探索不到改善点，可缩小步长继续搜索，直到满足精度要求为止。

图 4-10 为二元函数模矢法搜索轨迹示意图。$X^{(0)}$，$X^{(1)}$，…，$X^{(6)}$ 为基点。T_1，T_2，…，T_5 为探索循环起点，分别等于 $2X^{(1)}-X^{(0)}$，$2X^{(2)}-X^{(1)}$，…。模矢法可以克服山脊形目标函数采用坐标轮换法寻优时所遇到的困难。

【例 4-9】 求解某二维函数的极小值。

$$\begin{aligned} f(x_1,x_2)=&17.25x_2+3[(5000-x_1)^2+x_2^2]^{0.5}\\ &+5[x_1^2+(x_2-2000)^2]^{0.5}\\ &+4[(x_1-200)^2+(5600-x_2)^2]^{0.5}\\ &+12[(3000-x_1)^2+(4800-x_2)^2]^{0.5} \end{aligned} \tag{4-31}$$

解 设初始点 $X^{(0)}=(2500,\ 2500)^T$，则 $f(X^{(0)})=110151$，用模矢法进行探索的过程如图 4-10 和表 4-3 所示。

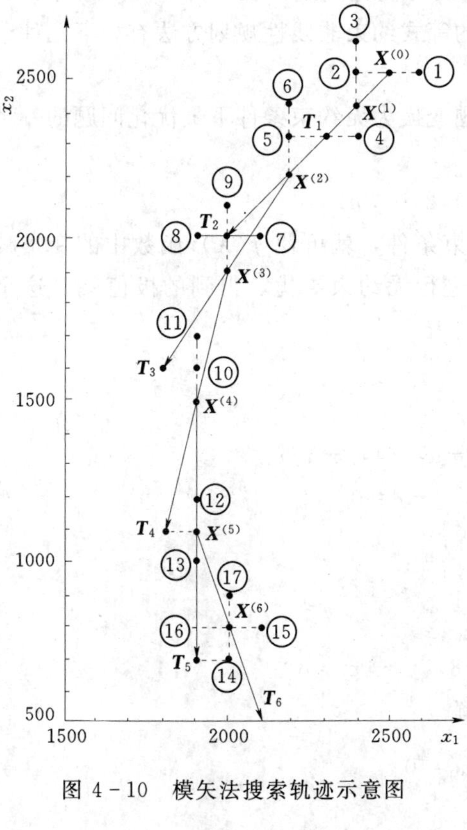

图 4-10 模矢法搜索轨迹示意图

表 4-3 模矢法搜索过程

探点	函数值	探点	函数值
①	110443	⑩	105749
②	109904	⑪	106029
③	109955	$X^{(4)}$	105512
$X^{(1)}$	108907	T_4	104952
T_1	108704	$X^{(5)}$	104912
④	108882	⑫	105009
⑤	108564	⑬	105114
⑥	109081	T_5	104791
$X^{(2)}$	108091	⑭	104760
T_2	107087	$X^{(6)}$	104752
⑦	107138	T_6	104835
⑧	107087	⑮	104762
⑨	107506	⑯	104782
$X^{(3)}$	106698	⑰	104771
T_3	105782	X^*	104752

第三节 有约束非线性规划

实际工作中的最优化问题，其变量的取值大多受到一定的限制，即多为有约束条件的最优化问题。如果其目标函数或约束函数中包含有非线性函数，即为有约束非线性规划。

求解有约束非线性规划问题是一件很复杂的工作，要比无约束的非线性规划问题困难得多。目前，除了一些特殊的或较简单的问题以外，大部分解法都是把有约束非线性规划问题转换成无约束非线性规划问题，或转换成线性规划问题，然后求解。因此，本节除了介绍有约束问题的最优化方法以外，还将阐述将有约束的非线性规划转变为无约束非线性规划或线性规划的方法。

一、等式约束非线性规划

等式约束非线性规划的一般数学表达为

$$\left.\begin{array}{ll}\text{目标函数} & \min f(\boldsymbol{X}) \\ \text{约束条件} & h_i(\boldsymbol{X})=0 \quad (i=1,2,\cdots,m)\end{array}\right\} \tag{4-32}$$

式（4-32）中 $\boldsymbol{X}=(x_1, x_2, \cdots, x_n)^T \in \boldsymbol{E}^n$，通常情况下目标函数为一非线性函数，$h_i(\boldsymbol{X})$ 代表一组线性或非线性函数。显然约束方程数目 m 小于变量数目 n，方能形成最优化问题。若 $m=n$，在有解的情况下为唯一解，没有优化问题。在 $m>n$ 时，除特殊的唯一解情况外均无解，也不存在优化问题。常用的等式约束非线性规划方法有如下几种。

（一）消元法

消元法是将具有等式约束条件的最优化问题变换为无约束条件下最优化问题的一种简便方法，它利用约束条件方程

$$h_i(\boldsymbol{X})=0 \quad (i=1,2,\cdots,m)$$

消去目标函数 $f(\boldsymbol{X})$ 中的变量。如果有 m 个约束条件，就可使 $f(\boldsymbol{X})$ 函数中的变量减少 m 个，实现了降维。然后对降维后的目标函数进行无约束寻优，得到的极值就是这个等式约束条件下的最优解。

下面通过一个数例说明消元法的计算过程。

【例 4-10】 设某优化问题为：

$$\left.\begin{array}{ll}\text{目标函数} & \min f(\boldsymbol{X}) =8x_1-8x_1^2-x_2-4x_3^2-x_2x_3 \\ \text{约束条件} & h(\boldsymbol{X}) =x_2x_3-8=0\end{array}\right\} \tag{4-33}$$

解　先用消元法降低函数维数，由约束方程得

$$x_2=8x_3^{-1}$$

代入目标函数则

$$f(\boldsymbol{X})=8x_1-8x_1^2-8x_3^{-1}-4x_3^2-8$$

再用无约束函数的极值必要条件对函数求解

$$\frac{\partial f}{\partial x_1}=8-16x_1=0$$

$$\frac{\partial f}{\partial x_3}=8x_3^{-2}-8x_3=0$$

得到 $x_1^*=0.5$，$x_3^*=1$。

将 x_3^* 代入原约束方程得 $x_2^*=8$，则最优解为

$$\boldsymbol{X}^*=(0.5,8,1)^T, f(\boldsymbol{X}^*)=-18。$$

显然，如果有 m 个等式约束方程式，就可消去目标函数中 m 个变量，从而简化了目

标函数的极值求解，这种办法对易于实现消元的显函数是很有效的。但是，对于多维约束方程式来说，要消去一些变量，其计算也并不容易。此外，在变换为无约束条件最优化问题以后，应注意初始值的选择。若选择不当，则不能保证所得的最优点是全局最优解。这在解决实际工程问题时，应根据经验和客观规律，在正确的范围内选择初始点。

（二）拉格朗日乘子法

消元法在变量较多、约束方程式较多时计算比较繁琐。拉格朗日乘子法是拉格朗日（Lagrange）于1760年提出来的，这一方法引进了一个或若干个待定系数 λ_i（称为拉格朗日乘子），将有约束的求极值问题转化为无约束最优化问题。它的具体做法是以若干个拉格朗日乘子 λ_i（$i=1$，2，…，m），将约束条件和目标函数联系起来，形成一个新的无约束函数。这一新的函数 $\boldsymbol{L}(\boldsymbol{X},\lambda)$ 称为拉格朗日函数，它是定义在 $\boldsymbol{E}^{m+n}$ 空间，比原问题维数更高的无约束非线性规划问题。原问题中有 n 个变量，而在新问题中有 $m+n$ 个变量，换句话说，消除约束条件的代价是增加了问题的维数。

若式（4-32）所表达的等式约束优化问题，其目标函数 $f(\boldsymbol{X})$ 及约束函数 $h_i(\boldsymbol{X})$（$i=1$，2，…，m）存在一阶偏导数，在极值点 $\boldsymbol{X}^*$，由于一阶偏导数为零，目标函数 $f(\boldsymbol{X})$ 的全微分应为零，即

$$\sum_{j=1}^{n}\frac{\partial f(\boldsymbol{X}^*)}{\partial x_j}\mathrm{d}x_j=0 \tag{4-34}$$

又由于 $h_i(\boldsymbol{X})$ 全等于零，其全微分（包括 $\boldsymbol{X}^*$ 点）必然为零，于是

$$\sum_{j=1}^{n}\frac{\partial h_i(\boldsymbol{X}^*)}{\partial x_j}\mathrm{d}x_j=0 \quad (i=1,2,\cdots,m) \tag{4-35}$$

将式（4-35）分别乘系数 $\lambda_i(i=1，2，\cdots，m)$，并与式（4-34）相加，得到

$$\sum_{j=1}^{n}\left[\frac{\partial f(\boldsymbol{X}^*)}{\partial x_j}+\sum_{i=1}^{m}\lambda_i\frac{\partial h_i(\boldsymbol{X}^*)}{\partial x_j}\right]\mathrm{d}x_j=0$$

即

$$\left.\begin{aligned}
\frac{\partial f(\boldsymbol{X}^*)}{\partial x_1}+\sum_{i=1}^{m}\lambda_i\frac{\partial h_i(\boldsymbol{X}^*)}{\partial x_1}&=0\\
\frac{\partial f(\boldsymbol{X}^*)}{\partial x_2}+\sum_{i=1}^{m}\lambda_i\frac{\partial h_i(\boldsymbol{X}^*)}{\partial x_2}&=0\\
&\vdots\\
\frac{\partial f(\boldsymbol{X}^*)}{\partial x_n}+\sum_{i=1}^{m}\lambda_i\frac{\partial h_i(\boldsymbol{X}^*)}{\partial x_n}&=0
\end{aligned}\right\} \tag{4-36}$$

式（4-36）与原问题式（4-32）的约束 $h_i(\boldsymbol{X})=0$ 共同组成了求解 n 个变量 $\boldsymbol{X}_j^*$ 和 m 个拉格朗日乘子 λ_i 的 $n+m$ 个方程。应该指出，这和求解下面拉格朗日函数的最优值是等效的，将拉格朗日函数写做

$$\boldsymbol{L}(\boldsymbol{X},\lambda)=f(\boldsymbol{X})+\sum_{i=1}^{m}\lambda_i h_i(\boldsymbol{X}) \tag{4-37}$$

求拉格朗日函数的最小值，对每个 x 求偏导，并令其为零，即可得到与式（4-36）相同的结果；同理，对每个 λ_i 求偏导，就是原问题式（4-32）的约束方程，即 $h_i(\boldsymbol{X})=0$。

下面用一算例说明拉格朗日乘子法的计算过程。

【例 4-11】 求解下列非线性规划：

$$\left.\begin{aligned}&\min f(\boldsymbol{X})=x_1^2-6x_1+x_2^2-4x_2\\ \text{约束于}\quad &x_1^2-8x_1-x_2+19=0\end{aligned}\right\}\tag{4-38}$$

解 构成拉格朗日函数

$$\boldsymbol{L}(\boldsymbol{X},\lambda)=x_1^2-6x_1+x_2^2-4x_2+\lambda(x_1^2-8x_1-x_2+19)$$

拉格朗日函数的驻点条件是

$$\frac{\partial L}{\partial x_1}=2x_1-6+2\lambda x_1-8\lambda=0$$

$$\frac{\partial L}{\partial x_2}=2x_2-4-\lambda=0$$

$$\frac{\partial L}{\partial \lambda}=x_1^2-8x_1-x_2+19=0$$

联解以上三个方程，得

$$x_1^*=3.6871,x_2^*=3.0979,f(\boldsymbol{X}^*)=-11.3225$$

(三) 罚函数法

罚函数法与拉格朗日乘子法相似，也是把有约束最优化问题转化为无约束最优化问题，它的转化办法是引进罚因子。

对于一个有等式约束的优化问题：

$$\min f(\boldsymbol{X})$$

$$\text{约束于}\quad h_i(\boldsymbol{X})=0\quad (i=1,2,\cdots,m)$$

$$\boldsymbol{X}\in\boldsymbol{E}^n$$

将每一约束函数 $h_i(\boldsymbol{X})$ 的平方乘以罚因子 $\boldsymbol{M}_i$ 构成一个惩罚项 $\boldsymbol{M}_i\,[h_i(\boldsymbol{X})]^2$，与原目标函数相加，则构成一个新的函数，称之为罚函数。寻求无约束罚函数的最优解以代替对原问题求解。如果用 $\boldsymbol{P}(\boldsymbol{X},\boldsymbol{M})$ 表示罚函数，则

$$\boldsymbol{P}(\boldsymbol{X},\boldsymbol{M})=f(\boldsymbol{X})+\sum_{i=1}^{m}\boldsymbol{M}_i[h_i(\boldsymbol{X})]^2\tag{4-39}$$

罚因子 $\boldsymbol{M}_i$ 是个很大的正数，如果 $\boldsymbol{X}$ 不满足原约束条件，即 $h_i(\boldsymbol{X})\neq0$，则 $\boldsymbol{P}(\boldsymbol{X},\boldsymbol{M})$ 将有一个足够大的惩罚项，使 $\boldsymbol{P}(\boldsymbol{X},\boldsymbol{M})$ 不能出现极小值。只有当所有约束条件都得到满足，即所有 $h_i(\boldsymbol{X})=0$，也即 $\boldsymbol{P}(\boldsymbol{X},\boldsymbol{M})=f(\boldsymbol{X})$ 时，$\boldsymbol{P}(\boldsymbol{X},\boldsymbol{M})$ 才可能达到极小值 $f(\boldsymbol{X}^*)$。现以算例说明罚函数法的求解过程。

【4-12】 某优化问题如下：

$$\left.\begin{aligned}\text{目标函数}\quad&\min f(\boldsymbol{X})=x_1^2+4x_2^2\\ \text{约束条件}\quad&x_1+2x_2=6\end{aligned}\right\}\tag{4-40}$$

解 由约束方程得

$$h(\boldsymbol{X})=x_1+2x_2-6$$

构成罚函数

$$\boldsymbol{P}(\boldsymbol{X},\boldsymbol{M})=x_1^2+4x_2^2+\boldsymbol{M}(x_1+2x_2-6)^2$$

对 x_1 及 x_2 分别求一阶偏导，并令其为零

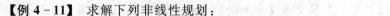

$$\frac{\partial \boldsymbol{P}}{\partial x_1}=2x_1+2\boldsymbol{M}\ (x_1+2x_2-6)\ =0$$

$$\frac{\partial \boldsymbol{P}}{\partial x_2}=8x_2+4\boldsymbol{M}\ (x_1+2x_2-6)\ =0$$

即

$$2(1+\boldsymbol{M})x_1+4\boldsymbol{M}x_2-12\boldsymbol{M}=0$$

$$8(1+\boldsymbol{M})x_2+4\boldsymbol{M}x_1-24\boldsymbol{M}=0$$

将第一个式子乘以 x_1，第二个式子乘以 x_2 并相减，得

$$2\times(1+\boldsymbol{M})(x_1^2-4x_2^2)-12\boldsymbol{M}(x_1-2x_2)=0$$

令原约束方程即 $\boldsymbol{P}(\boldsymbol{X},\boldsymbol{M})$ 对 $\boldsymbol{M}$ 的一阶偏导数为零，得

$$x_1+2x_2=6 \text{ 或 } x_1=6-2x_2$$

将其代入上式，并化简得

$$24\times(3-2x_2)=0,\text{即 } x_2=1.5$$

则

$$x_1=3, f(\boldsymbol{X}^*)=18$$

当函数关系复杂无法使用微分法寻求罚函数的极小值时，也可以采用直接搜索法求解。从初始点 $\boldsymbol{X}^{(1)}$ 出发，选择罚因子 $\boldsymbol{M}^{(1)}$，构成初始罚函数

$$\boldsymbol{P}^{(1)}(\boldsymbol{X}^{(1)},\boldsymbol{M}^{(1)}) = f(\boldsymbol{X}^{(1)}) + \sum_{i=1}^{m}\boldsymbol{M}_i^{(1)}[h_i(\boldsymbol{X}^{(1)})]^2$$

用无约束极值搜索方法，求初始罚函数的极值得极值点 $\boldsymbol{X}^{(2)}$，这时，由于初选的罚因子 $\boldsymbol{M}^{(1)}$ 不够大，$\boldsymbol{X}^{(2)}$ 不一定满足约束条件 $h_i(\boldsymbol{X})=0$ 的要求。于是，再选比 $\boldsymbol{M}^{(1)}$ 大的罚因子 $\boldsymbol{M}^{(2)}$（$\boldsymbol{M}^{(2)}$ 为 $\boldsymbol{M}^{(1)}$ 的 5～10 倍），又构成新的罚函数 $\boldsymbol{P}^{(2)}(\boldsymbol{X}^{(2)},\boldsymbol{M}^{(2)})$，再搜索 $\boldsymbol{P}^{(2)}$ 的极值，得极值点 $\boldsymbol{X}^{(3)}$。如此迭代，直到求得满足约束的极值点。迭代开始时，不选取很大的罚因子 $\boldsymbol{M}^{(1)}$ 的原因可以从式（4－39）看出：当 $\boldsymbol{M}$ 值过大时，惩罚项在罚函数中占很大比重，使 $\boldsymbol{P}(\boldsymbol{X},\boldsymbol{M})$ 的值几乎与 $f(\boldsymbol{X})$ 的值无关，反而影响向极值点逼近的速度。因此，一般初选 $\boldsymbol{M}^{(1)}$ 为 0.1 或 1，逐步加大，甚至达∞，保持在最优状态下逐步逼近符合约束条件的极值点。

二、不等式约束非线性规划

只要约束条件和目标函数中有一个是非线性函数，而约束条件中有一个是不等式，就是不等式约束非线性规划问题。这类问题的数学模型是

$$\left.\begin{array}{ll}\text{目标函数} & \min f(\boldsymbol{X}) \\ \text{约束条件} & g_i(\boldsymbol{X}) \geqslant 0\ (i=1,2,\cdots,L) \\ & h_j(\boldsymbol{X})=0\quad (j=1,2,\cdots,m) \\ & \boldsymbol{X}=(x_1,x_2,\cdots,x_n)^T\in \boldsymbol{E}^n\end{array}\right\} \tag{4-41}$$

这类问题的求解方法远较等式约束非线性规划问题复杂。下面先阐述不等式约束的某些性质和作用，然后介绍在灌排系统最优化中常用的几种方法。

（一）搜索方向和约束条件的制约性质

在非线性规划的寻优过程中，为了改善目标函数值，常常要从一个已知的可行点按可行方向向另一个可行点进行搜索。因此，必须判别可行方向。设上述数学模型中的 $f(\boldsymbol{X})$、$g_i(\boldsymbol{X})$、$h_j(\boldsymbol{X})$ 均具有一阶偏导数，设 $\boldsymbol{R}$ 为约束条件规定的可行域。若 $\boldsymbol{X}^{(0)}$ 是一个可行点，即 $\boldsymbol{X}^{(0)}\in\boldsymbol{R}$，对某一方向 $\boldsymbol{P}$，若存在一个 $\lambda_0>0$，对任意的 λ（$0\leqslant\lambda\leqslant\lambda_0$）式（4－42）

均成立，即

$$X^{(0)}+\lambda P\in R \tag{4-42}$$

则称 P 为 $X^{(0)}$ 处的一个可行方向。如果已知 $X^{(0)}$ 不是极值点，则能使 $f(X)$ 值下降的可行方向称为可行下降方向。将 $f(X)$ 在 $X^{(0)}$ 处作一阶泰勒级数展开

$$f(X)=f(X^{(0)}+\lambda P)\approx f(X^{(0)})+\lambda[\nabla f(X^{(0)})]^T P$$

欲使 $f(X)<f(X^{(0)})$，必须满足

$$[\nabla f(X^{(0)})]^T P<0 \tag{4-43}$$

满足式（4-43）的 P 即为下降方向。

某一个可行点 $X^{(0)}$，它总是满足所有的约束条件，但是如果从非极值点 $X^{(0)}$ 向目标函数值小的方向探索时，其可行方向受到不等式约束条件的不同制约作用。不等式约束条件的制约作用分为如下两种。

1. 非制约约束

非制约约束也称不起作用的约束或非主动约束。如果 $X^{(0)}$ 处于约束方程 $g_i(X)\geqslant 0$ 所形成的可行域内部，即 $g_i(X^{(0)})>0$，则 $X^{(0)}$ 的可行方向不受约束条件 $g_i(X)\geqslant 0$ 的制约作用［如图 4-11（a）所示］。

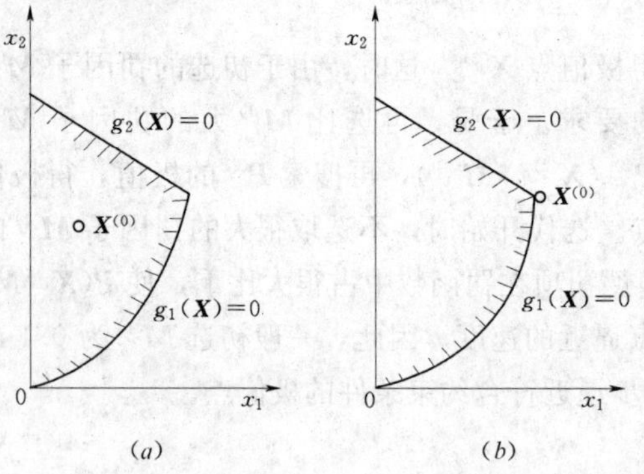

图 4-11　可行点 $X^{(0)}$ 位置图

（a）位于可行域内部；（b）位于可行域边界上

2. 制约约束

制约约束也称起作用的约束或主动约束。如果 $X^{(0)}$ 处于 $g_i(X^{(0)})\geqslant 0$ 形成的可行域边界上［图 4-11（b）所示］，即 $g_i(X^{(0)})=0$，$X^{(0)}$ 的可行方向将受到 $g_i(X)\geqslant 0$ 的限制。同样道理，等式约束对所有可行点均起制约约束作用。

设 $g_i(X)\geqslant 0$ 为 $X^{(0)}$ 点的制约约束，即 $X^{(0)}$ 位于可行域边界上，且 $X^{(0)}$ 不是极值点，则探索的方向 P 必须满足两个条件：其一是满足式（4-43），即使沿 P 的方向目标函数 $f(X)$ 的值下降；其二要使 P 的方向可行，即探索范围不能脱离可行域。在 $X^{(0)}$ 点，$g_i(X)$ 的梯度方向 $\nabla g_i(X^{(0)})$ 与 $g_i(X)=0$ 的切面相垂直，沿梯度方向 $g_i(X)$ 函数值增加最快，只要方向 P 与 $\nabla g_i(X^{(0)})$ 的夹角 $\theta<90°$，则

$$[\nabla g_i(X^{(0)})]^T P=\|\nabla g_i(X^{(0)})\|\|P\|\cos\theta>0 \tag{4-44}$$

说明 P 的方向可行。

（二）拉格朗日乘子法

如前所述，拉格朗日乘子法可以求解等式约束非线性规划问题。如果将不等式约束转化成等式约束，则拉格朗日乘子法也可用于不等式约束的非线性规划问题。

若不等式约束的形式是

$$g_i(X)\geqslant 0\quad (i=1,2,\cdots,l)$$

首先对每一个不等式定义一个实数松弛变量 θ_i，并得出

$$g_i(X)-\theta_i^2=0\quad (i=1,2,\cdots,l) \tag{4-45}$$

然后应用拉格朗日乘子法的原理，可得拉格朗日函数如下

$$L(\boldsymbol{X},\lambda,\theta) = f(\boldsymbol{X}) + \sum_{i=1}^{L}\lambda_i[g_i(\boldsymbol{X}) - \theta_i^2] \tag{4-46}$$

由此可得到驻点条件

$$\frac{\partial L}{\partial x_j} = \frac{\partial f}{\partial x_j} + \sum_{i=1}^{L}\lambda_i \frac{\partial g_i}{\partial x_j} = 0 \quad (j = 1,2,\cdots,n) \tag{4-47}$$

$$\frac{\partial L}{\partial \lambda_i} = g_i(\boldsymbol{X}) - \theta_i^2 = 0 \qquad (i = 1,2,\cdots,l) \tag{4-48}$$

$$\frac{\partial L}{\partial \theta_i} = -2\lambda_i\theta_i = 0 \qquad (i = 1,2,\cdots,l) \tag{4-49}$$

使得式（4-49）中$-2\lambda_i\theta_i=0$可以有三种情况：即$\lambda_i^*=0$，或$\theta_i^*=0$，或λ_i^*及θ_i^*均为0。

第一种情况：若$\lambda_i^*=0$，而$\theta_i^*\neq 0$，由式（4-48）知$g_i(\boldsymbol{X}^*)=(\theta_i^*)^2>0$，则约束条件$g_i(\boldsymbol{X})\geqslant 0$不起作用，即优化解并不因存在这个约束条件而有变化。例如，若所有λ_i^*均为$0(i=1,2,\cdots,l)$，则式（4-47）将会变成

$$\nabla f(\boldsymbol{X})=0$$

而这一结果是无约束优化解的必要条件，表明原题的优化解与没有这些约束条件时的优化解相同。换言之，这种情况的解不在边界上，而在可行域内部。

第二种情况：若$\theta_i^*=0$，而$\lambda_i^*\neq 0$，由式（4-48）知$g_i(\boldsymbol{X}^*)=0$，则优化解在第i个约束的边界上。因为$\lambda_i^*\neq 0$，则该题的解也不满足式$\nabla f(\boldsymbol{X}^*)=0$。

第三种情况：若$\theta_i^*=0$，同时$\lambda_i^*=0$，则$g_i(\boldsymbol{X}^*)=0$，优化解满足式$\nabla f(\boldsymbol{X}^*)=0$。这说明，这个无约束的优化解在边界上。下例说明如何求解不等式约束非线性规划问题。

【4-13】 某城市郊区拟修建农田排水暗管控制地下水位，要求在设计情况下地下水位埋深最小为0.4m。埋设暗管后，两管中间点地下水位埋深与暗管埋深H及间距D有关。设计情况下可以用$H-0.005D^2$计算，每亩工程投资$Z=(218.7+116.7H)/D$元。试确定每亩投资最少的暗管埋深H及间距D。

解　建立数学模型：

$$\left.\begin{aligned} &\text{目标函数} \quad \min Z=(218.7+116.7H)D^{-1} \\ &\text{约束条件} \quad H-0.005D^2\geqslant 0.4 \\ &\qquad D>0 \\ &\qquad H>0 \end{aligned}\right\} \tag{4-50}$$

将第一个约束变为$H-0.005D^2-\theta^2-0.4=0$，由此构成拉格朗日函数

$$L(H,D,\lambda,\theta)=(218.7+116.7H)D^{-1}+\lambda(H-0.005D^2-\theta^2-0.4)$$

$$\frac{\partial L}{\partial H}=116.7D^{-1}+\lambda=0$$

$$\frac{\partial L}{\partial D}=-(218.7+116.7H)D^{-2}-0.01\lambda D=0$$

$$\frac{\partial L}{\partial \lambda}=H-0.005D^2-\theta^2-0.4=0$$

$$\frac{\partial L}{\partial \theta}=2\lambda\theta=0$$

（1）设$\lambda=0$，$\theta\neq 0$，代入偏微分方程组，无解。

（2）设$\lambda\neq 0$，$\theta=0$，则有如下关系

$$116.7D^{-1}+\lambda=0$$

$$(218.7+116.7H)D^{-2}+0.01\lambda D=0$$
$$H-0.005D^2-0.4=0$$

联解三方程得

$$D^*=21.33, H^*=2.674, \lambda^*=-5.471$$
$$Z_{\min}=24.89$$

（三）库恩—塔克条件

库恩—塔克（Kuhn－Tucker，简称 K－T）条件是非线性规划领域中的重要理论成果之一。它适用于含有等式约束和不等式约束条件的一般非线性规划问题。库恩—塔克条件是极值点的必要条件，不是充分条件。但是对于凸规划问题，它不仅是必要条件，而且是充分条件。

下面以一个例子来说明库恩—塔克条件。设某非线性规划问题为：

目标函数　　$\min f(\boldsymbol{X})=(x_1-2)^2+(x_2-1)^2$

约束条件　　$g_1(\boldsymbol{X})=x_2-x_1^2\geqslant 0$

$g_2(\boldsymbol{X})=2-x_1-x_2\geqslant 0$

约束条件构成的可行域 $\boldsymbol{R}$ 和目标函数的等值线绘于图 4－12。用图解法可得：点（1，1）为极小点。以下将分析极值点应具有什么条件。

以点（1，1）为 $\boldsymbol{X}^{(0)}$，如果继续探索，必须从目标函数和约束条件两方面进行分析。如欲使目标函数值下降，其搜索方向与负梯度方向 $-\nabla f(\boldsymbol{X}^{(0)})$ 的夹角必须小于 90°。由于点（1，1）在可行域边界上，如果要满足约束条件，则搜索方向将受制约性约束条件 $g_1(\boldsymbol{X})\geqslant 0$ 和 $g_2(\boldsymbol{X})\geqslant 0$ 的限制。在 $\boldsymbol{X}^{(0)}$ 点，$\nabla g_i(\boldsymbol{X}^{(0)})$ 是函数 $g_i(\boldsymbol{X})$ 的值增加最快的方向，$-\nabla g_i(\boldsymbol{X}^{(0)})$ 是函数 $g_i(\boldsymbol{X})$ 的值减小最快的方向。如果搜索方向可行，它与 $\nabla g_1(\boldsymbol{X}^{(0)})$ 及 $\nabla g_2(\boldsymbol{X}^{(0)})$ 的夹角也必须小于 90°。由图 4－12 可知，$-\nabla f(\boldsymbol{X}^{(0)})$ 的方向位于 $-\nabla g_1(\boldsymbol{X}^{(0)})$ 和 $-\nabla g_2(\boldsymbol{X}^{(0)})$ 形成的夹角之内，显然不可能找到目标函数值下降的可行方向，即 $\boldsymbol{X}^{(0)}$ 为极值点。

由上述分析可知，极小点 $\boldsymbol{X}^*$ 存在的必要条件是：在 $\boldsymbol{X}^*$ 点处，目标函数的负梯度 $-\nabla f(\boldsymbol{X}^*)$ 处于制约性约束函数的负梯度 $-\nabla g_1(\boldsymbol{X}^*)$ 和 $-\nabla g_2(\boldsymbol{X}^*)$ 形成的凸锥之中。这就是说，$-\nabla f(\boldsymbol{X}^*)$ 可以用 $-\nabla g_1(\boldsymbol{X}^*)$ 和 $-\nabla g_2(\boldsymbol{X}^*)$ 的非负线性组合表示

$$-\nabla f(\boldsymbol{X}^*)=\lambda_1[-\nabla g_1(\boldsymbol{X}^*)]+\lambda_2[-\nabla g_2(\boldsymbol{X}^*)]$$
$$=-\lambda_1\nabla g_1(\boldsymbol{X}^*)-\lambda_2\nabla g_2(\boldsymbol{X}^*) \tag{4-51}$$

式中　λ_1，λ_2——非负线性组合系数，即 $\lambda_1\geqslant 0$，$\lambda_2\geqslant 0$。

线性组合图如图 4－13 所示。

将上述二维问题推广到 n 维空间，对于不等式约束非线性规划问题，其极小点 $\boldsymbol{X}^*$ 存在的必要条件是：$-\nabla f(\boldsymbol{X}^*)$ 必处在以 $\boldsymbol{X}^*$ 为顶点的 m 个制约约束函数负梯度形成的锥体之中，即 $-\nabla f(\boldsymbol{X}^*)$ 可由 $-\nabla g_i(\boldsymbol{X}^*)$（$i=1$，2，…，$m$）的非负线性组合来表示

$$-\nabla f(\boldsymbol{X}^*)=-\sum_{i=1}^{m}\lambda_i\nabla g_i(\boldsymbol{X}^*)$$

或

$$\nabla f(\boldsymbol{X}^*)-\sum_{i=1}^{m}\lambda_i\nabla g_i(\boldsymbol{X}^*)=0 \tag{4-52}$$

式中　λ_i——非负线性组合系数，$\lambda_i\geqslant 0$（$i=1$，2，…，m）。

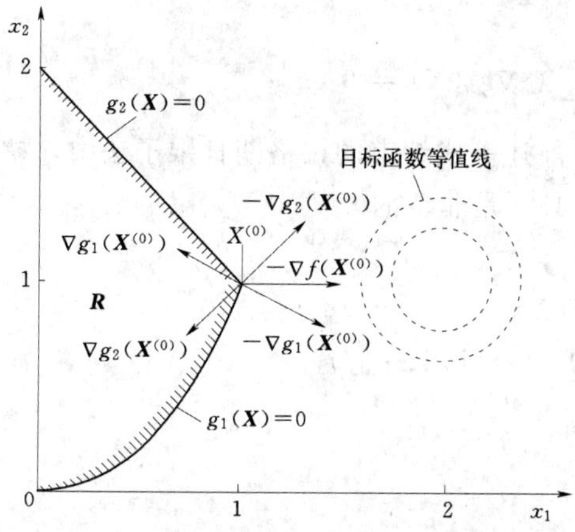

图 4-12 可行域 $\boldsymbol{R}$ 与目标函数等值线图

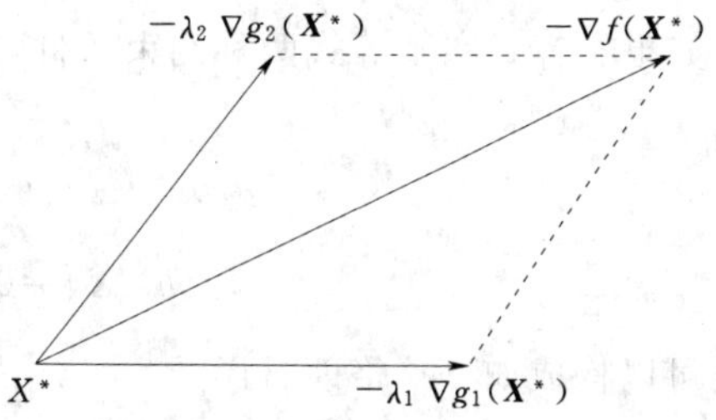

图 4-13 线性组合图

实际上，如果有 m 个不等式约束，它们一般并不都是制约约束，制约约束 $g_i(\boldsymbol{X}^*)=0$，它与 $\boldsymbol{X}^*$ 的关系如式（4-52）所示；非制约约束 $g_i(\boldsymbol{X}^*)>0$，它对 $\boldsymbol{X}^*$ 不起作用，即 $\boldsymbol{X}^*$ 不处于非制约约束的边界上。$\boldsymbol{X}^*$ 与非制约约束方程不存在式（4-52）所表示的约束关系。为了统一使用式（4-52）所表示的关系，对不起作用的约束条件，可以使 $\lambda_i=0$。综合两种约束情况，可一般地将约束条件写成

$$\left.\begin{array}{ll} g_i(\boldsymbol{X}^*)>0 & \lambda_i^*=0 \\ g_i(\boldsymbol{X}^*)=0 & \lambda_i^*\geqslant 0 \end{array}\right\} \tag{4-53}$$

将不等式约束非线性规划问题的极值条件写成

$$\left.\begin{array}{l} \nabla f(\boldsymbol{X}^*)-\sum\limits_{i=1}^{m}\lambda_i^*\ \nabla g_i(\boldsymbol{X}^*)=0 \\ \lambda_i^*\geqslant 0 \\ g_i(\boldsymbol{X}^*)>0 \quad \lambda_i^*=0 \\ g_i(\boldsymbol{X}^*)=0 \quad \lambda_i^*\geqslant 0 \end{array}\right\} \tag{4-54}$$

这就是著名的库恩—塔克条件。式（4-53）也可以合并写成

$$\lambda_i^*g_i(\boldsymbol{X}^*)=0 \tag{4-53'}$$

则库恩—塔克条件也作如下形式

$$\left.\begin{array}{l} \nabla f(\boldsymbol{X}^*)-\sum\limits_{i=1}^{m}\lambda_i^*\ \nabla g_i(\boldsymbol{X}^*)=0 \\ \lambda_i^*\geqslant 0 \\ \lambda_i^*g_i(\boldsymbol{X}^*)=0 \\ (i=1,2,\cdots,m) \end{array}\right\} \tag{4-55}$$

若对上述有 m 个不等式约束的非线性规划定义拉格朗日函数为

$$L(\boldsymbol{X},\lambda)=f(\boldsymbol{X})-\sum_{i=1}^{m}\lambda_i g_i(\boldsymbol{X}) \tag{4-56}$$

在极值点

$$\frac{\partial L}{\partial \boldsymbol{X}} = \nabla f(\boldsymbol{X}) - \sum_{i=1}^{m} \lambda_i \nabla g_i(\boldsymbol{X}) = 0$$

可见它与库恩—塔克条件的形式相似。但是在前述等式约束的拉格朗日乘子法中，拉格朗日乘子 λ 可正可负，而库恩—塔克条件中的 λ 必须是非负的。

如果有等式和不等式两种约束条件，即

$$\min f(\boldsymbol{X})$$

$$\text{约束于} \quad g_i(\boldsymbol{X}) \geqslant 0 \quad (i=1,2,\cdots,l)$$

$$h_i(\boldsymbol{X}) = 0 \quad (i=1,2,\cdots,m)$$

可以构成如下拉格朗日函数

$$L(\boldsymbol{X},\lambda,\mu) = f(\boldsymbol{X}) - \sum_{i=1}^{l} \lambda_i g_i(\boldsymbol{X}) - \sum_{i=1}^{m} \mu_i h_i(\boldsymbol{X}) \tag{4-57}$$

使用极值条件求解，即

$$\left.\begin{aligned} &\frac{\partial L}{\partial x_j} = 0 && (j=1,2,\cdots,n) \\ &\frac{\partial L}{\partial \mu_i} = 0 \text{ 即 } h_i(\boldsymbol{X}) = 0 && (i=1,2,\cdots,m) \end{aligned}\right\} \tag{4-58}$$

并满足

$$\left.\begin{aligned} &\lambda_i^* \geqslant 0 \\ &\lambda_i^* g_i(\boldsymbol{X}^*) = 0 \\ &g_i(\boldsymbol{X}^*) \geqslant 0 \\ &(i=1,2,\cdots,l) \end{aligned}\right\}$$

式中　μ_i——任意实数（$i=1, 2, \cdots, m$）。

具体解算时，首先构成拉格朗日函数 L，由式（4-58）形成 $n+m$ 个方程。然后以 $g_i(\boldsymbol{X})>0$ 时 $\lambda_i=0$ 和 $g_i(\boldsymbol{X})=0$ 时 $\lambda_i \geqslant 0$ 进行试算分析，满足这两个条件的 $\boldsymbol{X}$ 和 λ 即为 $\boldsymbol{X}^*$ 和 λ^*。下面以一个例题说明库恩—塔克条件的使用。

【例 4-14】 利用库恩—塔克条件求解［例 4-1］。

$$\left.\begin{aligned} &\text{目标函数} \quad \min f(\boldsymbol{X}) = 40x_1x_3^2 + 30x_1x_3 + 10x_1 + 300x_2 \\ &\text{约束于} \quad h = 3.125x_2 + x_1x_3 - 9.6875 = 0 \\ &\qquad g_1 = x_1 - 4 \geqslant 0 \\ &\qquad g_2 = x_2 - 1.5 \geqslant 0 \\ &\qquad g_3 = x_3 - 0.4 \geqslant 0 \end{aligned}\right\} \tag{4-59}$$

解　定义拉格朗日函数

$$\begin{aligned} L(\boldsymbol{X},\lambda,\mu) = {} & 40x_1x_3^2 + 30x_1x_3 + 10x_1 + 300x_2 - \lambda_1(x_1-4) - \lambda_2(x_2-1.5) \\ & - \lambda_3(x_3-0.4) - \mu(3.125x_2 + x_1x_3 - 9.6875) \end{aligned}$$

$$\left.\begin{aligned}\frac{\partial L}{\partial x_1}&=40x_3^2+30x_3+10-\lambda_1-\mu x_3=0\\\frac{\partial L}{\partial x_2}&=300-\lambda_2-3.125\mu=0\\\frac{\partial L}{\partial x_3}&=80x_1x_3+30x_1-\lambda_3-\mu x_1=0\\h&=3.125x_2+x_1x_3-9.6875=0\end{aligned}\right\}$$

设 $\lambda_1=0$，$\lambda_3=0$，$g_2=0$，解得

$$x_1=10,x_2=1.5,x_3=0.5,\mu=70,\lambda_2=81.25,g_1=6,g_3=0.1。$$

该解符合库恩—塔克条件

$$\lambda_i^*\geqslant 0,g_i(\boldsymbol{X}^*)\geqslant 0,\lambda_i^*g_i(\boldsymbol{X}^*)=0\qquad(i=1,2,3)$$

则这一结果即为原问题的最优点。即最优解为

$$x_1^*=10,x_2^*=1.5,x_3^*=0.5,f(\boldsymbol{X}^*)=800$$

读者可自行对另外五种可能组合求解，将会发现其结果不是无解就是不符合库恩—塔克条件。

（四）罚函数法

不等式约束非线性规划问题，也可以用罚函数法将原问题转化为无约束极值问题。设求解的问题为如下形式

目标函数 $\min f(\boldsymbol{X})$

约束条件 $g_i(\boldsymbol{X})\geqslant 0\quad(i=1,2,\cdots,m)$

罚函数法可以使用不同的罚函数表现形式，但是必须保证在满足约束条件时惩罚项为零。下面介绍内点法和外点法。

1. *内点法*

先根据原问题构成内点法的罚函数，然后从可行域 $\boldsymbol{R}$ 内某一初始点出发，逐步逼近最优点，每次的迭代点都保证在可行域 $\boldsymbol{R}$ 内。内点法的罚函数表达式为

$$\boldsymbol{P}(\boldsymbol{X},\boldsymbol{M}_k)=f(\boldsymbol{X})+\boldsymbol{M}_k\sum_{i=1}^{m}\frac{1}{g_i(\boldsymbol{X})}\tag{4-60}$$

所形成的新的优化问题是

$$\min_{\boldsymbol{X}\in\boldsymbol{R}}\boldsymbol{P}(\boldsymbol{X},\boldsymbol{M}_k)\tag{4-61}$$

式（4-60）中第二项为惩罚项，$\boldsymbol{M}_k$ 是一个非负的罚因子，当迭代点在可行域内离边界愈近时，$g_i(\boldsymbol{X})$ 值愈小，使惩罚项数值剧增，因此惩罚项在可行域边界设置了一道“围墙”，保证迭代在可行域内进行。随着迭代次数增加，罚函数逐渐接近原问题的最小值，使 $\boldsymbol{M}_k$ 逐渐减小，降低“围墙”作用。因此，即使原问题的最小解在边界上，最后也可以一定精度逼近最优点。为计算方便，惩罚项中 $\frac{1}{g_i(\boldsymbol{X})}$ 也可换成 $-\lg[g_i(\boldsymbol{X})]$ 或 $-\ln[g_i(\boldsymbol{X})]$。通过下例说明罚函数法的解算过程。

【例 4-15】 用内点法求解

$$\min f(\boldsymbol{X})=x_1^2+x_2^2\tag{4-62}$$

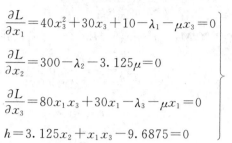

$$x_1 \geqslant 1$$

解　首先构成罚函数 $\boldsymbol{P}(\boldsymbol{X},\boldsymbol{M})=x_1^2+x_2^2-\boldsymbol{M}\ln(x_1-1)$，并根据驻点条件

$$\frac{\partial \boldsymbol{P}}{\partial x_1}=2x_1-\frac{\boldsymbol{M}}{x_1-1}=0$$

$$\frac{\partial \boldsymbol{P}}{\partial x_2}=2x_2=0$$

得

$$x_1=\frac{1}{2}\pm\sqrt{\frac{1}{4}+\frac{\boldsymbol{M}}{2}},x_2=0$$

x_1 的解中，若取 $x_1=1/2-\sqrt{1/4+\boldsymbol{M}/2}$，则 $x_1<1$，不符合约束条件。

取 $x_1=1/2+\sqrt{1/4+\boldsymbol{M}/2}$，令 $\boldsymbol{M}\to 0$，得

$$x_1^*=1,x_2^*=0,f(\boldsymbol{X}^*)=1$$

2. 外点法

此法是把可行域以外任意点选作初始点，逐步向满足约束条件的极值点逼近。罚函数可表达为

$$\boldsymbol{P}(\boldsymbol{X},\boldsymbol{M}_k)=f(\boldsymbol{X})+\boldsymbol{M}_k\sum_{i=1}^{m}\{\min[g_i(\boldsymbol{X}),0]\}^2 \tag{4-63}$$

所构成的新优化问题是

$$\min \boldsymbol{P}(\boldsymbol{X},\boldsymbol{M}_k) \quad \boldsymbol{X}\in \boldsymbol{E}^n \tag{4-64}$$

式（4-63）中第二项是惩罚项。显然，当满足约束条件时，$g_i(\boldsymbol{X})\geqslant 0$，此时惩罚项为零；不满足约束条件时，$g_i(\boldsymbol{X})<0$，惩罚项为 $\boldsymbol{M}_k\sum\limits_{i=1}^{m}[g_i(\boldsymbol{X})]^2>0$，此时惩罚项不为零。必须向极值点逼近，才能满足约束条件，则所求的点即为原优化问题的解。向优值点逼近时，开始 $\boldsymbol{M}_k$ 选较小的值，逐次加大，最后趋近∞。如果开始选取 $\boldsymbol{M}_k$ 过大，惩罚项在罚函数中占的权重过大，影响优值点搜索。如果约束条件包括等式约束 $h_i(\boldsymbol{X})=0$（$i=1，2，\cdots，l$），则在罚函数中再加一项

$$\boldsymbol{M}_k\sum_{i=1}^{l}[h_i(\boldsymbol{X})]^2$$

【例 4-16】 用外点法求解

$$\left.\begin{aligned} &\text{目标函数} && \min f(\boldsymbol{X})=x_1+x_2 \\ &\text{受约束于} && g_1(\boldsymbol{X})=-x_1^2+x_2\geqslant 0 \\ &&& g_2(\boldsymbol{X})=x_1\geqslant 0 \end{aligned}\right\} \tag{4-65}$$

解　首先构成罚函数

$$\boldsymbol{P}(\boldsymbol{X},\boldsymbol{M})=x_1+x_2+\boldsymbol{M}\{[\min 0,(-x_1^2+x_2)]^2+[\min(0,x_1)]^2\}$$

$$\frac{\partial \boldsymbol{P}}{\partial x_1}=1+2\boldsymbol{M}\{\min[0,(-x_1^2+x_2)(-2x_1)]\}+2\boldsymbol{M}[\min(0,x_1)]$$

$$\frac{\partial \boldsymbol{P}}{\partial x_2}=1+2\boldsymbol{M}\{\min[0,(-x_1^2+x_2)]\}$$

由于从可行域以外向最优点逼近，搜索点不符合约束条件，故有

$$-x_1^2+x_2<0, x_1<0$$

$$\frac{\partial \boldsymbol{P}}{\partial x_1}=\frac{\partial \boldsymbol{P}}{\partial x_2}=0$$

得

$$\begin{cases}1+2\boldsymbol{M}[(-x_1^2+x_2)(-2x_1)]+2\boldsymbol{M}x_1=0\\1+2\boldsymbol{M}(-x_1^2+x_2)=0\end{cases}$$

解得

$$x_1=-\frac{1}{2(1+\boldsymbol{M})}$$

$$x_2=\frac{1}{4(1+\boldsymbol{M})^2}-\frac{1}{2\boldsymbol{M}}$$

当 $\boldsymbol{M}$ 数值逐渐增大时，可见 $\boldsymbol{X}$ 逐渐向最优点靠近，如 $\boldsymbol{M}$ 分别为 1、2、3、4 时，$\boldsymbol{X}$ 分别为 $\left(-\frac{1}{4},\ -\frac{7}{16}\right)^T$、$\left(-\frac{1}{6}、-\frac{2}{9}\right)^T$、$\left(-\frac{1}{8}、-\frac{29}{192}\right)^T$、$\left(-\frac{1}{10}、\frac{23}{200}\right)^T$。当 $\boldsymbol{M}\to\infty$，最优点 $\boldsymbol{X}^*=(0,0)$，$f(\boldsymbol{X}^*)=0$。

内点法必须在可行域 $\boldsymbol{R}$ 内搜索，如果约束条件复杂，仅仅确定初始点就需要相当大的工作量，而且内点法对等式约束不能直接应用。外点法可以从可行域外任何一点开始，而且外点法也可用于非凸规划的最优化。但是外点法的惩罚项在可行域 $\boldsymbol{R}$ 的边界处不存在二阶偏导数，当转换成无约束极值问题以后，选择优化方法时受到限制。

（五）二次规划

若非线性规划的目标函数为自变量 $\boldsymbol{X}$ 的二次函数，约束条件又全是线性的，就称这种规划为二次规划。二次规划是非线性规划中比较简单的一类，它较容易求解。由于灌排工程中很多实际问题都可以表示成二次规划的模型，而且它和线性规划又有直接联系，因而在此专门加以介绍。

二次规划的数学模型可表述如下：

目标函数
$$\min f(\boldsymbol{X}) = \sum_{j=1}^{n} c_j x_j + \frac{1}{2}\sum_{j=1}^{n}\sum_{k=1}^{n} c_{jk}x_j x_k \tag{4-66}$$

$$c_{jk} = c_{kj}$$

约束条件
$$\sum_{j=1}^{n} a_{ij}x_j + b_i \geqslant 0 \tag{4-67}$$

$$x_j \geqslant 0 \tag{4-68}$$

$$(k=1,\ 2,\ \cdots,\ n;\ i=1,\ 2,\ \cdots,\ m;\ j=1,\ 2,\ \cdots,\ n)$$

式（4-66）右端的第二项为二次型。如果该二次型正定（或半正定），则目标函数为严格凸函数（或凸函数）；此外，二次规划的可行域为凸集。因而，上述规划属于凸规划（在极大化问题中，如果上述二次型为负定或半负定，则也属于凸规划）。前面已经指出：凸规划的局部极值即为其全局极值；对于凸规划问题来说，库恩—塔克条件不但是极值点存在的必要条件，而且也是充分条件。

将库恩—塔克条件式（4-55）中的第一个条件应用于上述二次规划式（4-66）～式（4-68），即可得到

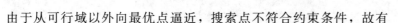

$$-\sum_{k=1}^{n}c_{jk}x_k+\sum_{i=1}^{m}a_{ij}\gamma_{n+1}+\gamma_j=c_j\quad(j=1,2,\cdots,n)\tag{4-69}$$

在式（4-67）中引入松弛变量 x_{n+i}，则式（4-67）变为（假定 $b_i\geqslant0$）

$$\sum_{j=1}^{n}a_{ij}x_j-x_{n+i}+b_i=0\quad(i=1,2,\cdots,m)\tag{4-70}$$

再将库恩—塔克条件中的第二个条件应用于上述二次规划，并考虑到式（4-70），得到

$$x_j\gamma_j=0\quad(j=1,2,\cdots,n+m)\tag{4-71}$$

此外还有

$$x_j\geqslant0,\gamma_j\geqslant0\quad(j=1,2,\cdots,n+m)\tag{4-72}$$

联立求解式（4-69）和式（4-70），如果得到的解也满足式（4-71）和式(4-72)，则这样的解就是原二次规划问题的解。但是，在式（4-69）中，c_j 既可为正，也可为负。为了便于求解，引入人工变量 Z_j（$Z_j\geqslant0$，其前面的符号可正可负），这样式（4-69）变成

$$\sum_{i=1}^{m}a_{ij}\gamma_{n+1}+\gamma_j-\sum_{k=1}^{n}c_{jk}x_k+\mathrm{sgn}(c_j)Z_j=c_j\quad(j=1,2,\cdots,n)\tag{4-73}$$

其中 sgn（c_j）为符号函数，即当 $c_j\geqslant0$ 时，sgn（c_j）$=1$；当 $c_j<0$ 时，sgn（c_j）$=-1$。由此，可以得到初始基本可行解如下

$$\begin{aligned}&Z_j=\mathrm{sgn}(c_j)c_j\quad(j=1,2,\cdots,n)\\&x_{n+i}=b_i\quad(i=1,2,\cdots,m)\\&x_j=0\quad(j=1,2,\cdots,n)\\&\gamma_j=0\quad(j=1,2,\cdots,n+m)\end{aligned}$$

但是，只有当人工变量 $Z_j=0$ 时，才能得到原问题的解。所以必须对上述问题进行修正，从而得到如下线性规划问题：

目标函数 $$\min f(Z)=\sum_{j=1}^{n}Z_j$$

约束条件
$$\left.\begin{aligned}&\sum_{i=1}^{m}a_{ij}\gamma_{n+1}+\gamma_j-\sum_{k=1}^{n}c_{jk}x_k+\mathrm{sgn}(c_j)Z_j=c_j\quad(j=1,2,\cdots,n)\\&\sum_{i=1}^{n}a_{ij}x_j-x_{n+i}+b_i=0\quad(i=1,2,\cdots,m)\\&x_j\geqslant0\quad(j=1,2,\cdots,n+m)\\&\gamma_j\geqslant0\quad(j=1,2,\cdots,n+m)\\&Z_j\geqslant0\quad(j=1,2,\cdots,n)\end{aligned}\right\}\tag{4-74}$$

该线性规划尚应满足式（4-71），即对于每一个 j，不能让 x_j 和 γ_j 同时为基变量(必须至少一个为0)。解线性规划式（4-74），若得到最优解

$$\{x_1^*,x_2^*,\cdots,x_{n+m}^*,\gamma_1^*,\gamma_2^*,\cdots,\gamma_{n+m}^*,Z_j=0\quad(j=1,2,\cdots,n)\}$$

则 $\{x_1^*,\ x_2^*,\ \cdots,\ x_n^*\}$ 就是原二次规划的最优解。

第四节　非线性规划问题的线性化

由以上各节所述可知，非线性规划目前尚没有通用算法。特别是具有不等式约束条件的非线性规划问题，无论用哪种方法求解都要经过多次分析、试算。因此，实际工作中往往通过线性化步骤求得其近似解。非线性问题线性化的方法很多，本书只介绍三种常用的方法：近似规划法、变量分割法和可分规划法。

一、近似规划法

这是一种用线性逼近法求解非线性约束条件下非线性规划问题的方法。该法首先将非线性函数在初始点转化为线性近似函数，然后按线性规划问题求解，得一近似解，再在此近似点将函数化为线性近似函数，仍按线性规划求解。如此下去，通过逐步逼近求得近似最优解。

设非线性规划问题为：

目标函数　$$\min f(\boldsymbol{X})$$

约束条件　$$g_i(\boldsymbol{X})\geqslant 0 \quad (i=1,2,\cdots,l)$$

$$h_i(\boldsymbol{X})=0 \quad (i=1,2,\cdots,m)$$

设 $\boldsymbol{X}^{(k)}$ 为上述非线性规划问题的一个可行点，将 $f(\boldsymbol{X})$、$g_i(\boldsymbol{X})$ 和 $h_i(\boldsymbol{X})$ 在 $\boldsymbol{X}^{(k)}$ 点按泰勒级数展开，略去二次以上各项得：

目标函数　$$\min \tilde{f}(\boldsymbol{X})=f(\boldsymbol{X}^{(k)})+[\nabla f(\boldsymbol{X}^{(k)})]^T(\boldsymbol{X}-\boldsymbol{X}^{(k)}) \tag{4-75}$$

约束条件　$$\tilde{g}_i(\boldsymbol{X})=g_i(\boldsymbol{X}^{(k)})+[\nabla g_i(\boldsymbol{X}^{(k)})]^T(\boldsymbol{X}-\boldsymbol{X}^{(k)})\geqslant 0 \tag{4-76}$$

$$(i=1,2,\cdots,l)$$

$$\tilde{h}_i(\boldsymbol{X})=h_i(\boldsymbol{X}^{(k)})+[\nabla h_i(\boldsymbol{X}^{(k)})]^T(\boldsymbol{X}-\boldsymbol{X}^{(k)})=0 \tag{4-77}$$

$$(i=1,2,\cdots,m)$$

这一组表达式中的函数均为决策变量 $\boldsymbol{X}$ 的一次函数式，符号“～”表示原问题的线性近似函数。由于线性近似通常只在近似点的附近才有效，因而须限制步长（$\boldsymbol{X}-\boldsymbol{X}^{(k)}$），故该法亦称小步长梯度法。限制步长的方法是增加约束条件

$$\delta_j^{(k)}-|x_j-x_j^{(k)}|\geqslant 0 \qquad (j=1,2,\cdots,n) \tag{4-78}$$

求解步骤为：在约束条件式（4-76）、式（4-77）和式（4-78）的限制下，按线性规划法求目标函数式（4-75）极值，便可得到下一个近似点 $\boldsymbol{X}^{(k+1)}$。如果新点 $\boldsymbol{X}^{(k+1)}$ 还是可行的，就在 $\boldsymbol{X}^{(k+1)}$ 作新的线性展开，并且可取用以前的步长限制 δ_j；如果 $\boldsymbol{X}^{(k+1)}$ 点不可行，就缩小 δ_j 值，重解原来的线性规划。如此继续下去，直至满足收敛标准为止。

步长限制值 δ_j 对优化计算的成功与否影响很大：如果 δ_j 值太小，则进展就会很慢；如果 δ_j 值太大，可能会越出可行域。实践证明：这个方法通常是收敛的，且不限于凸规划。但从一个近似点转移到另一个近似点时要重做线性近似，因而须解一个全新的线性规划问题。

【例 4-17】　用近似规划法求解非线性规划问题

$$\left.\begin{aligned} \min f(\boldsymbol{X}) &= x_1^2 + x_2^2 - 16x_1 - 10x_2 \\ \text{约束于} \quad g_1(\boldsymbol{X}) &= 11 - x_1^2 + 6x_1 - 4x_2 \geqslant 0 \\ g_2(\boldsymbol{X}) &= x_1 x_2 - 3x_2 - e^{(x_1-3)} + 1 \geqslant 0 \\ g_3(\boldsymbol{X}) &= x_1 \geqslant 0 \\ g_4(\boldsymbol{X}) &= x_2 \geqslant 0 \end{aligned}\right\} \quad (4-79)$$

解 根据近似规划法原理，可以

(1) 取初始可行点 $\boldsymbol{X}^{(0)}=(4,3)^T$，$f(\boldsymbol{X}^{(0)})=-69$。

(2) 将目标函数和约束函数在点 $\boldsymbol{X}^{(0)}$ 处按泰勒级数展开，得近似线性规划问题：

$$\begin{aligned} \min \tilde{f}(\boldsymbol{X}^{(0)}) &= -8x_1 - 4x_2 - 25 \\ \text{约束于} \quad \tilde{g}_1(\boldsymbol{X}^{(0)}) &= -2x_1 - 4x_2 + 27 \geqslant 0 \\ \tilde{g}_2(\boldsymbol{X}^{(0)}) &= 0.28x_1 + x_2 - 2.85 \geqslant 0 \\ \tilde{g}_3(\boldsymbol{X}^{(0)}) &= x_1 \geqslant 0 \\ \tilde{g}_4(\boldsymbol{X}^{(0)}) &= x_2 \geqslant 0 \end{aligned}$$

用单纯形法求解该线性规划问题得最优解 $\tilde{\boldsymbol{X}}^{(1)}=(13.5,\ 0)^T$。$\tilde{\boldsymbol{X}}^{(1)}$ 点对近似规划是可行的，但对原问题却不可行。为使其可行，建立约束条件

$$|x_i^{(1)} - x_i^{(0)}| \leqslant \delta_i^{(0)} \quad i=1,2$$

从 $\boldsymbol{X}^{(0)}=(4,\ 3)^T$ 到 $\tilde{\boldsymbol{X}}^{(1)}=(13.5,\ 0)^T$ 时 x_1 增大，x_2 减小，任取 $\delta_1^{(0)}=\delta_2^{(0)}=0.5$，从而得到

$$\boldsymbol{X}^{(1)}=(4+0.5,3-0.5)^T=(4.5,2.5)^T$$

$\boldsymbol{X}^{(1)}$ 点在可行域内，是可行的。此时 $f(\boldsymbol{X}^{(1)})=-70.5<-69$，有所改善。

(3) 再在 $\boldsymbol{X}^{(1)}=(4.5,2.5)^T$ 作线性展开，得：

$$\begin{aligned} \min \tilde{f}(\boldsymbol{X}^{(1)}) &= -7x_1 - 5x_2 - 26.5 \\ \text{约束于} \quad \tilde{g}_1(\boldsymbol{X}^{(1)}) &= 31.25 - 3x_1 - 4x_2 \geqslant 0 \\ \tilde{g}_2(\boldsymbol{X}^{(1)}) &= 5.44 - 1.98x_1 + 1.5x_2 \geqslant 0 \\ \tilde{g}_3(\boldsymbol{X}^{(1)}) &= x_1 \geqslant 0 \\ \tilde{g}_4(\boldsymbol{X}^{(1)}) &= x_2 \geqslant 0 \end{aligned}$$

先不限制步长，解此线性规划，得最优解 $\boldsymbol{X}^{(2)}=(5.53,\ 3.67)^T$。这一点对原问题不可行，故须限制步长。由 $\boldsymbol{X}^{(1)}$ 与 $\tilde{\boldsymbol{X}}^{(2)}$ 对比可知，应使 x_1，x_2 都增大。取 $\delta_1^{(1)}=0.4$，$\delta_2^{(1)}=0.4$，得 $\boldsymbol{X}^{(2)}=(4.9,2.9)^T$。此 $\boldsymbol{X}^{(2)}$ 点在可行域内，$f(\boldsymbol{X}^{(2)})=-74.98<-70.5$。

(4) 再在点 $\boldsymbol{X}^{(2)}=(4.9,2.9)^T$ 处作线性展开，重复上述步骤，继续迭代。随着迭代进行，近似点一步步逼近最优点，步长限制也不断缩小，直到 $\delta^{(k)}\leqslant\varepsilon$（$\varepsilon$ 为一充分小的数），满足收敛准则为止。最后一次迭代的最优解即原问题的近似最优解。

二、变量分割法

变量分割法是非线性问题线性化的一种常见方法。这一方法主要是将原变量分割成若

干个新的变量，这一分割过程也就是非线性函数线性化的过程。该法思路比较简单，概念比较明确，容易掌握使用。

如果一个数学规划问题中的非线性函数可以用分段线性函数近似代替，如图 4-14 中的曲线$\widehat{abcd}$由折线 $abcd$ 代替，则有可能将整个非线性规划问题变换为线性规划。然后应用单纯形法求得一个最优解，这个解就是原问题的近似最优解。如果原问题是凸规划问题，这个解就是全局最优解。

现假设某问题的约束条件是线性的，而目标函数 $f(\boldsymbol{X})=f(x_1,x_2,\cdots,x_n)$ 是一个非线性的可微函数。我们已知一个单变量的连续函数总可由分段线性函数来近似（图 4-14）。如果多变量函数 $f(x_1, x_2, \cdots, x_n)$ 可以分成 n 个单变量函数之和，即

$$f(x_1,x_2,\cdots,x_n)=f_1(x_1)+f_2(x_2)+\cdots+f_n(x_n) \tag{4-80}$$

则称 $f(\boldsymbol{X})$ 是可分的。分段线性近似的方法可以应用于可分函数中每一项 $f_j(X_j)(j=1,2,\cdots,n)$。一般来说，内插点取得愈密，近似程度愈高。

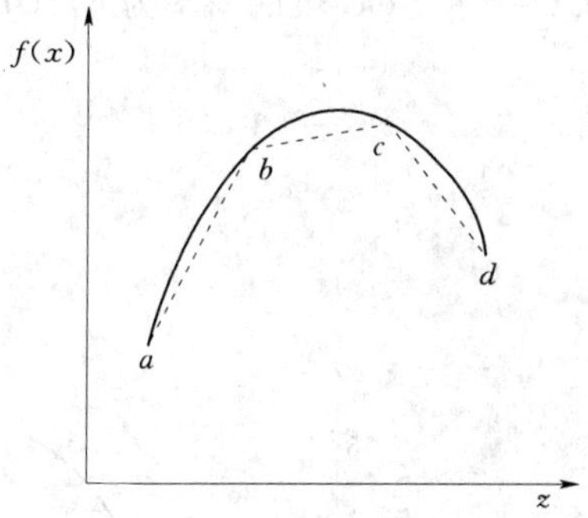

图 4-14　非线性函数线性化示意图

在各单变量非线性函数用分段线性函数近似表示之后，对原规划问题建立线性规划模型，然后用单纯形法求解，得原问题的近似解。

下面用一算例说明这一方法的内容和步骤。

【**例 4-18**】设一非线性规划问题，其数学模型为

$$\left.\begin{array}{ll}\text{目标函数} & \max f(\boldsymbol{X})=8x_1-x_1^2+10x_2-2x_2^2 \\ \text{约束条件} & x_1+x_2\leqslant 5 \\ & x_1+2x_2\leqslant 8 \\ & x_1,x_2\geqslant 0\end{array}\right\} \tag{4-81}$$

解　利用变量分割法：

(1) 将目标函数分成两个单变量函数，即

$$f_1(x_1)=8x_1-x_1^2$$

$$f_2(x_2)=10x_2-2x_2^2$$

(2) 用分段线性函数对 $f_1(x_1)$，$f_2(x_2)$ 作出近似：

1) $f_1(x_1)$线性化。由约束条件可以看出：非负变量 x_1 不能大于 5，因此可在 $f_1(x_1)$ 曲线上取（0，0）和（5，15）两点为边界点，并在其间取插值，设（3，15）为内插点。这样就可以用一个分段线性函数 $\tilde{f}_1(x_1)$ 来近似 $f_1(x_1)$，如图 4-15（a）中虚线 OAB 所示。

由图 4-15（a）可知，当 $0\leqslant x_1\leqslant 3$ 时，线段 OA 的斜率是 5，当 $3\leqslant x_1\leqslant 5$ 时，线段 AB 斜率是 0。

为了用线性规划来表达这个近似，可将 x_1 分割成两个非负变量 u_1 和 u_2，它们分别与线段 OA 及 AB 相对应。于是，得到

$$x_1=u_1+u_2$$
$$0\leqslant u_1\leqslant 3$$
$$0\leqslant u_2\leqslant 2(=5-3)$$
$$\tilde{f}_1=5u_1+0u_2$$

2）$f_2(x_2)$线性化。综合考虑第1、第2两个约束条件可以看出：x_2 不能大于4，因此可在 $f_2(x_2)$曲线上取（0，0）、（2，12）和（4，8）三个点，如图4-15（*b*）中虚线 *OCD* 所示。*OC* 段的斜率为6，*CD* 段的斜率为-2，用两个非负变量 v_1 和 v_2 代替 x_2，得

$$x_2=v_1+v_2$$
$$0\leqslant v_1\leqslant 2$$
$$0\leqslant v_2\leqslant 2(=4-2)$$
$$\tilde{f}_2=6v_1-2v_2$$

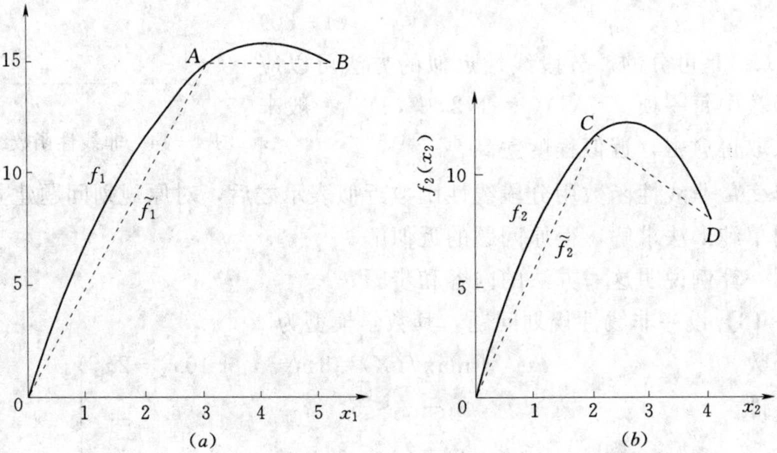

图4-15　非线性函数线性化

（*a*）$f_1(x_1)$函数；（*b*）$f_2(x_2)$函数

（3）将线性近似式 $\tilde{f}_1$ 和 $\tilde{f}_2$ 的表达式代入原问题的目标函数，x_1 和 x_2 的表达式代入原问题的约束条件，将分割后的变量上、下界增加到不等式约束条件中去，删去 $x_1\geqslant 0$ 和 $x_2\geqslant 0$（因为变换后的线性规划问题中不存在变量 x_1，x_2），于是可得

$$\max\tilde{f}=5u_1+0u_2+6v_1-2v_2$$

约束于　$u_1+u_2+v_1+v_2\leqslant 5$

$$u_1+u_2+2v_1+2v_2\leqslant 8$$
$$u_1\leqslant 3$$
$$u_2\leqslant 2$$
$$v_1\leqslant 2$$
$$v_2\leqslant 2$$
$$u_1,u_2,v_1,v_2\geqslant 0$$

这就是变量分割后的近似线性规划问题，可以用单纯形法求解。这一问题的最优解是

$$u_1^*=3,u_2^*=0,v_1^*=2,v_2^*=0,\tilde{f}^*=27$$

(4) 将线性规划问题的最优解还原为原问题的解：$x_1^*=3$，$x_2^*=2$；$f^*=27$，这就是原非线性规划问题的一个近似解。

在一般情况下，增加插值点的个数能够改善近似程度，提高解的精度，但同时要付出更多的计算工作量和计算机时，因为分割变量和约束的数目随所选点的数目成比例地增长。

这里必须注意，为使 $f_1=5u_1+0u_2$ 表示图 4-15 (a) 所示的近似，在 u_1 未达最大值 3 时，u_2 应为零。取 $u_1<3$ 和 $u_2>0$ 的解将不是分段线性函数上的点，这就要求

$$(u_1,u_2)=\begin{cases}(x_1,0) & 对于\ 0\leqslant x_1\leqslant 3\\(3,x_1-3) & 对于\ 3\leqslant x_1\leqslant 5\end{cases}$$

对于 (v_1，v_2) 也应有类似的限制。这种表达方式没有列入近似线性规划的约束条件中，是因为它不适宜引入线性规划模型。因此，用变量分割法解决非线性规划线性化的问题是有局限性的，因为不能保证线性规划的解遵守这些要求。求极大值时，只有目标函数是凹的才有这样的保证。如上例所示，由于 $f_1(x_1)$是凹函数，相应线段的斜率随着 x_1 的增大而减小，即 $\tilde{f}_1(x_1)$中 u_1 的系数大于 u_2 的系数，于是单纯形程序将自动地在基底内取更有利的 u_1，当 u_1 小于它的上界时，u_2 将始终为零。对于 v_1 和 v_2 也有类似的情况，即单纯形程序将自动地在基底内取更有利的 v_1，当 v_1 小于它的上界时，v_2 始终为零。显然这个结论对于分割变量的个数为任意值时都是成立的，同时上述道理同样适用于目标函数为凸函数求极小值的情况。

总之，变量分割法可以应用于线性约束下变量可分离的凹函数极大化问题，或凸函数极小化问题，即凸规划问题。对于解算结果不满足类似上述 u_1 和 u_2 取值要求的非凸规划问题，要进行逐步检验和剔除的办法，多次解算线性规划。

三、可分规划法

可分规划法是另一种使非线性问题线性化的方法，它也是用来求解目标函数和约束条件都是可分的非线性规划问题的一种近似方法。该法和变量分割法相类似，首先将目标函数和约束条件中的非线性函数项用线性函数近似，从而将非线性规划问题变换为线性规划问题；然后用线性规划的单纯形法求得其近似解。但须注意，可分规划法表示线性近似函数的方法与变量分割法不同。

首先研究每个单变量非线性函数如何用一个线性函数近似。

设 $f(x)$ 为定义在区间 [a，b] 上的单变量函数（图 4-16）；$a_k(k=1，2，\cdots，K)$ 为 x 轴上第 k 个分割点，且 $a_1<a_2<\cdots<a_k$，a_1、a_k 分别与端点 a、b 重合。由于曲线上任一点的坐标可以用其上若干点坐标的线性组合（又称凸组合）来近似表示，所以 x 和 $f(x)$可以作如下近似

$$x\approx\sum_{k=1}^{K}(a_k t_k) \tag{4-82}$$

$$f(x)\approx\sum_{k=1}^{K}[f(a_k)t_k]\quad(k=1,2,\cdots,K) \tag{4-83}$$

式中　t_k——与第 k 个分割点有关的非负权重。

由于 a_k 为给定值，$f(a_k)$ 也相应确定，只有 t_k 为未知量，所以将式（4-82）、式(4-83)表示的 x 和 $f(x)$ 代回原问题时，以 x 为变量的非线性函数变成以新变量 t_k 表示的线性函数。由加权概念可知：t_k 为小于 1 的非负数，且所有 t_k 总和为 1。即

$$\sum_{k=1}^{K} t_k = 1 \tag{4-84}$$

$$0 \leqslant t_k \leqslant 1 \quad (k=1,2,\cdots,K) \tag{4-85}$$

分割点可以等距，也可以不等距。一般来说，近似的精度将随分割点数增加而提高。

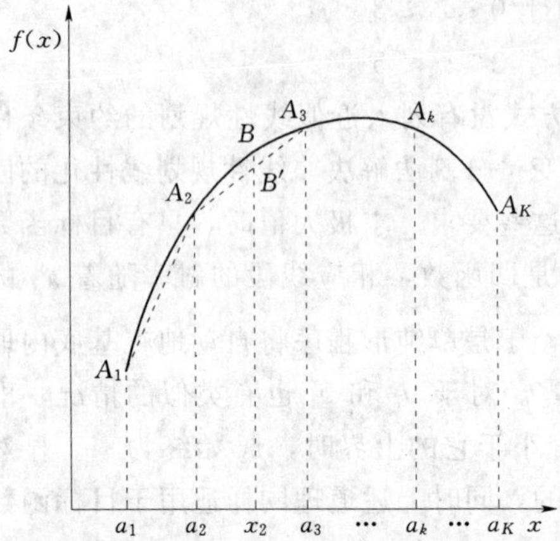

图 4-16　非线性函数线性近似

由图 4-16 可以看出，用相邻两个分割点的线性组合来近似表示其间任一点 x_i，其函数值必定在这两点间连线上（如图 4-16 中 B'点在线段 A_2A_3 上），和具有真正函数值 $f(x_i)$ 的 B 点最为接近，比其他任何两点或多点的组合精度都高。为了保证精度，t_k 要满足两个限制条件：其一是在一个线性组合式中至多有两个 t_k 非负；其二是两个非负 t_k 值必须相邻。然而这两个条件常常不能包括在约束条件中，因此在用单纯形法求解非凸规划问题时，要有一个解算、检查、剔除和再解算的过程。

下面通过例题具体说明其计算方法和步骤。

【例 4-19】 仍以［例 4-18］给出的问题为例，说明可分规划法的计算方法。

解　按照可分规划法，对原问题进行近似计算：

(1) 由于原问题中约束条件是线性的，所以仅需要将目标函数分为两个单变量函数之和

$$f(x_1,x_2)=f_1(x_1)+f_2(x_2)$$

$$f_1(x_1)=8x_1-x_1^2$$

$$f_2(x_2)=10x_2-2x_2^2$$

(2) 将 $f_1(x_1)$ 和 $f_2(x_2)$ 线性化。

在函数 $f_1(x_1)$ 和 $f_2(x_2)$ 上各取 3 个分割点，变量及函数值如下

x_1：	0	3	5
$f_1(x_1)$：	0	15	15
x_2：	0	2	4
$f_2(x_2)$：	0	12	8

在所取分割点基础上，作出近似的分段线性函数 $\tilde{f}_1(x_1)$ 和 $\tilde{f}_2(x_2)$。

$\tilde{f}_1(x_1)$ 上任一点可以表示为所取三个点的一个线性组合

$$x_1=0t_{11}+3t_{12}+5t_{13} \tag{4-82a}$$

$$\tilde{f}_1=0t_{11}+15t_{12}+15t_{13}$$

$$t_{11}+t_{12}+t_{13}=1$$

$$t_{11}, t_{12}, t_{13} \geqslant 0$$

同理，$f_2(x_2)$ 上的任一点也可以表示为所取三个点的线性组合

$$x_2 = 0t_{21} + 2t_{22} + 4t_{23} \tag{4-82b}$$

$$\tilde{f}_2 = 0t_{21} + 12t_{22} + 8t_{23}$$

$$t_{21} + t_{22} + t_{23} = 1$$

$$t_{21}, t_{22}, t_{23} \geqslant 0$$

将式（4-82a）及式（4-82b）代入原约束条件，而原目标函数用它的近似式 $\tilde{f} = \tilde{f}_1 + \tilde{f}_2$ 来代替，则可得到由上述 6 个新变量 t_{ij}（$i=1$，2；$j=1$，2，3）组成的线性规划问题：

目标函数 $\max \tilde{f} = 0t_{11} + 15t_{12} + 15t_{13} + 0t_{21} + 12t_{22} + 8t_{23}$

约束条件 $0t_{11} + 3t_{12} + 5t_{13} + 0t_{21} + 2t_{22} + 4t_{23} \leqslant 5$

$$0t_{11} + 3t_{12} + 5t_{13} + 0t_{21} + 4t_{22} + 8t_{23} \leqslant 8$$

$$t_{11} + t_{12} + t_{13} = 1$$

$$t_{21} + t_{22} + t_{23} = 1$$

$$t_{11}, t_{12}, t_{13}, t_{21}, t_{22}, t_{23} \geqslant 0$$

（3）用单纯形法求解这一线性规划问题，得最优解

$$t_{11}^* = 0, t_{12}^* = 1, t_{13}^* = 0, t_{21}^* = 0, t_{22}^* = 1, t_{23}^* = 0, \widetilde{f^*} = 27$$

（4）将最优解中的新变量 t_{jk}^* 代入式（4-82a）及式（4-82b），便得原问题的近似解

$$x_1 = 3, x_2 = 2, f^* = 27$$

该近似解与变量分割法所得结果完全一致。

使用可分规划法时，应注意到约束条件是不完善的。以 $\tilde{f}_1$ 为例，如果在一个解中，t_{11}、t_{12} 和 t_{13} 都大于 0，表示此点是图 4-15（*a*）中三角形 *OAB* 的一个内点；若 $t_{11} > 0$，$t_{12} = 0$，$t_{13} > 0$，表明此点是 *OB* 线上一个点，这两种情况都不应属于最优解的范围。为使线性规划问题的解是近似函数 $\tilde{f}_1$（折线 *OAB*）上的一个点，只能出现于两种情况之一，即只有一个新变量为正值；或者两个相邻的新变量为正值。也就是说，只能出现 t_{11} 和 t_{12} 非负，或 t_{12} 和 t_{13} 非负。这一要求同样适用于 $\tilde{f}_2$。

本例属凸规划问题，目标函数是凹函数求极大值，在求解线性规划问题时可自动满足上述要求，而且求得的解是全局最优解。对于目标函数和约束条件中都有非线性函数的问题，也可用可分规划法推求其近似解，当然求解过程更为复杂。

第五节 应 用 实 例

一、灌区地面水和地下水联合运用最优规划

现需对某灌区制订地面水和地下水联合运用最优规划。

(一) 规划任务及基本资料

该灌区设计灌溉面积50万亩，由地面水库及地下水库联合供水。年初预测地面水库来水量、地下水的天然补给量以及年内单位面积灌溉需水量如表4-4所示。3月底地面水库有效蓄水量为5000万m^3，有效地下水储量为9240万m^3。灌区多年统计和试验资料表明，灌溉水量不同，增产效益也不同，折算成产值的灌溉增产关系曲线如图4-17所示。地面水库灌溉时，水的利用系数为0.55，水库供水量有30%补给地下水，地下水抽水量的有效利用系数为0.98。现拟确定增产效率最大的配水方案（其他有关数据在解题过程中给出）。

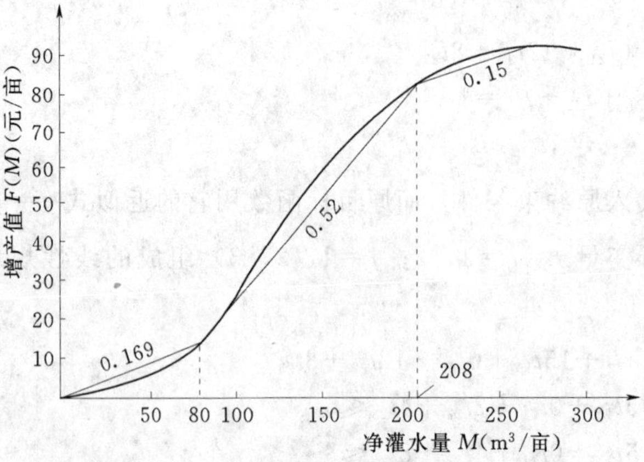

图4-17　灌溉水量与增产关系曲线

表4-4　　水库来水量和灌区需水量

月　份	4	5	6	7	8	9	10	11	12	1	2	3
地面水库来水量 I（万m^3）	432	270	263	902	1109	535	438	398	308	170	139	205
地下水天然补给 G（万m^3）	205	120	1277	810	370	125	250	240	80	55	70	55
灌溉需水量 R（m^3/亩）	17	54	52	32	5	0	40	0	24	0	0	45

(二) 数学模型

1. 目标函数

按年内净增产效益最大为目标。为计算方便，不考虑年内各种不变费用的支出，同时，为便于理解计算技术、减小数学模型的规模，采用较少的计算时段，以4～6月和7～9月及10～3月为1、2、3时段。

目标函数

$$\left.\begin{aligned}&\max \text{净增产效益 } f = \text{灌溉增产值 } Z - \text{灌溉农业管理费 } C_1 - \text{抽水费 } C_2\\&Z = F(\boldsymbol{M})\omega\\&C_1 = A\left(\eta_1\sum_i m_{1i} + \eta_2\sum_i m_{2i}\right)\omega\\&C_2 = B\times 27.2\times 10^{-4}\times\sum_i (m_{2i}\times H_i)\frac{\omega}{\eta}\end{aligned}\right\}\qquad(4-86)$$

式中　F——单位灌溉面积增产值，与净灌水量M有关，见图4-17，万元/万亩；

ω——灌溉面积，万亩；

A——每单位净灌溉用水量需增加的肥料及其他农业费用0.15，万元/万m^3；

η_1，η_2——地面水及地下水灌溉的有效利用系数，本题分别取 0.55 和 0.98；

m_{1i}，m_{2i}——第 i 时段地面水库供水量及地下水库供水量，万 m^3/万亩；

B——电能单价 0.06 万元/(万 kW·h)；

η——抽水装置总效率，本题取 0.55；

H_i——时段 i 平均抽水扬程，由于抽水电费所占比例小，本题各时段平均以 10m 计算，m。

各数据代入目标函数式（4-86）得

$$\max f = F(M)\omega - 0.0825\omega\sum_i m_{1i} - 0.15\omega\sum_i m_{2i}$$

2. 约束条件

(1) 地面水库供水量限制。任何时段水库供水量与水库损失水量及蓄水增量之和不能超过时段内的水库来水量，即

$$m_{1i}\omega + V_i - V_{i-1} + \xi_i \times \frac{1}{2}(V_i + V_{i-1}) \leqslant I_i \quad \forall i$$

或
$$m_{1i}\omega + (1+0.5\xi_i)V_i - (1-0.5\xi_i)V_{i-1} \leqslant I_i \quad \forall i \tag{4-87}$$

式中 V_i，V_{i-1}——第 i 时段末及时段初水库蓄水量，万 m^3；

ξ_i——时段 i 水库水量损失率，本题三个时段分别为 0.04、0.04、0.06；

I_i——时间 i 水库来水量，万 m^3，见表 4-4。

(2) 地下水库供水量限制。任何时段地下水库供（抽）水量与储水量增值之和不得大于时段天然补给与地面灌溉补给量之和，即

$$m_{2i}\omega + U_i - U_{i-1} \leqslant G_i + 0.3m_{1i}\omega \quad \forall i$$

或
$$m_{2i}\omega - 0.3m_{1i}\omega + U_i - U_{i-1} \leqslant G_i \quad \forall i \tag{4-88}$$

式中 U_i，U_{i-1}——第 i 时段末及时段初地下储水量，万 m^3；

G_i——时段 i 地下水天然补给量，万 m^3，见表 4-4。

(3) 最大需水量的限制。任何时段总的净供水量不应大于作物需水量 R_i（需水量见表 4-4），即

$$0.55m_{1i} + 0.98m_{2i} \leqslant R_i \quad \forall i \tag{4-89}$$

(4) 地面水库防洪限制。汛期内水库蓄水量不能超过防洪限制库容，本题为

$$V_i \leqslant 9267(i=1,2) \quad \forall i \tag{4-90}$$

(5) 地下水库蓄水量限制。地下水位过高，将产生强烈的地下水蒸发损失，认为地表以下 2m 以内的蓄水全部损失。蓄水量不能超过地下水埋深 2m 时的地下库容 11550 万 m^3，即

$$U_i \leqslant 11550 \quad \forall i \tag{4-91}$$

(6) 年际水量调节限制。本年度属于旱年份，允许动用前一年地面及地下水库的蓄水量，但不得超过一定数量的限制。已知 3 月底地面水库和地下水库的蓄水量分别为 5000 万 m^3 和 9240 万 m^3，本题规定计算年度内的蓄水量减少值分别不得大于 1000 万 m^3 及 770 万 m^3，即

$$V_3 \geqslant 4000 \tag{4-92}$$

$$U_3 \geqslant 8470 \tag{4-93}$$

将有关参数代入并整理，得到如下的非线性规划数学模型

$$\left.\begin{aligned}
&\max f = F\left(0.55 \times \sum_{i=1}^{3} m_{1i} + 0.98 \times \sum_{i=1}^{3} m_{2i}\right)\omega \\
&-0.0825\omega \times \sum_{i=1}^{3} m_{1i} - 0.15\omega \times \sum_{i=1}^{3} m_{2i} \\
&\omega m_{11} + 1.02V_1 \leqslant 5865 \\
&\omega m_{12} + 1.02V_2 - 0.98V_1 \leqslant 2546 \\
&\omega m_{13} + 1.03V_3 - 0.97V_2 \leqslant 1658 \\
&\omega m_{21} - 0.3\omega m_{11} + U_1 \leqslant 10842 \\
&\omega m_{22} - 0.3\omega m_{12} + U_2 - U_1 \leqslant 1305 \\
&\omega m_{23} - 0.3\omega m_{13} + U_3 - U_2 \leqslant 750 \\
&0.55m_{11} + 0.98m_{21} \leqslant 123 \\
&0.55m_{12} + 0.98m_{22} \leqslant 37 \\
&0.55m_{13} + 0.98m_{23} \leqslant 109 \\
&V_1 \leqslant 9267 \\
&V_2 \leqslant 9267 \\
&U_1 \leqslant 11550 \\
&U_2 \leqslant 11550 \\
&U_3 \leqslant 11550 \\
&V_3 \geqslant 4000 \\
&U_3 \geqslant 8470 \\
&\text{决策变量非负}
\end{aligned}\right\} \quad (4-94)$$

（三）解算方法

上述数学模型是非线性规划问题，并且目标函数及约束条件中均包含不能分离变量的函数项，如 $F(M)\omega$ 及 $m\omega$，使非线性规划线性化的技术受到限制。现采用 ω 变量的一维搜索技术，即假定 ω 为常数，则原问题变成线性约束，但目标函数仍为供水量的非线性函数。进而对非线性函数 $F(M)$ 采用变量分割的办法，以 M 为 80 和 208 两点将函数曲线近似成三段直线（图 4－17），每段斜率分别为 0.169、0.52、0.15。显然 $F(M)$ 为非凹函数，线性化后的问题仍非凸规划，不能保证在 ω 一定时只进行一次线性规划求得最优解，必须经过“解算、检查、剔除、再解算”的过程。根据上述分析，确定采用下述解算步骤：

（1）假定 ω 为某一固定值，对 $M\leqslant 80$ 的情况进行一次线性规划求解，可采用单纯形法，这时 $F(M) = 0.169(0.55\sum_{i=1}^{3} m_{1i} + 0.98\sum_{i=1}^{3} m_{2i})$，式（4－94）的目标函数为

$$\max f = 0.01045\omega\sum_{i=1}^{3} m_{1i} + 0.01562\omega\sum_{i=1}^{3} m_{2i}$$

约束条件中增加

$$0.55(m_{11}+m_{12}+m_{13})+0.98(m_{21}+m_{22}+m_{23})\leqslant 80$$

解算结果如果 $M<80$，则此解为全局最优解；如果 $M=80$，说明增加 M 有改善目标函数值的可能，再对 $M\geqslant 80$ 作一次线性规划求解。当 $M>80$ 时，目标函数为凹函数，可以再按变量分割法求解。但是，注意到原目标函数中当 $M>208$ 时 $F(M)$ 的斜率为 0.15，

如果将其引入目标函数，m_{1i}和m_{2i}的效益系数分别为0和－0.003，目标函数将会减少。故第二次线性规划时可只对$80 \leqslant M \leqslant 208$进行，也就是只对第二段直线作线性规划求解。其目标函数变为

$$\max f = 0.2035\omega \sum_{i=1}^{3} m_{1i} + 0.3596\omega \sum_{i=1}^{3} m_{2i} - 80(0.52 - 0.169)\omega$$

$$= 0.2035\omega \sum_{i=1}^{3} m_{1i} + 0.3596 \sum_{i=1}^{3} m_{2i} - 28.08\omega$$

增加约束条件

$$0.55 \sum_{i=1}^{3} m_{1i} + 0.98 \sum_{i=1}^{3} m_{2i} \geqslant 80$$

$$0.55 \sum_{i=1}^{3} m_{1i} + 0.98 \sum_{i=1}^{3} m_{2i} \leqslant 208$$

例如$\omega=35$，对$M \leqslant 80$求解线性规划得$f'_{\max}=53.2$，$M=0.55\times145.454=80$。再作第二次线性规划得$f'_{\max}=1700$。

(2) 再设ω值求最优解。根据前后两次与ω值相对应的$f'_{\max}$值的变化情况，再设ω值求解线性规划，直到找得对全部决策变量的全局最优解。

本题解算结果为：$f^*_{\max}=2157.2$，$\omega^*=44.5$，$m^*_{11}=130.79$，$m^*_{12}=0$，$m^*_{13}=0$，$m^*_{21}=52.11$，$m^*_{22}=0.55$，$m^*_{23}=86.08$，$V^*_1=43.78$，$V^*_2=2538.14$，$V^*_3=4000$，$U^*_1=11461.76$，$U^*_2=11550$，$U^*_3=8470$。

二、平原圩区除涝排水系统最优规划

现需对某滨海圩区进行除涝排水最优规划。

（一）基本资料与规划任务

该圩区总面积$F=100\text{km}^2$，地面高程接近平均潮位，为易涝地区。除涝措施有河道（网）和排水闸自排，河、湖蓄涝，泵站抽排，高地截流沟自排。各项措施共同承担除涝任务，除涝排水系统如图4-18所示。除涝标准为10年一遇一日暴雨三日排出，除涝规划的任务是确定各项工程的最优规模和合理布局。有关资料列于表4-5。

（二）数学模型

1. 目标函数

在一定除涝标准之下，以投资最小为最优准则。系统总投资为各项工程投资之和，本除涝系统包括一个截流沟、一个河网、一个湖泊、两个抽水站和两个排水闸，共五类设施七项工程。由于两个泵站和两个排水闸的运用条件各自相同，计算时各按一项工程考虑，所以总计为五项工程。一般来说，各项工程投资与工程规模的关系曲线（即工程投资曲线）不是线性的，但可根据其曲度大小确定是否能用线性函数近似表示。本

表4-5　某圩区基本资料

设计暴雨量（10年一遇最大24小时暴雨）(cm)	190
设计净雨深R（mm）	140
圩区总排水面积F（km^2）	100
暴雨径流总量$W=0.1RF$（万m^3）	1400
湖泊计划滞蓄水深H_L（m）	0.8
河网计划滞蓄水深H_e（m）	0.8
骨干河网总长度L（km）	100
抽水站设计内水位Z_0（m）	5.5
二日内总抽排时间T_1（h）	17.0
平均暴雨流量$Q_p=W/0.36T$（m^3/s）	81.0

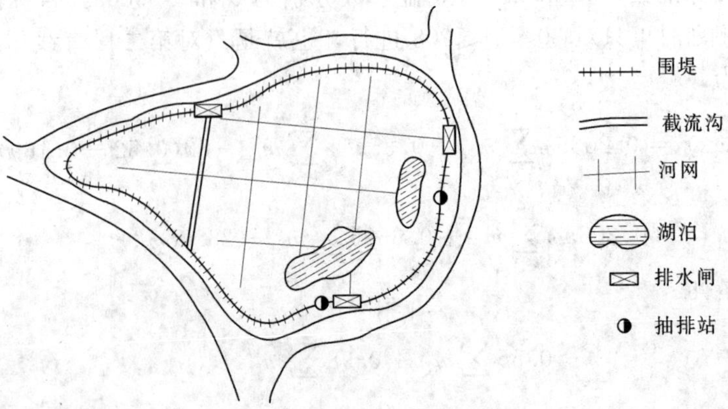

图 4-18　某圩垸除涝系统示意图

模型中，截流沟、湖泊、抽水站的投资函数均简化为线性的。河网和排水闸的投资函数则根据已整理出的工程投资曲线拟合成二次抛物线公式。按总投资最小的准则写出目标函数为

$$\min\{f_1(x_1)+f_2(x_2)+f_3(x_3)+f_4(x_4)+f_5(x_5)\}$$
$$=36x_1+200x_2+2\times 7x_3+5x_4^2+55x_4+2\times(0.025x_5^2+5.75x_5) \quad (4-95)$$

式中　x_1——截流面积率，$x_1=\dfrac{截流面积}{总面积\ F}\times 100\%$；

x_2——湖泊水面率，$x_2=\dfrac{湖泊滞涝水面面积}{总面积\ F}\times 100\%$；

x_3——抽排站 1 的设计流量，也即抽排站 2 的设计流量，m^3/s；

x_4——河网水面率，$x_4=\dfrac{河网滞涝水面面积}{总面积\ F}\times 100\%$；

x_5——排水闸 1 的宽度，也即排水闸 2 的宽度，m。

2. 约束条件

(1) 对各项工程规模的限制。根据该工程有关要求，河湖面积率、抽排站的设计流量及排水闸宽度应符合以下限制

$$\left.\begin{aligned} x_1 &\leqslant 5 \\ x_2 &\leqslant 5 \\ x_3 &\leqslant 10 \\ x_4 &\leqslant 5 \\ x_5 &\leqslant 20 \end{aligned}\right\} \quad (4-96)$$

(2) 水量平衡约束

$$\sum_{j=1}^{5} V_j = W \quad (j=1,2,\cdots,5)$$

式中　W——设计标准的暴雨径流总量，万 m^3；

V_j——第 j 项工程排（或蓄）水量，万 m^3。

其中，截流沟截走水量 V_1、湖泊滞蓄水量 V_2、抽水站排水量 V_3 和河网滞蓄水量 V_4

分别与 x_1、x_2、x_3、x_4 呈线性关系

$$V_1=0.01Wx_1=14x_1$$

$$V_2=H_LFx_2=80x_2$$

$$V_3=2\times0.36T_1x_3=12.24x_3$$

$$V_4=H_eFx_4=80x_4$$

式中，W、F、H_L、T_1、H_e 的定义及数值见表 4-5。

通过河网排水闸水力计算，求得在不同河网水面率 x_4、不同闸宽 x_5 和进入河网的不同暴雨流量 Q_p 情况下的排出水量 V_5，并用这些资料拟合出公式

$$\begin{aligned}V_5&=2(180x_5^{0.63}+6Q_{P5}+20x_4-250)\\&=360x_5^{0.63}+40x_4-14\end{aligned}$$

$$Q_{P5}=\frac{1}{2}Q_P=\frac{W}{2}\times\frac{1}{0.36\times48}=40.5\ (\mathrm{m^3/s})$$

式中 Q_{P5}——每个排水闸所控制河网的平均暴雨流量，由设计标准及排水面积确定。

将以上各项工程排（蓄）水量代入水量平衡方程，并经整理得

$$14x_1+80x_2+12.24x_3+120x_4+360x_5^{0.63}=1414 \tag{4-97}$$

(3) 排水闸宽度与其所在河道底宽关系，要求闸址处河道底宽不小于闸宽。相当于河网水面面积不小于闸址处河道底宽等于闸宽时的河网水面面积，即

$$10Fx_4-\beta L(x_5+\Delta B)\geqslant0$$

式中 ΔB——河底宽与水面宽差值，取 15m；

β——平均水面宽与干河水面宽之比，取 $\beta=0.7$。

F、L 的定义及数值见表 4-5。各值代入后，得

$$x_4-0.07x_5\geqslant1.05 \tag{4-98}$$

(4) 非负约束

$$x_j\geqslant0\quad(j=1,2,\cdots,5) \tag{4-99}$$

式（4-95）～式（4-99）一起构成非线性规划问题。

（三）解算方法及步骤

目标函数和约束条件中，每一项都是单变量函数，也就是说变量是可分离的，故本例采用“可分规划法”求解。

本例目标函数项大多为线性函数，非线性函数有

$$f_4(x_4)=5x_4^2+55x_4$$

$$f_5(x_5)=0.05x_5^2+11.5x_5$$

$$g_5(x_5)=360x_5^{0.63}$$

根据约束条件分析，x_4 不超过 5，x_5 不超过 20。对 $f_4(x_4)$、$f_5(x_5)$、$g_5(x_5)$ 各取 5 个分割点，各分割点变量值及函数值见表 4-6。

表 4-6　　分割点变量函数值

x_4	0	1	2	3	4
f_4	0	60	130	210	400
x_5	1	5	10	15	20
f_5	11.55	58.75	120	183.75	250
g_5	360	992.32	1535.69	1982.62	2376.57

根据表 4-6 各值可做如下线性近似

$$x_4 = 0t_{41} + 1t_{42} + 2t_{43} + 3t_{44} + 5t_{45}$$

$$\tilde{f}_4 = 0t_{41} + 60t_{42} + 130t_{43} + 210t_{44} + 400t_{45}$$

$$t_{41} + t_{42} + t_{43} + t_{44} + t_{45} = 1$$

$$x_5 = t_{51} + 5t_{52} + 10t_{53} + 15t_{54} + 20t_{55}$$

$$\tilde{f}_5 = 11.55t_{51} + 58.75t_{52} + 120t_{53} + 183.75t_{54} + 250t_{55}$$

$$\tilde{g}_5 = 360t_{51} + 992.32t_{52} + 1535.69t_{53} + 1982.62t_{54} + 2376.57t_{55}$$

$$t_{51} + t_{52} + t_{53} + t_{54} + t_{55} = 1$$

将上述线性化函数代入原目标函数及约束方程得线性规划模型

$$\left.\begin{aligned}
&\text{目标函数} \quad \min \tilde{f} = 36x_1 + 200x_2 + 14x_3 + 60t_{42} + 130t_{43} \\
&\qquad + 210t_{44} + 400t_{45} + 11.55t_{51} + 58.75t_{52} \\
&\qquad + 120t_{53} + 183.75t_{54} + 250t_{55} \\
&\text{约束条件} \quad x_1 \leqslant 5;\ x_2 \leqslant 5;\ x_3 \leqslant 10 \\
&\qquad t_{42} + 2t_{43} + 3t_{44} + 5t_{45} \leqslant 5 \\
&\qquad t_{51} + 5t_{52} + 10t_{53} + 15t_{54} + 20t_{55} \leqslant 20 \\
&\qquad 14x_1 + 80x_2 + 12.24x_3 + 120t_{42} + 240t_{43} \\
&\qquad + 360t_{44} + 600t_{45} + 360t_{51} + 992.32t_{52} \\
&\qquad + 1535.69t_{53} + 1982.62t_{54} + 2376.57t_{55} = 1414 \\
&\qquad t_{42} + 2t_{43} + 3t_{44} + 5t_{45} - 0.07t_{51} \\
&\qquad - 0.35t_{52} - 0.7t_{53} - 1.05t_{54} - 1.4t_{55} \geqslant 1.05 \\
&\qquad t_{41} + t_{42} + t_{43} + t_{44} + t_{45} = 1 \\
&\qquad t_{51} + t_{52} + t_{53} + t_{54} + t_{55} = 1 \\
&\qquad x_1,\ x_2,\ x_3,\ t_{41},\ \cdots,\ t_{45},\ t_{51},\ \cdots,\ t_{55} \geqslant 0
\end{aligned}\right\} \tag{4-100}$$

式（4-100）为一线性规划问题。由于约束条件中含有不等式“≥”和等式约束，可使用两步法求解。由于有“同一线性组合式中两个正的 t 值必须相邻”这一限制，求解时就不能简单地直接采用标准程序，要有一个“解算、检查、剔除、再解算”的过程，所求得的最优解为

$$x_1^* = x_2^* = x_3^* = 0$$

$$t_{41}^* = t_{44}^* = t_{45}^* = 0,\ t_{42}^* = 0.58,\ t_{43}^* = 0.42$$

$$t_{51}^*=t_{54}^*=t_{55}^*=0,\ t_{52}^*=0.538,\ t_{53}^*=0.462$$

$$\widetilde{f^*}=176.45\ (\text{万元})$$

将 $(t_{41}^*, t_{42}^*, t_{43}^*, t_{44}^*, t_{45}^*)$，$(t_{51}^*, t_{52}^*, t_{53}^*, t_{54}^*, t_{55}^*)$ 分别还为原变量，得近似解

$$x_1^*=x_2^*=x_3^*=0$$

$$x_4^*=1.42\%,\ x_5^*=7.31\text{m}$$

$$f^*=176.45\ (\text{万元})$$

习　题

1. 用梯度法求解

$$\min f(\boldsymbol{X})=(x_1-2)^2+2x_2^2$$

试分别用固定步长和近似最佳步长解算，精度要求 $\varepsilon=0.01$，$\boldsymbol{X}^{(0)}=(1,1)^T$。

2. 用梯度法求解

$$\min f(\boldsymbol{X})=4x_1+2x_2+10x_1x_2+6x_1^2+5x_2^2$$

试从 $(0,0)^T$ 点开始探索。

3. 用模矢法求解

$$\min f(\boldsymbol{X})=x_1-2x_2+x_1^2-x_1x_2+x_2^2$$

试从 $(0,0)^T$ 点开始探索，步长用 0.1。

4. 用消元法求解

$$\min f(\boldsymbol{X})=x_1+4x_2^2+x_1x_3$$

$$\text{约束于}\quad x_1+2x_2=6$$

$$x_3-3x_2=9$$

5. 用拉格朗日乘子法求解

$$\max f(\boldsymbol{X})=x_1x_2x_3$$

$$\text{约束于}\quad x_1x_2+2(x_1+x_2)x_3=3$$

$$x_1,x_2,x_3\geqslant 0$$

6. 用罚函数法求解

$$\min f(\boldsymbol{X})=x_1^2+4x_2^2$$

$$\text{约束于}\quad x_1+2x_2-6=0$$

7. 用拉格朗日乘子法求解

$$\min f(\boldsymbol{X})=2x_1^2-2x_1x_2+2x_2^2-6x_1$$

$$\text{约束于}\quad 3x_1+4x_2-6\leqslant 0$$

8. 用库恩—塔克条件求解

$$\max f(\boldsymbol{X})=-x_1^2-3x_2^2$$

$$\text{约束于}\quad g_1(\boldsymbol{X})=x_1^2+x_2^2-5\leqslant 0$$

$$g_2(\boldsymbol{X})=2x_1-5x_2-1\leqslant 0$$

$$x_1,x_2\geqslant 0$$

9. 用内点法求解

$$\min f(\boldsymbol{X})=(x+1)^2$$
$$\text{约束于}\quad x\geqslant 0$$

10. 用外点法求解

$$\min f(\boldsymbol{X})=(x_1-2)^2+x_2^2+3x_2$$
$$\text{约束于}\quad x_1+x_2\leqslant 2$$
$$x_1,x_2\geqslant 0$$

11. 用线性逼近法求解［从（4，6）^{T} 点开始］

$$\max f(\boldsymbol{X})=3x_1+2x_2$$
$$\text{约束于}\quad g_1(\boldsymbol{X})=x_1^2-6x_1+x_2\leqslant 0$$
$$g_2(\boldsymbol{X})=x_1^2+x_2^2-80\leqslant 0$$
$$x_1\geqslant 3$$
$$x_2\geqslant 2$$

12. 用变量分割法求解

$$\max f(\boldsymbol{X})=20x_1+16x_2-2x_1^2-x_2^2-(x_1+2)^2$$
$$\text{约束于}\quad x_1+x_2\leqslant 5$$
$$x_1,x_2\geqslant 0$$

13. 用可分规划法求解

$$\min f(\boldsymbol{X})=(x_1-2)^2+(x_2-3)^2+3x_2$$
$$\text{约束于}\quad x_1+x_2\leqslant 3$$
$$x_1,x_2\geqslant 0$$

第五章

动态规划及其应用

动态规划（Dynamic Programming），缩写为 DP，是 20 世纪 50 年代初期由美国数学家贝尔曼（Richard E. Bellman）等人提出，并逐渐发展起来的运筹学分支，它是一种解决多阶段决策过程最优化问题的数学规划方法。动态规划求解优化问题的基本思路是在一定的前提条件下将多阶段决策问题分解为一系列相关联的单阶段决策问题进行求解，其模型和求解方法比较灵活，对于系统是连续的或离散的，线性的或非线性的，确定性的或随机性的，只要能构成多阶段决策问题，便可用动态规划推求其最优解，比线性规划、非线性规划更有效，特别对于离散型问题，解析数学无法适用，动态规划就成为非常有用的求解工具。因而在自然科学、社会科学、工程技术等许多领域具有广泛的用途。它在广泛应用中的主要障碍是“维数灾”，即当问题中的变量个数（维数）太大时，由于计算机内存储量和计算速度限制，而无法求解。

第一节　动态规划的基本思路

在客观事物中，存在着这样一类问题，可以按照时间或空间将其划分为若干个互相联系的阶段，在每个阶段都需要做出决策，并且一个阶段的决策将影响下阶段的状态；所有阶段决策构成一个决策序列，称为策略，每个策略都对应一个效果，所选择的策略应使整个过程获得最优效果。这类问题称为多阶段决策问题，动态规划就是求解一类多阶段决策问题最优解的工具。

例如，以灌溉或发电为目标的年调节水库调度问题，就是一个多阶段决策问题。一年可以按时间分成若干阶段。在每个阶段，以水库蓄水量描述问题的状态，以放水量为决策变量，把灌溉效益或发电量最大化作为目标函数。在满足约束条件下确定各时段放水量，即组成一个决策序列。如果所选定的各时段放水量能使全年灌溉或发电效益最大，这就是一个最优调度方案，即最优策略。由于寻求最优调度方案是一个多阶段决策过程，因此水库优化调度问题可以用动态规划方法求解。

动态规划不仅能解决与时间有关的动态问题，而且也能解决与时间无关的静态问题。例如，资源分配问题、投资分配问题、最优线路问题、结构优化问题等。只要能够把问题分成多个阶段或步骤进行决策，就可用动态规划寻求最优解。

下面以一个简单的最优输水线路问题，说明动态规划寻求最优解的基本思路。

【例 5-1】　如图 5-1 所示，现拟由水源 1（起点站），引水到用水地点 10（终点站）。在输水途中将经过 3 级中转站。第一级中转站可以在地点 2、3 或 4 中任选一个，第二级中转站可以在地点 5、6 或 7 中任选一个，第三级中转站可以在地点 8 或 9 中任选一个，任何两个中转站之间的输水费用已表示在图 5-1 中的联结线上。现在的问题是要选择一条由水源 1 到用水地点 10 总输水费用最小的路线。

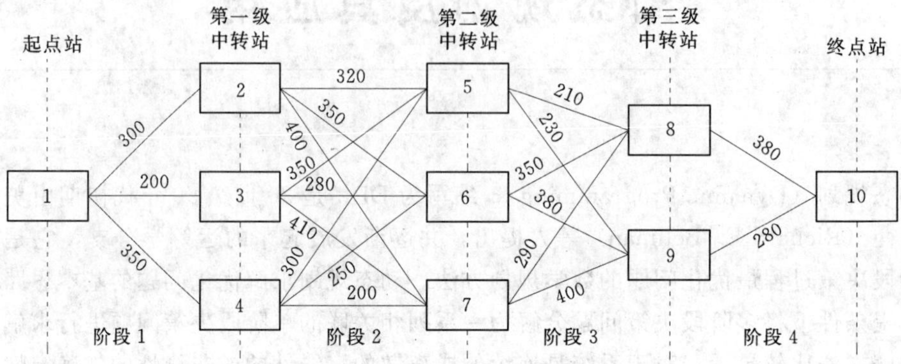

图 5-1　可能输水路径和费用

对这一简单问题，可以用枚举法求解。枚举法就是把各可行方案一一列出，分别计算每个方案的总费用，然后通过费用比较选取最优决策方案的方法。本例可以列举出 18 条可供选择的路线（图 5-2），把各条路线上每两点之间的输水费用加起来就算出了各条可能输水线路的总费用，比较这些总费用值，就可找出一条总费用最小的输水线路，即 1→3→5→9→10，相应的总费用为 1060。

上述枚举法中，每条线路要相加 3 次，则总共需要相加 3×18＝54 次；另外还要进行 17 次比较。显然，如果问题具有很多阶段，而且各阶段输水路线的可能选择较多时，其计算工作量无疑是非常庞大的。为了减少计算量，需要寻求更好的计算方法，这就是本章将要介绍的动态规划法。

总费用最小输水线路（1→3→5→9→10）具有这样一个重要特性：如果由水源 1 开始依次经过中转站 3、5、9 输水到用水地点 10 的方案是最优的，那么由中转站 3 开始依次经过中转站 5 和 9 的方案对于中转站 3 输水到用水地点 10 也是最优的；同样，如果由中转站 3 开始依次经过中转站 5 和 9 输水到用水地点 10 的方案是最优的，那么由中转站 5 开始经过中转站 9 的方案对于中转站 5 输水到用水地点 10 也是最优的；以此类推，如果由中转站 5 开始经过中转站 9 输水到用水地点 10 的方案是最优的，那么由中转站 9 开始输水到用水地点 10 也是最优的，当然这里只有一个方案，不存在优选的问题。动态规划方法就是按照这样的思路求解最小输水费用线路优选问题。下面具体介绍如何用动态规划法求解该问题。

首先定义如下术语和符号：

n——阶段变量，$n=1, 2, \cdots, N$，本例中 $N=4$；

S_n——状态变量（任一阶段 n 的中转站）；

d_n——决策变量（由阶段 n 中转站出发将要选择的下一个中转站或下一段输水路径）；

$L(s_n, d_n)$ ——在状态 s_n 下做出决策 d_n 时本阶段（即 n 阶段）的费用；

$f_n^*(s_n)$ ——自状态 s_n 开始直到状态 s_{N+1}（终点站 10）的最小总费用。

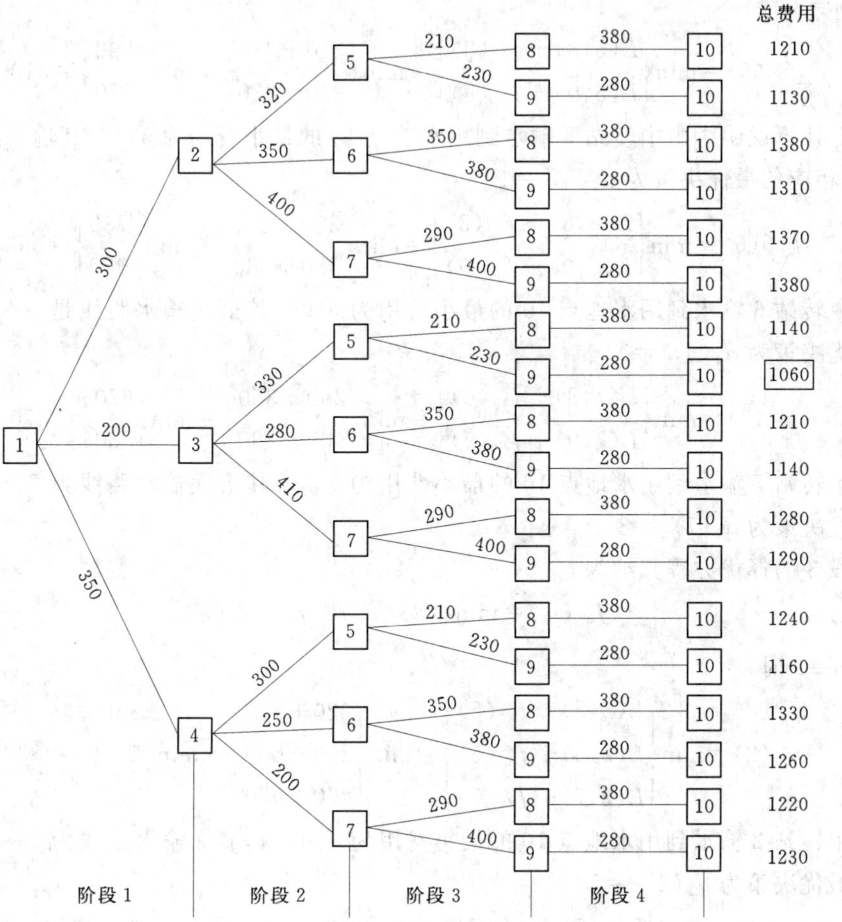

图 5-2　枚举法择优

动态规划是一个阶段接一个阶段地进行择优计算，而且每一阶段都应当考虑未来各阶段的情况选取决策。无须考虑未来情况的唯一一个阶段就是整个过程的最末阶段，该阶段选择最优决策时只要求本阶段最优。因此，应用动态规划法求最优解时，总是从最末阶段开始，逐阶段进行择优计算。应当指出，这里所说的最末阶段是以计算时采用的状态转移方向为标准而言的，若状态转移方向与实际运动方向一致，则最末阶段为实际过程的最后阶段；若状态转移方向与实际运动方向相反，则最末阶段为实际过程的最前阶段。

当 $n=N=4$ 时

$$f_4^*(8)=L(8,10)=380$$

$$f_4^*(9)=L(9,10)=280$$

由于第 4 阶段由中转站 8 或 9 输水到用水地点 10 分别只有一个方案，故阶段 4（$n=4$）不需择优，为无决策阶段。

阶段 4 的择优方程可归纳为

$$f_4^*(s_4)=\min_{d_4}\{L(s_4,d_4)\} \tag{5-1}$$

当 $n=3$ 时

$$f_3^*(5)=\min\begin{Bmatrix}L(5,8)+f_4^*(8)\\L(5,9)+f_4^*(9)\end{Bmatrix}=\min\begin{Bmatrix}210+380\\230+280\end{Bmatrix}=\min\begin{Bmatrix}590\\510\end{Bmatrix}=510$$

以上计算说明，由中转站 5 输水到用水地点 10 的最小费用为 510，其输水路线是 5→9→10，相应的最优决策为 $d_3(5)=9$。

$$f_3^*(6)=\min\begin{Bmatrix}L(6,8)+f_4^*(8)\\L(6,9)+f_4^*(9)\end{Bmatrix}=\min\begin{Bmatrix}350+380\\380+280\end{Bmatrix}=\min\begin{Bmatrix}730\\660\end{Bmatrix}=660$$

由中转站 6 输水到用水地点 10 的最小费用为 660，其最优输水路线是 6→9→10，相应的最优决策为 $d_3(6)=9$

$$f_3^*(7)=\min\begin{Bmatrix}L(7,8)+f_4^*(8)\\L(7,9)+f_4^*(9)\end{Bmatrix}=\min\begin{Bmatrix}290+380\\400+280\end{Bmatrix}=\min\begin{Bmatrix}670\\680\end{Bmatrix}=670$$

由中转站 7 输水到用水地点 10 的最小费用为 670，其最优输水路线为 7→8→10，相应的最优决策为 $d_3(7)=8$。

阶段 3 的择优方程归纳为

$$f_3^*(s_3)=\min_{d_3}\{L(s_3,d_3)+f_4^*(s_4)\} \tag{5-2}$$

当 $n=2$ 时

$$f_2^*(2)=\min\begin{Bmatrix}L(2,5)+f_3^*(5)\\L(2,6)+f_3^*(6)\\L(2,7)+f_3^*(7)\end{Bmatrix}=\min\begin{Bmatrix}320+510\\350+660\\400+670\end{Bmatrix}=\min\begin{Bmatrix}830\\1010\\1070\end{Bmatrix}=830$$

由中转站 2 输水到用水地点 10 的最小费用为 830，其最优输水路线为 2→5→9→10，相应的最优决策为 $d_2(2)=5$。

$$f_2^*(3)=\min\begin{Bmatrix}L(3,5)+f_3^*(5)\\L(3,6)+f_3^*(6)\\L(3,7)+f_3^*(7)\end{Bmatrix}=\min\begin{Bmatrix}350+510\\280+660\\410+670\end{Bmatrix}=\min\begin{Bmatrix}860\\940\\1080\end{Bmatrix}=860$$

由中转站 3 输水到用水地点 10 的最小费用为 860，其最优输水路线为 3→5→9→10，相应的最优决策 $d_2(3)=5$。

$$f_2^*(4)=\min\begin{Bmatrix}L(4,5)+f_3^*(5)\\L(4,6)+f_3^*(6)\\L(4,7)+f_3^*(7)\end{Bmatrix}=\min\begin{Bmatrix}300+510\\250+660\\200+670\end{Bmatrix}=\min\begin{Bmatrix}810\\910\\870\end{Bmatrix}=810$$

由中转站 4 输水到用水地点 10 的最小费用为 810，其最优输水路线为 4→5→9→10，相应的最优决策为 $d_2(4)=5$。

阶段 2 的择优方程可归纳为

$$f_2^*(s_2)=\min_{d_2}\{L(s_2,d_2)+f_3^*(s_3)\} \tag{5-3}$$

当 $n=1$ 时

$$f_1^*(1)=\min\begin{Bmatrix}L(1,2)+f_2^*(2)\\L(1,3)+f_2^*(3)\\L(1,4)+f_2^*(4)\end{Bmatrix}=\min\begin{Bmatrix}300+830\\200+860\\350+810\end{Bmatrix}=\min\begin{Bmatrix}1130\\1060\\1160\end{Bmatrix}=1060$$

以上计算说明，由水源 1 输水到用水地点 10 的最小总费用为 1060，其最优输水路线为 1→3→5→9→10，相应的最优决策为 $d_1(1)=3$。

阶段 1 的择优方程可写成通式为

$$f_1^*(s_1)=\min_{d_1}\{L(s_1,d_1)+f_2^*(s_2)\} \tag{5-4}$$

上述各阶段的择优计算方程式（5-1）～式（5-4），可以归纳为

$$\left.\begin{aligned}&f_n^*(s_n)=\min_{d_n\in D_n}\{L(s_n,d_n)+f_{n+1}^*(s_{n+1})\} \quad (n=1,2,\cdots,N-1)\\&f_N^*(s_N)=\min_{d_N\in D_N}\{L(s_N,d_N)\} \quad (n=N)\end{aligned}\right\} \tag{5-5}$$

这就是反映动态规划递推关系的基本方程，通常称为递推方程。

由本例可以看出，用动态规划法求解的问题，必须具备以下特点：①所研究的系统能划分成若干阶段（或步骤）；②每个阶段都能做出决策；③相邻两个阶段的状态能够转移。这种转移是通过使用某一决策实现的。所以动态规划是既把整个过程分为若干阶段，又要考虑相邻两阶段之间关系的一种方法。

第二节　动态规划的基本概念

在了解动态规划的基本概念之前，有必要先了解可分函数与无后效性这两个基本概念。

如果函数 $f(x_1, x_2, \cdots, x_n)$ 可以写成 n 个单变量函数的和或者乘积，即

$$f(x_1,x_2,\cdots,x_n)=f(x_1)+f(x_2)+\cdots+f(x_n) \tag{5-6}$$

则称函数 $f(x_1, x_2, \cdots, x_n)$ 为可分函数。

过程或（系统）在 t_0 时刻所处的状态为已知条件下，过程在时刻 $t>t_0$ 所处状态的条件分布，与过程在时刻 t_0 之前所处的状态无关的特性称为无后效性或马尔可夫性，具有这种性质的随机过程叫做马尔可夫过程。在现实世界中，有很多过程都是马尔可夫过程，荷花池中一只青蛙的跳跃是马尔可夫过程的一个形象化的例子。青蛙依照它瞬间所起的念头从一片荷叶上跳到另一片荷叶上，因为青蛙是没有记忆的，当现在所处的位置已知时，它下一步跳往何处和它以往走过的路径无关。如果将荷叶编号并用 p_0，p_1，p_2，…，p_n 分别表示青蛙最初处的荷叶号码及第一次、第二次……跳跃后所处的荷叶号码，那么 $\{p_n, n>0\}$ 就是马尔可夫过程。

(一) 阶段

设某系统随时间或空间变化，其演变过程可划分为若干个阶段。在这里，阶段可定义为所研究的事物在发展中所处的时段或者是问题求解过程所处的步骤（或某一局部空间），有时称为级，又称步。以序列数字 $n=1, 2, \cdots, N$ 表示，常称为阶段变量或级变量，表示阶段的次序或阶段数。如果所研究的问题，其演变过程是离散的，则阶段变量自然以上

述自然数表示，如［例 5-1］中我们将输水路线编为 $n=1$，2，3，4，共 4 个阶段。如果问题演变的过程是连续的，且为时间连续，则阶段变量可用 t 表示，并定义在过程演变的整个时间区间，即 $t_{始}\leqslant t\leqslant t_{终}$。但是在用动态规划求解时，连续的阶段变量 t 仍须按时间增量 Δt 进行离散化。离散化的 t 值，可由离散序列 $n=1, 2, \cdots, N$ 表示，相应于 n 的阶段末 t 值为 $t=t_{始}+n\Delta t$。

（二）状态

描述系统演变过程中各阶段所处状况的特征量称为状态，常以符号 s 表示。如［例 5-1］中某阶段 n 的某个中转站就是该阶段的一个状态，而阶段 n 的所有中转站，就构成该阶段的状态集合。

描述过程状态（或称系统状态）的变量，称为状态变量，它可以是一维变量，也可以是多维变量。例如包括 4 个水库的水源系统，若以各水库时段初蓄水量为状态变量，则该系统的状态变量即为四维向量。推而广之，对于一个给定系统，若选用 m 个状态变量，记为 s_n^1，s_n^2，…，s_n^m，则这些状态变量构成一个 m 维状态向量 $\boldsymbol{s}_n$

$$\boldsymbol{s}_n=[s_n^1, s_n^2, \cdots, s_n^m]^T \tag{5-7}$$

第 n 阶段状态向量 $\boldsymbol{s}_n$ 约束于集合 $\boldsymbol{S}_n$，记为 $\boldsymbol{s}_n\in\boldsymbol{S}_n$，$\boldsymbol{S}_n$ 为第 n 阶段的可行状态集合。

为了建立数学模型，必须正确地选择状态变量 s。动态规划中的状态变量应当具有下列性质：①能够逐阶段转移，用以描述受控过程的演变特征；②各状态变量的值，可以直接或间接地获知；③要求满足无后效性，即在任何阶段所得的状态只取决于当前的决策和时段初的状态，完全不考虑导致该时段状态的所有过去的决策与状态，就是说过程的将来只与现在有关，而与过去无关。例如图 5-1 所示最优输水路径问题中，由中转站 5 到下一阶段（未来）中转站 8 或 9 这一过程，与前一阶段（过去）中转站 2 或 3、4 到达中转站 5 是无关的；同时各阶段上所有中转站都是给定确知的，而且描述了过程的演变，所以可作为状态变量。再如单库的水库调度问题，如果采用时段蓄水量作为状态变量，该变量也满足无后效性要求，因为通常情况下时段末水库蓄水量只与时段初水库蓄水量和本时段来水量、蒸发量、渗漏量以及下泄流量有关，而与水库历史泄流决策无关。

（三）决策

某阶段状态给定后，从该状态演变到下一阶段某个状态的选择称为决策，常以 d 表示。在多阶段决策过程的任一阶段中，当阶段的状态 s_n 给定后，如果做出某一决策 d_n，则阶段初的状态就转移到相应的下一阶段状态 s_{n+1}。如［例 5-1］中，在第 3 阶段状态 5，做出决策 5→9，便转移到第 4 阶段状态 9。决策随阶段 n 和状态 s_n 而变化，在一个状态 s_n 下可有若干个决策 $d_n(s_n)$，但其取值应被限制在某一范围内，即 $d_n(s_n)\in\boldsymbol{D}_n(s_n)$，$\boldsymbol{D}_n(s_n)$ 为在阶段 n 状态 s_n 下的可行决策集合。

描述决策的变量称为决策变量。它应具备这样的性质：①能够被控制；②能通过状态变量而影响过程的演变，即能有效地控制系统。一个问题的决策变量可以是一个或多个。

（四）策略

由第 1 阶段开始直到终点为止的过程称为问题的全过程。由每个阶段的决策 d_n（$n=1, 2, \cdots, N$）所组成的决策序列，称为全过程策略，简称策略，记为 $\boldsymbol{P}_{1,N}$，即

$$\boldsymbol{P}_{1,N}=\{d_1, d_2, \cdots, d_N\} \tag{5-8}$$

由第 k 阶段开始到终点为止的过程，为原问题的后部子过程，又称为 k 子过程或余留过程。其决策序列 $\{d_k, d_{k+1}, \cdots, d_N\}$ 称为 k 子过程策略，简称子策略，即

$$P_{k,N}=\{d_k,d_{k+1},\cdots,d_N\} \tag{5-9}$$

在实际问题中，可供选择的策略有很多个，其中能使全过程获得最优效果的策略称为最优策略。而与最优策略相应的状态序列，则称为最优轨迹。

现以图 5-3 来表示 N 阶段决策过程状态转移的全貌。图中 $n=1, 2, \cdots, N$ 为阶段变量，$S=\{s_1, s_2, \cdots, s_N\}$ 为状态变量，$D=\{d_1, d_2, \cdots, d_N\}$ 为决策变量，$r_n=\{r_1, r_2, \cdots, r_N\}$ 为各阶段效益或费用。从图 5-3 和上述分析可以看出，多阶段决策过程具有如下性质：

(1) 在多阶段决策过程中，任一阶段都是以若干状态来表征，其中任一状态的变化都将使该阶段决策发生变化。

(2) 在每一阶段，都可对每个状态作出一种决策，决策的结果就是状态的转移。

(3) 阶段 $n+1$ 的状态 s_{n+1} 是由阶段 n 的状态 s_n 和决策 d_n 所决定，而与 n 以前的各阶段状态 $s_{n-1}, s_{n-2}, \cdots, s_1$ 无关。这表明，用动态规划求解的多阶段决策过程存在着马尔可夫单链性质，这也是无后效性的重要特征。

(4) 过程的决策序列可能有多个，但只有使目标函数获得最优值的策略才是要选择的最优策略。

(五) 状态转移方程

状态转移方程，也称系统方程，它是包括阶段变量、状态变量和决策变量三种变量的一组关系式。

对于满足无后效性的状态变量来讲，对于给定的时段初状态 s_n，如果该阶段的决策变量 d_n 一旦确定，时段末状态 s_{n+1} 完全确定。即 s_{n+1} 的值随 s_n 和 d_n 的值变化而变化，这种变化关系可用下述状态转移方程描述

$$s_{n+1}=g_n(s_n,d_n) \quad (n=1,2,\cdots,N) \tag{5-10}$$

式中 s_n——阶段 n 的状态变量；

d_n——阶段 n 的决策变量；

$g(s_n, d_n)$——状态转移函数。

如［例 5-1］的系统方程为

$$s_{n+1}=d_n \tag{5-11}$$

单一水库优化调度问题的系统方程为

$$s_{n+1}=s_n+I_n-d_n-w_n \tag{5-12}$$

式中 s_n，s_{n+1}——n 时段和 $n+1$ 时段初水库蓄水量；

I_n，d_n，w_n——n 时段内水库来水量、放水量和蒸发渗漏损失量。

对于具有 m 维状态向量、q 维决策向量的系统方程可写成

$$\left.\begin{aligned} s_{1,n+1}&=g_1(s_{1,n},s_{2,n},\cdots,s_{m,n},d_{1,n},d_{2,n},\cdots,d_{q,n})\\ s_{2,n+1}&=g_2(s_{1,n},s_{2,n},\cdots,s_{m,n},d_{1,n},d_{2,n},\cdots,d_{q,n})\\ &\cdots\\ s_{m,n+1}&=g_m(s_{1,n},s_{2,n},\cdots,s_{m,n},d_{1,n},d_{2,n},\cdots,d_{q,n}) \end{aligned}\right\} \tag{5-13}$$

这可以4个水库联合运行为例加以说明。4个水库具有4个状态变量，故为四维（$m=4$）问题。由于每一个水库时段末的状态不仅和它自己时段初的状态、本时段的决策有关，而且与所有其他3个水库时段初状态和本时段决策有关。

多阶段决策过程，或称为序列过程，每个阶段要做出一种决策，从而使整个过程获得最优效果。多阶段决策过程应看成是阶段、状态、决策以及和它们相关联的效果的综合体。这一过程的状态转移可以用图5-3表示。

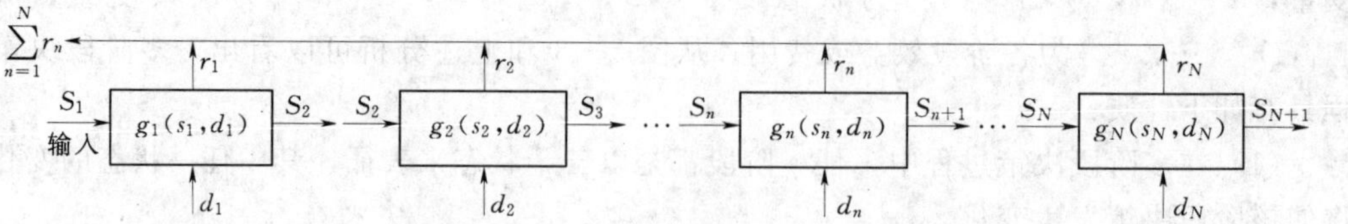

图5-3　N阶段决策过程的状态转移图

（六）目标函数

动态规划和其他数学规划方法一样，其数学模型同样要包括目标函数。由于动态规划是用来解决多阶段优化决策问题，而目标函数是用来衡量策略优劣的一种数量指标，所以目标函数可用来对给定的策略进行评价。目标函数的最优准则可以是效益最大化，也可以是费用最小化或其他指标。目标函数即是总指标函数，通常是各阶段指标的某种组合，如各阶段指标的和或乘积。作为动态规划的目标函数，必须满足可分性和递推关系。

目标函数值决定于系统中的状态变量和决策变量，设以F表示目标函数，则

$$F=\sum_{n=1}^{N} L(s_n,d_n) \tag{5-14}$$

式中　L——每个阶段的费用（或效益）；

F——系统总费用（或总效益）。

若为最小值目标函数，则写作

$$\min\{\sum_{n=1}^{N} L(s_n,d_n)\} \tag{5-15}$$

第三节　动态规划递推方程与最优化原理

（一）递推方程

递推方程是动态规划的基本方程，由［例5-1］归纳出的式（5-5）就是递推方程，该方程还可由下述一般的数学推导求得。

设有一多阶段决策过程如图5-4所示，阶段变量、状态变量和决策变量分别以n、s和d表示；系统的实际运动方向为$1\rightarrow N+1$，阶段的编码次序与实际运动方向一致，即$1\rightarrow N$，递推计算时采用的系统状态转移方向亦与实际运动方向一致，如图5-4中箭头$s_n\rightarrow s_{n+1}$所示目标函数为最小化总费用。

首先，设最小费用函数为

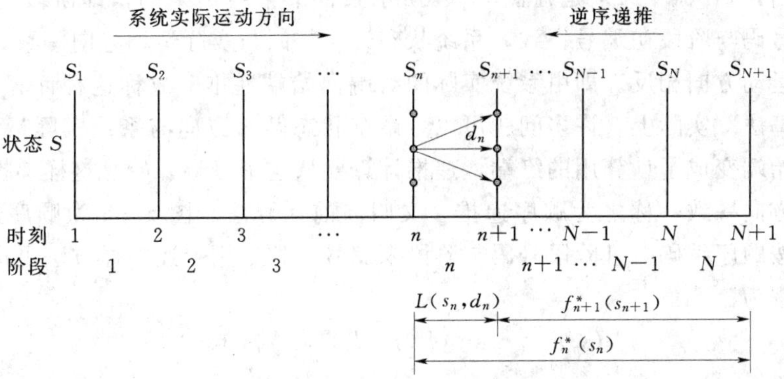

图 5-4　多阶段序列过程示意图（逆序递推）

$$f_n^*(s_n)=\min_{\substack{d_j\in D_j\\ j=n,\cdots,N}}\left\{\sum_{j=n}^{N}L(s_j,d_j)\right\} \tag{5-16}$$

$f_n^*(s_n)$ 表示对由任一阶段（级）n 上的任一可行状态 s_n 开始的后部子过程（余留过程），使用可行决策序列 d_j，$j=n$，…，N 所得到的最小总费用。

第一步：将式（5-16）中大括号内的总费用分为两部分，即第 n 阶段费用和余留过程（$n+1$）～N 阶段的总费用，写成

$$f_n^*(s_n)=\min_{\substack{d_j\in D_j\\ j=n,\cdots,N}}\left\{L(s_n,d_n)+\sum_{j=n+1}^{N}L(s_j,d_j)\right\} \tag{5-17}$$

第二步：把决策序列也分为两部分，即在 d_n 上最小化和在 d_{n+1}，d_{n+2}，…，d_N 上最小化

$$f_n^*(s_n)=\min_{d_n\in D_n}\min_{\substack{d_j\in D_j\\ j=n+1,\cdots,N}}\left\{L(s_n,d_n)+\sum_{j=n+1}^{N}L(s_j,d_j)\right\} \tag{5-18}$$

可以看出，式（5-18）中大括号内第 1 项仅仅决定于 d_n，而与 d_{n+1}，d_{n+2}，…，d_N 无关，因此 d_j，$j>n$ 上的最小化对这一项没有影响。式（5-18）中第 2 项看起来似乎与 d_n 无关，但实际上 d_n 通过系统方程

$$s_{n+1}=g(s_n,d_n)$$

确定状态 s_{n+1}。因此，式（5-18）可写为

$$f_n^*(s_n)=\min_{d_n\in D_n}\left\{L(s_n,d_n)+\min_{\substack{d_j\in D_j\\ j=n+1,\cdots,N}}\left[\sum_{j=n+1}^{N}L(s_j,d_j)\right]\right\} \tag{5-19}$$

根据最小费用函数定义，式（5-19）中的第 2 项可写为

$$\min_{\substack{d_j\in D_j\\ j=n+1,\cdots,N}}\left\{\sum_{j=n+1}^{N}L(s_j,d_j)\right\}=f_{n+1}^*(s_{n+1}) \tag{5-20}$$

第三步：将式（5-20）带入式（5-19）得递推方程为

$$f_n^*(s_n)=\min_{d_n\in D_n}\left\{L(s_n,d_n)+f_{n+1}^*(s_{n+1})\right\} \tag{5-21}$$

式（5-21）就是动态规划的递推方程，也叫迭代函数方程。

应当指出，式（5-21）是在图5-4所示条件下推导出来的，即阶段变量按顺序编码，且阶段号码与阶段初编号一致，系统状态转移方向与实际运动方向一致，而递推计算次序与实际运动方向相反。即由系统实际的终端向始端递推，故称这种计算为逆序递推，又称向后计算法。实际上，许多问题可以令系统状态转移方向与系统实际运动方向相反，这时实际的始端变成了计算用的终端，递推计算要从这个终端开始，这样递推计算次序便与实际运动方向一致，称之为顺序递推，又叫向前计算法。图5-5为顺序递推示意图，设阶段变量按顺序编码。且阶段号码与阶段末编号一致，用上述同样方法可推导出顺序递推的递推方程为

$$f_n^*(s_n) = \min_{d_n \in D_n} \{L(s_n, d_n) + f_{n-1}^*(s_{n-1})\} \tag{5-22}$$

总之，用动态规划求解问题时，要首先选定系统状态转移方向，该方向可以与系统实际运动方向一致，也可以相反。然后逆着选定的系统状态转移方向，使用递推方程由计算用的终端向始端进行递推计算，逐阶段找出最优决策。这种规划过程称为“逆序”决策过程。也就是说，无论是顺序递推，还是逆序递推，其递推计算次序必须与计算选用的状态转移方向相反，这是动态规划计算的基本特性。由此也可看出，逆序递推和逆序决策过程是两个不同的概念。

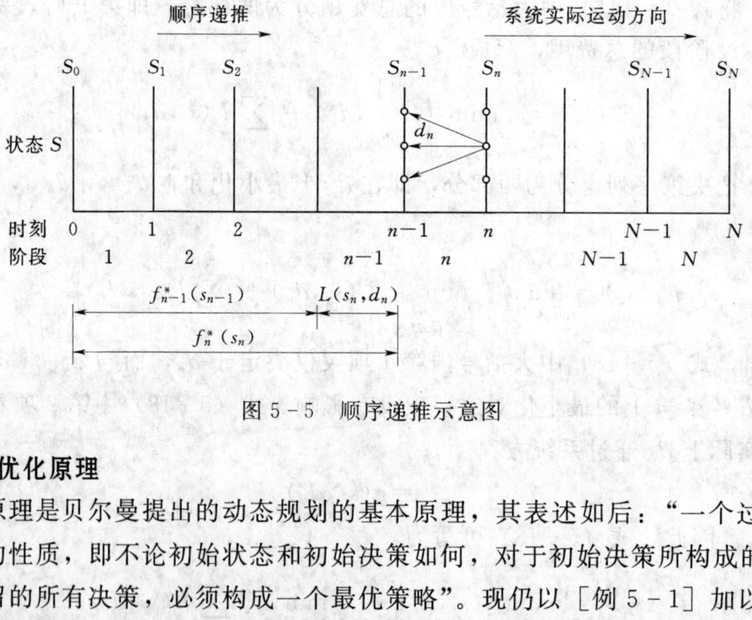

图5-5 顺序递推示意图

（二）最优化原理

最优化原理是贝尔曼提出的动态规划的基本原理，其表述如后：“一个过程的最优策略具有这样的性质，即不论初始状态和初始决策如何，对于初始决策所构成的下一个状态来说，其余留的所有决策，必须构成一个最优策略”。现仍以［例5-1］加以说明。如果从水源1到用水地点10的最小输水费用路线1→3→5→9→10通过中转站5，那么从中转站5到用水地点10也必定是最优的，即从中转站5到用水地点10的最小费用路线是5→9→10，而不能是5→8→10。

最优化原理也可由前述递推方程（5-21）的推导过程加以证明。由方程（5-16）可知，其右端第1项$L(s_n, d_n)$的值仅取决于s_n和d_n，而s_n和d_n是n阶段以后递推过程的初始状态和初始决策。方程（5-21）右端第2项$f_{n+1}^*(s_{n+1})$表示由初始决策d_n所形成的下一阶段状态s_{n+1}开始的$n+1$，…，N阶段的最小总费用，与这个最小总费用相应

的 $n+1$ 子过程（$n+1$，…，N 阶段）的子策略$\{d_{n+1}, \cdots, d_N\}^*$，也应是最优策略，故在 n 阶段计算时，要求事先已知 $f_{n+1}^*(s_{n+1})$。因此 $n+1$ 阶段择优计算必须先于 n 阶段进行，这就是逆序决策过程的基本原理。

综上所述，递推方程实际上就是最优化原理的数学表达。而最优化原理也可以说是递推方程的文字描述。这个直观而简单的原理，就是动态规划的理论基础。

由最优化原理和递推方程可以看出动态规划具有如下基本性质：

(1) 动态规划的基本内容，实际上是把原问题分成许多相互联系的子问题，而每个子问题是一个比原问题简单得多的优化问题，且在每一个子问题的求解中均利用它的一个后部子问题（余留过程）的最优化结果，依次进行，最后一个子问题所得的最优解，即为原问题的最优解。动态规划就是将一个决策序列问题转化为多个阶段求单阶段决策问题；每一个单阶段决策问题可看成原问题的一个子问题。现以一个简单情况为例说明，如果原问题划分为 N 个阶段，并且每个阶段只有一个决策变量，则动态规划就将一个 N 维决策的原问题转化成只有一维决策的 N 个子问题。

(2) 从递推方程 $f_n^*(s_n)=\min\limits_{d_n}\{L(s_n, d_n)+f_{n+1}^*(s_{n+1})\}$中看出，在任一阶段 n 选用一个决策 d_n 后，它有两方面的影响：其一，它直接影响面临阶段的费用 $L(s_n, d_n)$；其二，它也影响其后 $n+1$ 子过程的初始状态 s_{n+1}，进而影响到后边 $N-n$ 个阶段的最小总费用 $f_{n+1}^*(s_{n+1})$。全过程最优策略的选择是根据两者统一考虑的结果确定的。所以，在多阶段决策过程中，动态规划法是既把面临阶段与未来阶段分开，又把当前费用和未来费用结合起来考虑的一种最优化方法。

(3) 由于用动态规划求解问题只需考虑相邻两个阶段，就使得动态规划的计算量远远小于枚举法的计算量。对于一个 N 阶段问题，如果始端状态只有一个，其他各阶段状态点数有 T 个，每个状态下有 T 个决策，则枚举法需计算 T^N 个方案。而动态规划法只需计算 $T+(N-1)T^2$ 个方案。

(4) 对系统方程、目标函数、约束条件的函数性质无严格要求，线性、非线性均可，甚至用表格表示某些变量之间关系都可用动态规划求解，它也不要求决策空间为凸的，故动态规划是一种相当灵活的方法。

第四节　动态规划求解方法与算例

动态规划的数学模型一般由系统方程、目标函数、约束条件和边界条件等几部分组成。在建立模型时，首先将研究的问题根据其时间或空间特点划分阶段，形成多阶段决策过程，并相应地选取阶段变量、状态变量和决策变量。动态规划就是要在系统方程、约束条件、边界条件约束下，寻求目标函数最优值和相应的最优决策序列。

求解动态规划数学模型，主要是反复使用递推方程进行择优计算，并由给定的初始状态开始反演，以确定最优策略。若实际问题中的阶段变量、状态变量和决策变量是离散的，就按原离散值计算；若这些变量是连续的，则可在其可行域内离散为有限个数值。设阶段变量离散为 $n=1, 2, \cdots, N$；任一阶段 n 的状态 s_n 离散为 T_1 个点，记为 $s_n^i(i=1,$

…，T_1)；状态 s_n 上的决策 d_n 离散为 T_2 个值，记为 $d_n^j(j=1,\cdots,T_2)$。

1. 由最后阶段开始逐阶段进行递推计算

在每个阶段 $n(n=1,2,\cdots,N)$，对每一个离散状态 $s_n^i(i=1,\cdots,T_1)$，都要使用所有的可行决策 $d_n^j(j=1,\cdots,T_2)$。对任何一个指定的离散状态 s_n^i，都须进行下列工作，以便选定最优决策。

(1) 由给定的 s_n^i 和 d_n^j，求得相应的阶段指标 $L(s_n^i, d_n^j)$。

(2) 由该 s_n^i 和 d_n^j，用系统方程确定 s_{n+1}^j，并求出由该状态 s_{n+1}^j 开始的 $n+1$ 余留过程的最小总费用 $f_{n+1}^*(s_{n+1}^j)$。应当指出，若 s_{n+1}^j 在给定的离散状态点上，则 $f_{n+1}^*(s_{n+1}^j)$ 可以由 $n+1$ 阶段计算结果直接查到；若 s_{n+1}^j 不在离散状态点上，则 $f_{n+1}^*(s_{n+1}^j)$ 须进行内插。

(3) 由递推方程计算使用 d_n^j 时的余留过程总费用 $f_n(s_n^i, d_n^j)$，$f_n(s_n^i,d_n^j)=L(s_n^i, d_n^j)+f_{n+1}^*(s_{n+1}^j)$。当 T_2 个决策都使用之后，将所有的 $f_n(s_n^i, d_n^j)$ 进行比较，取其中最小者为该指定状态 s_n^i 开始的余留过程的最小总费用 $f_n^*(s_n^i)$，其相应的 d_n^j 为最优决策 d_n^*。将 $f_n^*(s_n^i)$ 记入计算机内存，供 $n-1$ 阶段计算使用；同时存储 d_n^*，供决策反演时使用。至此，便结束这个离散化状态 s_n^i 的计算。

一个指定的 s_n^i 算完后，接着依次进行其他离散状态点的计算。所有的 $s_n^i(i=1,2,\cdots,T_1)$ 都算完之后，n 阶段计算结束，随即转入 $(n-1)$ 阶段计算。

2. 由给定的初始状态开始进行决策反演，追寻最优策略

当递推计算至第 1 阶段后，由给定的初始状态 s_1 开始，按系统方程和各状态下的最优决策进行反演，直到最后阶段 N，从而得到最优策略 $\{d_1,d_2,\cdots,d_N\}^*$、最优轨迹 $\{s_1,s_2,\cdots,s_{N+1}\}^*$ 和相应的最优目标函数值 F^*。若初始状态非唯一，则将推算的几个不同的初始状态的最小总费用进行比较，取其中最小者为最优目标函数值 F^*；并由它对应的初始状态开始反演求得最优策略和最优轨迹。

上述计算步骤见图 5-6。一般来讲，当初始状态已知时，逆序递推较方便；当终末状态已知时，顺序递推较方便。

下面以一个简单的非线性规划问题和灌溉水资源最优分配为例，具体说明动态规划数学模型建立与求解过程。

【例 5-2】　用逆推解法求解

$$\min Z=x_1^2+x_2^2+x_3^2$$

约束于

$$\left.\begin{aligned}&x_1+x_2+x_3\geqslant c\quad c>0\\&x_i\geqslant 0, i=1,2,3\end{aligned}\right\}\tag{5-23}$$

解　按问题的变量个数划分阶段，把它看作为一个三阶段决策问题。设状态变量为 s_1、s_2、s_3、s_4，并记 $s_1\geqslant c$；取问题中的变量 x_1、x_2、x_3 为决策变量；各阶段指标函数按加法方式结合。令最优值函数 $f_k(s_k)$ 表示为第 k 阶段的初始状态为 s_k，从 k 阶段到 3 阶段所得到的最小值。

设　　$s_3=x_3$　　$s_3+x_2=s_2$　　$s_2+x_1=s_1\geqslant c$

则有　　$x_3=s_3$　　$0\leqslant x_2\leqslant s_2$　　$0\leqslant x_1\leqslant s_1$

于是用逆推解法，从后向前依次有

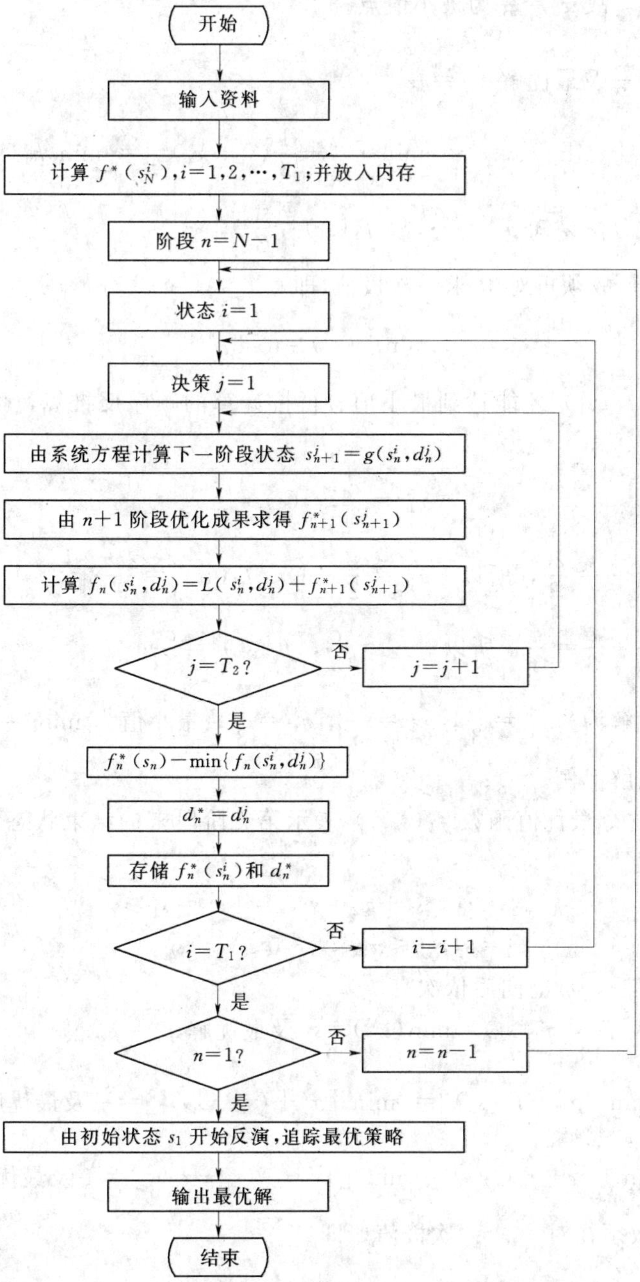

图 5-6　动态规划计算流程图

$$f_3(s_3)=\min_{x_3=s_3}(x_3^2)=s_3^2 \text{ 及最优解 } x_3^*=s_3$$

$$f_2(s_2)=\min_{0\leqslant x_2\leqslant s_2}[x_2^2+f_3(s_3)]=\min_{0\leqslant x_2\leqslant s_2}[x_2^2+(s_2-x_2)^2]=\min_{0\leqslant x_2\leqslant s_2}h_2(s_2,x_2) \quad (5-24)$$

由$\dfrac{dh_2}{dx_2}=4x_2-2s_2=0$，得 $x_2=\dfrac{s_2}{2}$。

又$\frac{d^2 h_2}{dx_2^2}=4>0$，故 $x_2=\frac{s_2}{2}$为极小值点。

所以 $f_2(s_2)=\frac{s_2^2}{2}$及最优解 $x_2^*=\frac{s_2}{2}$

$$f_1(s_1)=\min_{0\leqslant x_1\leqslant s_1}[x_1^2+f_2(s_2)]=\min_{0\leqslant x_1\leqslant s_1}[x_1^2+\frac{1}{2}(s_1-x_1)^2]=\min_{0\leqslant x_1\leqslant s_1}h_1(s_1,x_1) \quad (5-25)$$

像前面一样利用微分法易知 $x_1^*=\frac{s_1}{3}$,故 $f_1(s_1)=\frac{s_1^2}{3}$。

由于 s_1 不知道,故须再对 s_1 求一次极值,即

$$\min_{s_1\geqslant c}f_1(s_1)=\min_{s_1\geqslant c}\frac{s_1^2}{3}$$

显然，当 $s_1=c$ 时 $f_1(s_1)$ 才能达到最小值。再按计算的顺序反推算，可得各阶段的最优决策和最优值。即

$$x_1^*=\frac{c}{3},f_1(c)=\frac{c^2}{3}$$

由 $s_2=s_1-x_1^*=c-\frac{c}{3}=\frac{2c}{3}$，所以　$x_2^*=\frac{s_2}{2}=\frac{c}{3}$，$f_2(s_2)=\frac{2c^2}{9}$；

由 $s_3=s_2-x_2^*=\frac{2c}{3}-\frac{c}{3}=\frac{c}{3}$，所以　$x_3^*=\frac{c}{3}$，$f_3(s_3)=\frac{c^2}{9}$；

因此得到最优解为　$x_1^*=\frac{c}{3}$，$x_2^*=\frac{c}{3}$，$x_3^*=\frac{c}{3}$，最小值为 $\min z=f_1(c)=\frac{c^2}{3}$。

再用顺推解法解上例。

解　设 $s_4\geqslant c$，令最优值函数 $f_k(s_{k+1})$ 表示第 k 阶段末的结束状态为 s_{k+1}，从 1 阶段到 k 阶段的最大值。

设　　$s_2=x_1$，$s_2+x_2=s_3$，$s_3+x_3=s_4\geqslant c$

则有　　$x_1=s_2$，$0\leqslant x_2\leqslant s_3$，$0\leqslant x_3\leqslant s_4$

于是用顺推解法，从前向后依次有

$$f_1(s_2)=\min_{x_1=s_2}(x_1^2)=s_2^2 \text{ 及最优解 } x_1^*=s_2;$$

$$f_2(s_3)=\min_{0\leqslant x_2\leqslant s_3}[x_2^2+f_1(s_2)]=\min_{0\leqslant x_2\leqslant s_3}[x_2^2+(s_3-x_2)^2]=\frac{s_3^2}{2}\text{及最优解 } x_2^*=\frac{s_3}{2};$$

$$f_3(s_4)=\min_{0\leqslant x_3\leqslant s_4}[x_3^2+f_2(s_3)]=\min_{0\leqslant x_3\leqslant s_4}[x_3^2+\frac{1}{2}(s_4-x_3)^2]=\frac{s_4^2}{3}\text{及最优解 } x_3^*=\frac{s_4}{3};$$

由于 s_4 不知道，故须在对 s_4 求一次极值，即

$$\min_{s_4\geqslant c}f_3(s_4)=\min_{s_4\geqslant c}\frac{s_4^2}{3}$$

显然，当 $s_4=c$ 时 $f_3(s_4)$ 才能达到最小值。

再按计算的顺序反推算可求得最优解为 $x_1^*=\frac{c}{3}$，$x_2^*=\frac{c}{3}$，$x_3^*=\frac{c}{3}$，最小值为 $\min z=f_3(c)=\frac{c^2}{3}$。

【例 5-3】　某灌区内有 N 种作物，自水库引水灌溉，在中等干旱年，水库可提供水

量为 Q 万 m^3。如以水量 x_n 供给第 n 种作物，所得的净效益（以产值计）为 $r_n(x_n)$。问水资源 Q 在 N 种作物间如何分配，才能使总的净效益最大。

这是个具有 N 个决策变量的最优分配问题，本来可以用线性规划法或非线性规划法求解。但是由于灌溉水量与其所产生的效益之间的非线性关系较为复杂，有时甚至只能用离散的表格形式表示效益函数，因而在某些情况下用线性规划或非线性规划求解并不简便。如把原问题转化为一个动态的多阶段决策过程问题，即把同时对各种作物进行水资源最优分配问题看做分阶段依次对各种作物进行水资源分配的问题，这样便可使用动态规划法求解。

（一）建立数学模型

1. 阶段变量

每种作物为一个用水单位，可看做一个阶段，共有 N 个阶段，阶段变量 $n=1, 2, \cdots, N$。

2. 状态变量和决策变量

状态变量为各阶段可用于分配的有效水量，以 q 表示；决策变量为供给每种作物的水量，即各阶段的供水量，以 x_n 表示。

3. 系统方程

根据状态变量和决策变量之间关系推得该问题的系统方程（即状态转移方程）为

$$q_{n+1}=q_n-x_n \tag{5-26}$$

4. 目标函数

设 $F^*(Q)$ 为以水资源 Q 分配给 N 种作物而获得的最大总净效益，则

$$F^*(Q)=\max_{x_n}\left\{\sum_{n=1}^{N} r_n(x_n)\right\} \tag{5-27}$$

5. 约束条件

(1)　供给各种作物水量之和不超过水资源总量 Q

$$\sum_{n=1}^{N} x_n \leqslant Q \tag{5-28}$$

(2) 供给第 n 种作物的水量 x_n 不能超过在第 n 阶段可用于分配的有效水量 q_n，而且非负数

$$0\leqslant x_n\leqslant q_n \quad (n=1,2,\cdots,N) \tag{5-29}$$

(3) q_n 不能超过水资源总量 Q，也是非负数

$$0\leqslant q_n\leqslant Q \quad (n=1,2,\cdots,N+1) \tag{5-30}$$

6. 初始条件

$$q_1=Q \tag{5-31}$$

采用逆序递推求解上述数学模型，其递推方程为

$$\left.\begin{aligned} f_n^*(q_n) &= \max_{\substack{0\leqslant x_n\leqslant q_n\\ 0\leqslant q_n\leqslant Q}}\{r_n(x_n)+f_{n+1}^*(q_{n+1})\} \quad (n=1,2,\cdots,N-1)\\ f_N^*(q_N) &= \max_{\substack{0\leqslant x_N\leqslant q_N\\ 0\leqslant q_N\leqslant Q}}\{r_N(s_N)\} \quad (n=N)\end{aligned}\right\} \tag{5-32}$$

(二) 计算过程

以 A、B、C、D 四种作物分水为例，具体说明计算过程。

设水库供水量 $Q=1000$ 万 m^3，作物种类 $N=4$，即 $m=1$，2，3，4。A、B、C、D 四种作物的净效益函数分别以 $r_1(x)$、$r_2(x)$、$r_3(x)$、$r_4(x)$ 表示，列于表 5-1。

表 5-1　　作物灌溉净效益函数

x (万 m^3)	0	200	400	600	800	1000
$r_1(x)$ (万元)	0	18	25	30	33	35
$r_2(x)$ (万元)	0	20	25	22	20	18
$r_3(x)$ (万元)	0	13	26	40	40	37
$r_4(x)$ (万元)	0	15	25	30	31	31

先将状态变量、决策变量在可行域内离散化，离散间隔 $\Delta q=\Delta x=200$（万 m^3），如表 5-1 中第 1 行所示。然后由最后一个阶段开始，逆序进行逐阶段择优计算。

阶段 4 ($n=4$)：只供给一种作物用水，此时作物 D 获得水量 x_4 不大于可供分配的水量 q_4，即 $x_4\leqslant q_4$。本阶段最大效益的计算公式为

$$f_4^*(q_4)=\max_{\substack{0\leqslant x_4\leqslant q_4\\0\leqslant q_4\leqslant 1000}}\{r_4(x_4)\} \tag{5-33}$$

结果如表 5-2 所示，同时将其列于表 5-6 中第（1）、（2）、（3）列，供追寻最优策略时查用。

表 5-2　　$n=4$ 时择优计算表

q_4	0	200	400	600	800	1000
x_4	0	200	400	600	800	800
$f_4^*(q_4)$	0	15	25	30	31	31

阶段 3 ($n=3$)：本阶段要同时考虑供给作物 C 和作物 D。如作物 C 获得的水量为 x_3，则能够分配给作物 D 的水量为 $q_4=q_3-x_3$。这个阶段的递推方程为

$$f_3^*(q_3)=\max_{\substack{0\leqslant x_3\leqslant q_3\\0\leqslant q_3\leqslant 1000}}\{r_3(x_3)+f_4^*(q_3-x_3)\} \tag{5-34}$$

具体计算过程见表 5-3，择优结果列于表 5-6 中第（4）、（5）列。

表 5-3　　$n=3$ 时择优计算表

q_3	x_3	$q_4=q_3-x_3$	$r_3(x_3)$	$f_4^*(q_3-x_3)$	$r_3(x_3)+f_4^*(q_3-x_3)$	$f_3^*(q_3)$	x_3^*
0	0	0	0	0	0	0	0
200	0	200	0	15	15	15	0
	200	0	13	0	13		

续表

q_3	x_3	$q_4=q_3-x_3$	$r_3(x_3)$	$f_4^*(q_3-x_3)$	$r_3(x_3)+f_4^*(q_3-x_3)$	$f_3^*(q_3)$	x_3^*
400	0	400	0	25	25	28	200
	200	200	13	15	28		
	400	0	26	0	26		
600	0	600	0	30	30	41	400
	200	400	13	25	38		
	400	200	26	15	41		
	600	0	40	0	40		
800	0	800	0	31	31	55	600
	200	600	13	30	43		
	400	400	26	25	51		
	600	200	40	15	55		
	800	0	40	0	40		
1000	0	1000	0	31	31	65	600
	200	800	13	31	44		
	400	600	26	30	56		
	600	400	40	25	65		
	800	200	40	15	55		
	1000	0	37	0	37		

阶段 2（$n=2$）：此时要同时考虑向作物 B、C、D 三种作物供水。若作物 B 获得水量为 x_2，则能够作物 C 和 D 分配的水量为 $q_3=q_2-x_2$。本阶段递推方程为

$$f_2^*(q_2)=\max_{\substack{0\leqslant x_2\leqslant q_2\\0\leqslant q_2\leqslant 1000}}\{r_2(x_2)+f_3^*(q_2-x_2)\}\tag{5-35}$$

具体计算过程见表 5-4，择优结果列于表 5-6 中第（6）、（7）列。

阶段 1（$n=1$）：此时要同时考虑四种作物供水。若作物 A 获得水量 x_1，则能够供作物 B、C 和 D 分配的水量为 $q_2=q_1-x_1$。递推方程为

$$f_1^*(q_1)=\max_{\substack{0\leqslant x_1\leqslant q_1\\0\leqslant q_1\leqslant 1000}}\{r_1(x_1)+f_2^*(q_1-x_1)\}\tag{5-36}$$

具体计算过程见表 5-5，择优结果列于表 5-6 中的（8）、（9）列。

表 5-4　　$n=2$ 时择优计算表

q_2	x_2	$q_3=q_2-x$	$r_2(x_2)$	$f_3^*(q_2-x_2)$	$r_2(x_2)+f_3^*(q_2-x_2)$	$f_2^*(q_2)$	x_2^*
0	0	0	0	0	0	0	0
200	0	200	0	15	15	20	200
	200	0	20	0	20		
400	0	400	0	28	28	35	200
	200	200	20	15	35		
	400	0	25	0	25		

续表

q_2	x_2	$q_3=q_2-x$	$r_2(x_2)$	$f_3^*(q_2-x_2)$	$r_2(x_2)+f_3^*(q_2-x_2)$	$f_2^*(q_2)$	x_2^*
600	0	600	0	41	41	48	200
	200	400	20	28	48		
	400	200	25	15	40		
	600	0	22	0	22		
800	0	800	0	55	55	61	200
	200	600	20	41	61		
	400	400	25	28	53		
	600	200	22	15	37		
	800	0	20	0	20		
1000	0	1000	0	65	65	75	200
	200	800	20	55	75		
	400	600	25	41	66		
	600	400	22	28	50		
	800	200	20	15	35		
	1000	0	18	0	18		

表 5-5　　$n=1$ 时择优计算表

q_1	x_1	$q_2=q_1-x_1$	$r_1(x_1)$	$f_2^*(q_1-x_1)$	$r_1(x_1)+f_2^*(q_1-x_1)$	$f_1^*(q_1)$	x_1^*
1000	0	1000	0	75	75	79	200
	200	800	18	61	79		
	400	600	25	48	73		
	600	400	30	35	65		
	800	200	33	20	53		
	1000	0	35	0	35		

表 5-6　　各阶段择优成果汇总表

q	x_4^*	$f_4^*(q)$	x_3^*	$f_3^*(q)$	x_2^*	$f_2^*(q)$	x_1^*	$f_1^*(q)$
(1)	(2)	(3)	(4)	(5)	(6)	(7)	(8)	(9)
0	0	0	0	0	0	0		
200	200	15	0	15	200	20		
400	400	25	200	28	200	35		
600	600	30	400	41	200	48		
800	800	31	600	55	200	61		
1000	800	31	600	65	200	75	200	79

在完成逐阶段择优计算后，便由初始状态反演追寻最优策略，即确定最优分配方案。由表 5-6 中第（1）、（9）列可见，当 $q_1=Q=1000$ 万 m^3 时，最大净效益为 79 万元，由表中第（8）列查得作物 A 应获得水量 $x_1^*=200$ 万 m^3。

阶段 2 可供分配的水量 $q_2=q_1-x_1^*=1000-200=800$ 万 m^3，查表 5-6 中的（1）、（6）列，作物 B 应获得水量 $x_2^*=200$ 万 m^3。

阶段 3 可供分配的水量 $q_3=q_2-x_2^*=600$ 万 m^3，查表 5-6 中（1）、（4）列，作物 C 应获得水量 $x_3^*=400$ 万 m^3。

阶段 4 可供分配的水量 $q_4=q_3-x_3^*=200$ 万 m^3，查表 5-6 中（1）、（2）列。作物 D 应获得水量 $x_4^*=200$ 万 m^3。

故本例的最优分配方案是：$x_1^*=200$ 万 m^3，$x_2^*=200$ 万 m^3，$x_3^*=400$ 万 m^3，$x_4^*=200$ 万 m^3。最大总净效益 $F^*=79$ 万元。

由动态规划的解算方法可以看出，为进行递推计算，在高速存储（内存）中至少须存储相邻两个阶段所有可行状态（s_n 与 s_{n+1}）的后部子过程的最小总费用（或最大总效益）$f_n^*(s_n)$ 和 $f_{n+1}^*(s_{n+1})$，其中一个阶段所需内存量为 T_n，则两个阶段内存需要量为 $2T_n$

$$T_n=\prod_{i=1}^{m}T_i \tag{5-37}$$

式中 T_i——第 i 状态变量的离散点数；

m——状态向量维数，即状态变量数；

$\prod$——连乘符号。

若各状态变量之离散点数均为 T_i，则

$$T_n=T_i^m \tag{5-37a}$$

设 $T_i=100$，当 $m=4$ 时，$T_n=10^8$，这个数目已超过现有计算机的内存能力。

由此可见，尽管动态规划同枚举法相比，在计算量上有显著节省，但由于它需要的存储量和计算时间随状态向量的维数（m）呈指数增长，当维数高于 4 或 5 时，它需要的计算机存储量可能会超出现有计算机的存储能力；而且需花费大量的计算时间。这就是动态规划广泛应用的主要障碍——维数灾。

第五节 多维动态规划的求解方法

在动态规划数学模型中，如有两个或两个以上状态变量，或者在每一阶段需要选择两个或两个以上决策变量时，便构成多维动态规划问题。多维问题原则上可以用第二节所述方法求解，但由于计算机存储量和计算量随状态向量维数增加呈指数增长，使得动态规划广泛应用受到限制。自动态规划问世以来，为解决“维数灾”问题，R. E. 贝尔曼及其他学者提出了一些改进方法：这些方法可以归纳为几种途径。本节首先介绍多维动态规划问题的一般数学表达和求解方法的改进途径，然后介绍应用较为普遍的具有代表性的两种求解方法：动态规划逐次渐近法（Dynamic Programming Succesive Approximation，缩写为 DPSA）和离散微分动态规划法（Discrete Differential Dynamic Programming，缩写为 DDDP）。

一、多维动态规划问题的数学模型与求解方法的改进途径

（一）数学模型

现考虑一个时间离散的动态系统，阶段变量顺序编号，且阶段号码与阶段初一致。

系统方程 $$\boldsymbol{s}(n+1)=g[\boldsymbol{s}(n),\boldsymbol{d}(n)] \quad n=0,1,2,\cdots,N-1 \tag{5-38}$$

式中 n——阶段序号；

$\boldsymbol{s}(n)$——第 n 阶段的 m 维状态向量，$\boldsymbol{s}(n)=[s_1(n),s_2(n),\cdots,s_m(n)]^T$；

$\boldsymbol{d}(n)$——第 n 阶段的 q 维决策向量，$\boldsymbol{d}(n)=[d_1(n),d_2(n),\cdots,d_q(n)]^T$；

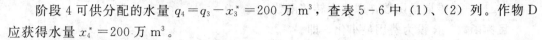

g——m 维向量函数，即状态转移函数。

目标函数　设为费用最小化，即

$$\min F=\sum_{n=0}^{n-1}L[\boldsymbol{s}(n),\boldsymbol{d}(n)] \tag{5-39}$$

式中　F——系统总费用；

$L[\boldsymbol{s}(n),\boldsymbol{d}(n)]$——系统在 $s(n)$ 状态下，由决策 $\boldsymbol{d}(n)$ 所产生的第 n 阶段费用。

约束条件

$$\boldsymbol{s}(n)\in\boldsymbol{S}(n)\quad(n=0,1,\cdots,N) \tag{5-40a}$$

$$\boldsymbol{d}(n)\in\boldsymbol{D}(s,n)\quad(n=0,1,\cdots,N-1) \tag{5-40b}$$

式中　$\boldsymbol{S}(n)$——阶段 n 的可行状态集合；

$\boldsymbol{D}(s,\ n)$——阶段 n 上状态 $\boldsymbol{s}$ 的可行决策集合。

边界条件　已知系统始端或终端的 m 维状态向量如下

$$\boldsymbol{s}(0)=\boldsymbol{C}(0)\quad \boldsymbol{s}(N)=\boldsymbol{C}(N) \tag{5-41}$$

以动态规划的向后计算法（逆序递推）为代表，写出其递推方程

$$\left.\begin{array}{ll} f_n^*[\boldsymbol{s}(n)]=\min\limits_{d(n)\in D(n)}\{L_n[\boldsymbol{s}(n),\boldsymbol{d}(n)]+f_{n+1}^*[\boldsymbol{s}(n+1)]\} & (n=0,1,\cdots,N-1) \\ f_N^*[\boldsymbol{s}(N)]=\phi[\boldsymbol{s}(N)] & (n=N) \end{array}\right\} \tag{5-42}$$

式中　$f_n^*[\boldsymbol{s}(n)]$——由状态 $\boldsymbol{s}(n)$ 开始直到终端的后部子过程最小总费用；

$f_{n+1}^*[\boldsymbol{s}(n+1)]$——由状态 $\boldsymbol{s}(n+1)$ 开始直到终端的后部子过程最小总费用，当 $\boldsymbol{s}(n+1)$ 不在具有已知最小总费用 $f_{n+1}^*[\boldsymbol{s}(n+1)]$ 的离散状态点上时，式(5-42)右端第 2 项需内插求得；

$\phi[\boldsymbol{s}(N)]$——仅与终端状态 $s(N)$ 有关的边值函数。

（二）求解方法的改进途径

前已述及，使用常规动态规划求解多维问题，需要的内存量 T_n 和计算量随问题维数的增加呈指数增长，即

$$T_n=T_i^m$$

维数很高时，会超过计算机的存储能力或使运算费用昂贵。故在贝尔曼提出动态规划后，一些学者又提出了各种改进方法，用来求解多维问题。这些方法大多是通过下列 3 种途径来减少存储量和计算量。

(1) 降低维数 m。动态规划逐次渐近法（DPSA）、聚合分解法（AD）等。

(2) 减少每次计算的离散状态点数 T_i。如离散微分动态规划法（DDDP）、双状态动态规划法（BSDP）等。

(3) 状态变量不离散。如微分动态规划法（DDP）、渐近优化算法（POA）等。

本节仅以动态规划逐次渐近法和离散微分动态规划法为代表，介绍多维问题的求解方法。

二、动态规划逐次渐近法（DPSA）

（一）基本思路

该法由贝尔曼提出，其基本思想是把包含若干决策变量的问题，变为仅仅包含一个决

策变量的若干子问题，每个子问题比原来的问题具有较少的状态变量，因而可减少高速存储量，所以它是一种降维方法。当状态变量数和决策变量数相等（$m=q$）时，每个子问题只有一个状态变量。为了便于说明这个方法，下面就以这种情况为例进行介绍。数学模型如式（5-38）～式（5-41）所表达，且 $m=q$。

（二）求解方法

首先假设一个由 $\boldsymbol{s}(0)=\boldsymbol{C}(0)$ 开始的虚拟状态序列（称为虚拟轨迹）$\{s_i^0(n)\}, n=0, 1, \cdots, N$；$i=1, 2, \cdots, m$。相应的决策序列（即策略）为 $\{d_i^0(n)\}$，$n=0, 1, \cdots, N-1$；$i=1, 2, \cdots, m$。其中 s 和 d 的右上角数字表示迭代次数；右下角 i 表示状态变量或决策变量的序号。

从 m 个状态变量中挑选一个如 s_1（s_1 表示第1个状态变量）为状态变量，而所有其他状态序列 $\{s_i^0(n)\}$，$i\neq 1$，假设固定不变，则这个问题在任一阶段 n 只有一个状态变量 $s_1(n)$。决策向量 $\boldsymbol{d}(n)$ 仍有 m 个分量，但由于（$m-1$）维状态必须保持固定不变，可以通过系统方程，将决策向量 $\boldsymbol{d}(n)$ 用相邻两个阶段的状态向量 $\boldsymbol{s}(n)$ 和 $\boldsymbol{s}(n+1)$ 表示，使各阶段已知的（$m-1$）维状态构成对 $\boldsymbol{d}(n)$ 的（$m-1$）个附加约束，所以真正起作用的决策变量也只有一个（参见［例5-3］）。这样就把原来的 m 维问题简化成一维问题。对于这个一维问题用动态规划（DP）求解，得到一个新的决策序列 $\{\boldsymbol{d}'(n)\}$ 和新的状态序列 $\{\boldsymbol{s}'(n)\}$。

然后，另选一个状态变量，如 s_2，重复以上最优化过程，直到每个状态变量对于这个最优化过程至少被选了一次；并且当针对任一状态变量进行最优化都得到相同的决策序列和状态序列时，便结束计算。

这一方法大大节省了计算机存储量和计算时间，但不能保证在所有情况下都收敛到真正的最优解。贝尔曼曾建议若干方法增加寻找真正最优解的可能性，例如由一些不同的虚拟轨迹开始等。事实上，如果虚拟轨迹充分接近最优轨迹，就会收敛到这个最优轨迹。

上述基本原理同样适用于决策向量维数 q 不等于状态向量维数 m 的问题。对于 q 小于 m 的问题，可把原问题分成 q 个子问题，每个子问题包含一个决策变量和少于 m 个的状态变量。对于 q 大于 m 的问题。也是按决策变量划分子问题，在很多情况下，每个子问题中只包含一个决策变量和一个状态变量，可按一维问题求解。

下面用一个 $m=q$ 的数例说明具体计算过程。

【例5-4】　设有一个二维问题，其数学表达如下。

系统方程

$$s_1(n+1)=s_1(n)+s_2(n)+d_1(n) \tag{5-43a}$$

$$s_2(n+1)=s_2(n)+d_2(n) \tag{5-43b}$$

$$n=0, 1, 2, 3, 4$$

目标函数

$$\min F=\sum_{n=0}^{4}\{[s_1(n)]^2+[s_2(n)]^2+[d_1(n)]^2+[d_2(n)]^2\} + 2.5\{[s_1(5)-2]^2+[s_2(5)-1]^2\} \tag{5-44}$$

式（5-44）中，右端第1项为各阶段费用函数 $L_n[\boldsymbol{s}(n), \boldsymbol{d}(n)]$；第2项为边值函数 $\phi_n[s(N)]$，它表示终端状态 $s_1(5)$、$s_2(5)$ 不符合规定的边界值时所增加的费用。

约束条件

$$0\leqslant s_1(n)\leqslant 2 \tag{5-45a}$$

$$-1\leqslant s_2(n)\leqslant 1 \tag{5-45b}$$

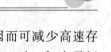

$$n=0, 1, 2, 3, 4, 5$$

$$-1 \leqslant d_1(n) \leqslant 1 \tag{5-45c}$$

$$-1 \leqslant d_2(n) \leqslant 1 \tag{5-45d}$$

$$n=0, 1, 2, 3, 4$$

初始条件
$$s_1(0)=2 \tag{5-46a}$$

$$s_2(0)=1 \tag{5-46b}$$

状态变量 s_1、s_2 分别按均匀的增量 $\Delta s_1=0.5$ 和 $\Delta s_2=0.25$ 加以离散，决策变量不事先进行离散，而在计算中允许取任何可行值，以便对任一指定的面临阶段离散状态，能转移到下一阶段给定的离散状态，这样就可避免内插。所假设的虚拟轨迹列于表 5-7，迭代步骤如下。

表 5-7　虚拟轨迹

n	s_1^0	s_2^0	d_1^0	d_2^0	备　注
0	2	1	−1	−1	s_1^0，s_2^0 为规定值；d_1^0，d_2^0 系根据 s_1^0，s_2^0 用系统方程计算求得
1	2	0	−1	0	
2	1	0	−1	0	
3	0	0	1	0	
4	1	0	1	1	
5	2	1			
总费用 $F=18$					

1. 第 1 次迭代

先以 s_2 为状态变量，s_1 的状态序列 $\{s_1^0(n)\}$，$n=0, 1, \cdots, 5$，固定为表 5-7 中第 2 列数值，改写式（5-43a），使 d_1 成为 s_2 的函数，以便维持 d_1 与 s_2 序列的关系，即

$$d_1(n)=s_1^0(n+1)-s_1^0(n)-s_2(n) \tag{5-47}$$

于是，原问题变成只有一个状态变量 s_2、一个决策变量 d_2 的一维问题。这一最优化问题具有：

系统方程
$$s_2(n+1)=s_2(n)+d_2(n) \tag{5-48}$$

目标函数
$$\begin{aligned}\min F = \sum_{n=0}^{4}\{&[s_1^0(n)]^2+[s_2(n)]^2+[s_1^0(n+1)\\&-s_1^0(n)-s_2(n)]^2+[d_2(n)]^2\}\\&+2.5\{[s_1^0(5)-2]^2+[s_2(5)-1]^2\}\end{aligned} \tag{5-49}$$

约束条件
$$-1 \leqslant s_2(n) \leqslant 1 \tag{5-50a}$$

$$-1 \leqslant d_2(n) \leqslant 1 \tag{5-50b}$$

$$-1 \leqslant s_1^0(n+1)-s_1^0(n)-s_2(n) \leqslant 1 \tag{5-50c}$$

初始条件
$$s_2(0)=1 \tag{5-51}$$

约束式（5-50c）系由对决策变量 d_1 的约束和式（5-47）所表示的关系所引起，它作为对状态变量 s_2 的附加约束。对这个一维动态规划问题，用常规动态规划（DP）方法进行最优化，其递推方程为

$$f_n^*(s_2(n))=\min_{d_2(n)}\{L(s_2(n),d_2(n))+f_{n+1}^*[s_2(n+1)]\}$$

$$=\min_{d_2(n)}\{[s_1^0(n)]^2+[s_2(n)]^2+[s_1^0(n+1)-s_1^0(n)-s_2(n)]^2$$
$$+[d_2(n)]^2+f_{n+1}^*[s_2(n+1)]\}\quad(n=0,1,2,3)\tag{5-52}$$

$$f_4^*[s_2(4)]=\min_{d_2(4)}\{L[s_2(4),d_2(4)]+\phi_5[s_2(5)]\}$$
$$=\min_{d_2(4)}\{[s_1^0(4)]^2+[s_2(4)]^2+[s_1^0(5)-s_1^0(4)-s_2(4)]^2$$
$$+[d_2(4)]^2+2.5\{[s_1^0(5)-2]^2+[s_2(5)-1]^2\}\}\quad(n=4)\tag{5-53}$$

$s_2(n)$ 按事先给定的增量 $\Delta s_2=0.25$ 离散为 9 个状态点，即 $s_2(n)$：{1，0.75，0.5，0.25，0，−0.25，−0.5，−0.75，−1}，如图 5-7 所示。然后按下述步骤进行优化计算。

(1) 由最后阶段开始逐阶段进行递推计算

$n=4$

由表 5-7 查得 $s_1^0(4)=1$，$s_1^0(5)=2$，将其代入式（5-53）得阶段 4 的递推方程

$$f_4^*[s_2(4)]=\min_{d_2(4)}\{1+[s_2(4)]^2+[1-s_2(4)]^2+[d_2(4)]^2\}+2.5\{[s_2(5)-1]^2\}\tag{5-54}$$

式（5-54）右端 1～4 项之和为阶段 4 的费用函数 L_4，第 5 项为边值函数 $\phi_5[s_2(5)]$。现从 $s_2(4)=1$ 开始，进行状态循环，为每个可行状态选择最优决策。

1) $s_2(4)=1$，此时式（5-54）可进一步简化为

$$f_4^*[s_2(4)]=\min_{d_2(4)}\{2+[d_2(4)]^2\}+2.5\{[s_2(5)-1]^2\}\tag{5-55}$$

该状态下的决策不事先指定，而是首先令 $s_2(4)$ 转移到终端某个离散状态 $s_2(5)$，再由系统方程求得相应的决策 $d_2(4)=s_2(5)-s_2(4)$，并对 $d_2(4)$ 进行检验，看其是否满足约束。对于 $s_2(4)=1$，$s_2(5)$ 在 0～1 之间时，其相应的决策 $d_2(4)$ 可行；而 $s_2(5)<0$ 时，$d_2(4)<-1$，决策不可行。该状态点的优化计算见表 5-8。

表 5-8 中，第 4 列 f_4 [·] 为 L_4（第 1 项）和 ϕ_5（第 2 项）之和；第 5 列和第 6 列为该状态下优选结果，记入图 5-7。最优决策"0"记在 $s_2(4)=1$ 网点的右下方，余留过程最小总费用"2"记在该网点的右上方，$\phi_5[s_2(5)]$记在终端各网点旁。

2) 用同样方法依次为状态 $s_2(4)=0.75$，0.5，0.25，0 选择最优决策，并将其余留过程的最小总费用和最优决策分别记在图 5-7 中各网点旁。

3) 当 $s_2(4)<0$（即 $s_2(4)=-0.25$，−0.5，−0.75，−1）时，不满足附加约束：$-1\leqslant d_1(4)=s_1^0(5)-s_1^0(4)-s_2(4)=1-s_2(4)\leqslant 1$，故这些状态点不可行，不再进行择优计算。如图 5-7 中带✕的网点。

$n=3$

表 5-8　　$s_2(4)=1$ 时择优计算表

$s_2(4)$	$s_2(5)$	$d_2(4)=s_2(5)-s_2(4)$	$f_4[s_2(4),d_2(4)]$	$f_4^*[s_2(4)]$	$d_2^*(4)$
(1)	(2)	(3)	(4)	(5)	(6)
1	1.0	0	2+0=2	2	0
	0.75	−0.25	2.06+0.16=2.22		
	0.50	−0.50	2.25+0.63=2.88		
	0.25	−0.75	2.56+1.41=3.97		
	0	−1.00	3+2.5=5.5		

续表

$s_2(4)$	$s_2(5)$	$d_2(4)=s_2(5)-s_2(4)$	$f_4[s_2(4),d_2(4)]$	$f_4^*[s_2(4)]$	$d_2^*(4)$
(1)	(2)	(3)	(4)	(5)	(6)
	−0.25 … −1.0	−1.25 … −2.0 } 决策不可行			

由表 5-7 查得 $s_1^0(4)=1$，$s_1^0(3)=0$，代入式（5-52）得阶段 3 的递推方程

$$f_3^*[s_2(3)]=\min_{d_2(3)}\{[s_2(3)]^2+[1-s_2(3)]^2+[d_2(3)]^2+f_4^*[s_2(4)]\} \quad (5-56)$$

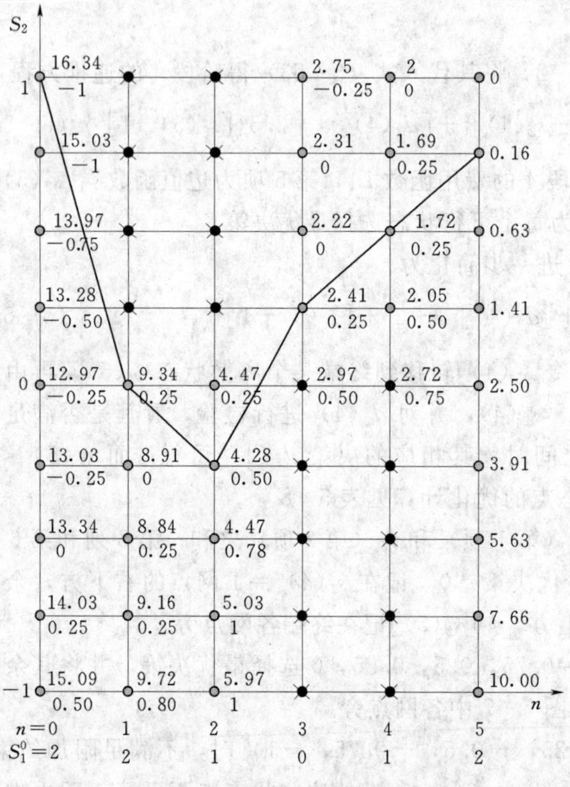

图 5-7　动态规划逐次渐近法第一次迭代结果

✕—不符合要求的离散状态

按与 $n=4$ 同样算法，为每个可行状态点选择最优决策，并将这些状态下的最优决策及其余留过程的最小总费用计入图 5-7 第 3 阶段各网点旁。

$n=3$，2，1，0，计算过程同上，不在赘述。

（2）递推到阶段 0，由给定的初始状态 $s_2(0)=1$ 开始反演，追寻最优轨迹和最优策略。利用系统方程式（5-48）按最优决策进行状态转移，便可求得最优轨迹和最优策略。已知 $s_2(0)=1$，由图 5-7 查得该状态下的最优决策 $d_2^*(0)=-1$，系统最小总费用 $f^*[s_2(0)]=16.34$。

阶段 1 状态 $s_2(1)=s_2(0)+d_2^*(0)=1-1=0$，由图 5-7 查得 $d_2^*(1)=-0.25$。

阶段 2 状态 $s_2(2)=s_2(1)+d_2^*(1)=0-0.25=-0.25$，由图 5-7 查得 $d_2^*(2)=0.5$。

阶段 3 状态 $s_2(3)=s_2(2)+d_2^*(2)=-0.25+0.5=0.25$，由图 5-7 查得 $d_2^*(3)=0.25$。

阶段 4 状态 $s_2(4)=s_2(3)+d_2^*(3)=0.25+0.25=0.5$，由图 5-7 查得 $d_2^*(4)=0.25$。

终端状态 $s_2(5)=s_2(4)+d_2^*(4)=0.5+0.25=0.75$。

于是得最优轨迹 $s_2^1(n):\{1,0,-0.25,0.25,0.5,0.75\}$，见图 5-7 中的粗实线，同时列于表 5-9 第 3 列；最优策略 $d_2^1(n):\{-1,-0.25,0.5,0.25,0.25\}$，列于表 5-9 第 5 列。此外，由于 d_1 与 s_2 有关，须将 $s'_2(n)$ 代入式（5-47），以求得新的决策数列 $\{d_1^0(n)\}$，$n=0$，1，2，3，4，见表 5-9 第 4 列。$s_1^0(n)$ 仍为虚拟轨迹。

表 5-9　　经一次迭代后的轨迹

n	s_1^0	s_2^1	d_1^0	d_2^1
0	2.00	1.00	−1.00	−1.00
1	2.00	0.00	−1.00	−0.25
2	1.00	−0.25	−0.75	0.50
3	0.00	0.25	0.75	0.25
4	1.00	0.50	0.50	0.25
5	2.00	0.75		
总费用 $F=16.34$				

从表 5-9 可以看出：①新的序列$\{s_2^1(n)\}$与$\{d_2^1(n)\}$与表 5-7 所列虚拟轨迹有很大变化；②尽管序列 $\{s_1^0(n)\}$ 保持不变，但序列 $\{d_1^0(n)\}$ 已经改变，这一改变是由式（5-47）中$\{s_2(n)\}$变化所引起；③第一次迭代已使费用由 18 减为 16.34。

2. 第 2 次迭代

令序列$\{s_2(n)\}$保持不变，取表 5-9 中$\{s_2^1(n)\}$值。以 s_1 作为状态变量进行最优化，原问题变成只有一个状态变量 s_1、一个决策变量 d_1 的一维问题，这一最优化问题具有：

系统方程
$$s_1(n+1)=s_1(n)+s_2^1(n)+d_1(n) \tag{5-57}$$

目标函数
$$\min F=\sum_{n=0}^{4}\{[s_1(n)]^2+[s_2^1(n)]^2+[d_1(n)]^2+[d_2^1(n)]^2\}+2.5\{[s_1(5)-2]^2+[s_2^1(5)-1]^2\} \tag{5-58}$$

约束条件
$$0\leqslant s_1(n)\leqslant 2\quad -1\leqslant d_1(n)\leqslant 1 \tag{5-59}$$

初始条件
$$s_1(0)=2 \tag{5-60}$$

由于反映 s_1 转移关系的系统方程式（5-43b）中不包含 $s_1(n)$，即
$$d_2(n)=s_2^1(n+1)-s_2^1(n)=d_2^1(n) \tag{5-61}$$
所以对 $s_1(n)$ 的最优化不影响 $d_2(n)$，因而对 $d_2(n)$ 的约束也不形成对 $s_1(n)$ 的约束。

本次迭代计算过程与第 1 次相同，但状态按增量 $\Delta s_1=0.5$ 进行离散，最优化结果见图 5-8，最优轨迹$\{s_1^1(n)\}$和最优策略$\{d_1^1(n)\}$列于表 5-10。

3. 第 3 次迭代

再以 s_2 为状态变量进行最优化。这一问题的数学表达与第 1 次迭代中的式（5-47）～式（5-51）相同，唯一差别是序列$\{s_1(n)\}$来自表 5-10，而不是原始的虚拟轨迹。最优化结果见表 5-11。

表 5-10　　经两次迭代后的轨迹

n	s_1^1	s_2^1	d_1^1	d_2^1
0	2.00	1.00	−1.00	−1.00
1	2.00	0.00	−1.00	−0.25
2	1.00	−0.25	−0.25	0.50
3	0.50	0.25	−0.25	0.25
4	0.50	0.50	0.50	0.25
5	1.50	0.75		
总费用 $F=15.47$				

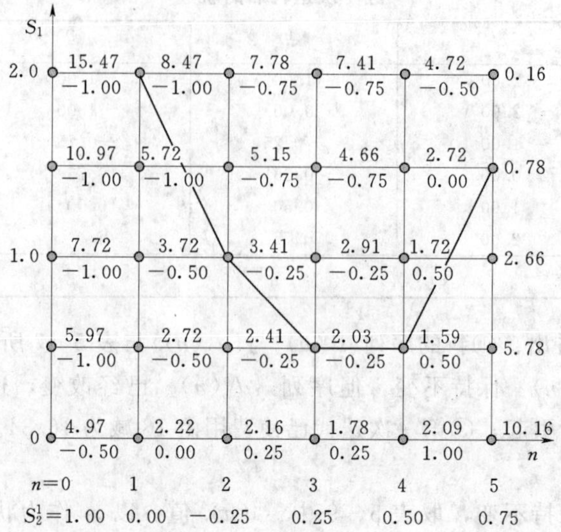

图 5-8　动态规划逐次渐近法第 2 次迭代结果

表 5-11　　**经三次迭代后的轨迹——最优轨迹**

n	s_1^1	s_2^2	d_1^1	d_2^2
0	2.00	1.00	−1.00	−1.00
1	2.00	0.00	−1.00	−0.25
2	1.00	−0.25	−0.25	0.25
3	0.50	0.00	0.00	0.50
4	0.50	0.50	0.50	0.25
5	1.50	0.75		
最小总费用 $F=15.34$				

4. 第四次迭代

又以 s_1 作为状态变量进行最优化，其数学表达与第 2 次迭代中的式（5-57）～式（5-60）相同，仅以$\{s_2^2(n)\}$、$\{d_2^2(n)\}$代替$\{s_2^1(n)\}$、$\{d_2^1(n)\}$。第 4 次迭代得到与第 3 次迭代相同的最优轨迹，即优化结果和表 5-11 完全相同。而且如果进一步迭代，也不再改变这个轨迹，于是得最优解。表 5-11 所列成果就是原问题的最优轨迹和最优策略。

这个例子维数较低，可用常规动态规划法（DP）求得最优解。当 DPSA 法和 DP 法使用相同的增量时，可以得到相同的最优轨迹和最优策略，这说明该问题能够收敛到真正最优解。

三、离散微分动态规划法（DDDP）

（一）基本思路

DDDP 法系由黑达利（Heidari）、周文德等人在微分动态规划（DDP）的理论基础上提出的一种迭代方法。它是由一个满足给定的约束条件和边界条件的初始试验轨迹开始，并在这个试验轨迹的某个邻域内将状态离散化；然后使用动态规划的递推方程，在各离散状态间寻找一个改善轨迹；并以此作为下次迭代的试验轨迹，重复进行，直到寻找出最优轨迹为止。由于每次迭代计算中各阶段的离散状态点数很少，从而大大减小了存储量和计算时间。DDDP 法的数学模型见式（5-38）～式（5-41）。

（二）DDDP 的求解方法

（1）首先假设一个满足约束条件的初始试验策略 $\{\boldsymbol{d}^0(n)\}$，$n=0, 1, \cdots, N-1$，并根据该初始试验策略由系统方程确定各阶段的状态向量，该状态向量序列称做初始试验轨迹，以 $\{\boldsymbol{s}^0(n)\}$，$n=0, 1, \cdots, N$ 表示。它必须满足约束和边界条件。由 $\{\boldsymbol{s}^0(n)\}$ 和 $\{\boldsymbol{d}^0(n)\}$ 求得系统总费用

$$F^0 = \sum_{n=0}^{N-1} L[\boldsymbol{s}^0(n), \boldsymbol{d}^0(n)] \tag{5-62}$$

并将 $\{\boldsymbol{s}^0(n)\}$ 和 $\{\boldsymbol{d}^0(n)\}$ 作为第 1 次迭代的试验轨迹 $\{s^k(n)\}$ 和 $\{d^k(n)\}$（k 为迭代次数，第 1 次迭代 $k=1$）。若系统方程可逆，也可先假设初始试验轨迹 $\{\boldsymbol{s}^0(n)\}$，再由逆系统方程求得相应的初始试验策略 $\{\boldsymbol{d}^0(n)\}$。

（2）若每个状态变量离散为 T 个状态点，则 m 维状态向量共有 T^m 个离散状态点，因而在任一阶段 n 须选择 T^m 个状态增量 $\Delta\boldsymbol{s}_j(n)$，$j=1, \cdots, T^m$。在试验轨迹的周围，用 $\{\boldsymbol{s}^k(n)+\Delta\boldsymbol{s}_j(n)\}$ 形成了 T^m 个离散状态点，这些状态点便构成本次迭代的状态域。

如果所研究的动态系统具有 m 个状态变量（m 维状态向量），则每个增量 $\Delta s_j(n)$ 都是一个 m 维向量，即

$$\Delta s_j(n) = \begin{bmatrix} \delta s_{j1}(n) \\ \delta s_{j2}(n) \\ \vdots \\ \delta s_{ji}(n) \\ \vdots \\ \delta s_{jm}(n) \end{bmatrix} \quad \begin{matrix} (n=0,1,\cdots,N) \\ (j=1,2,\cdots,T^m) \\ (i=1,2,\cdots,m) \end{matrix} \tag{5-63}$$

式中　n ——阶段序号；

j ——第 n 阶段所建立的状态点序号，图 5-9（a）、（b）分别表示 $m=1$、$T=3$ 和 $m=2$、$T=3$ 时状态域内网点分布；

i ——第 n 阶段 j 个状态点之增量向量中的分量序号，与状态变量序号一致。

一般初始增量选得较大，以后逐渐缩小，据经验，每个状态变量离散点数 $T=3\sim7$ 个即可。

将 $\Delta s_j(n)$ 加到阶段 n 的实验轨迹上，就形成了阶段 n 的 m 维状态子域 $\boldsymbol{C}(n)$：$\{\boldsymbol{s}^k(n)+\Delta\boldsymbol{s}_j(n)\}\in\boldsymbol{S}(n)$，图 5-9($b$)表示一个二维问题 $n=1$ 和 $n=2$ 时的子域 $\boldsymbol{C}(1)$ 和 $\boldsymbol{C}(2)$。阶段 1～N 的状态子域总体即状态域 $\boldsymbol{C}$，常称 $\boldsymbol{C}$ 为廊道。

（3）在廊道 $\boldsymbol{C}$ 中，使用常规动态规划法寻求最小费用 F^k，并进行反演求得最优轨迹 $\{\boldsymbol{s}^k(n)\}^*$ 和最优策略 $\{\boldsymbol{d}^k(n)\}^*$。由于不是在整个可行域内寻优，这个 $\{\boldsymbol{s}^k(n)\}^*$ 和 $\{\boldsymbol{d}^k(n)\}^*$ 不是真正的最优解，仅仅是改善轨迹和改善策略。

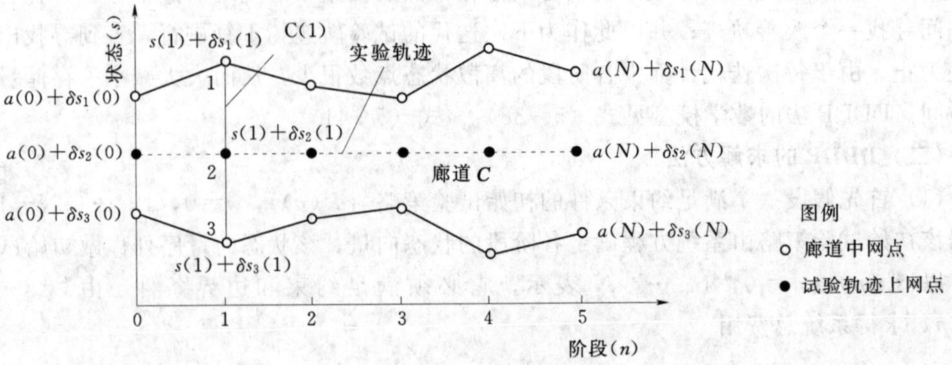

$m=1\quad T=3$ 一个阶段的网点数 $T^m=3$

(a)

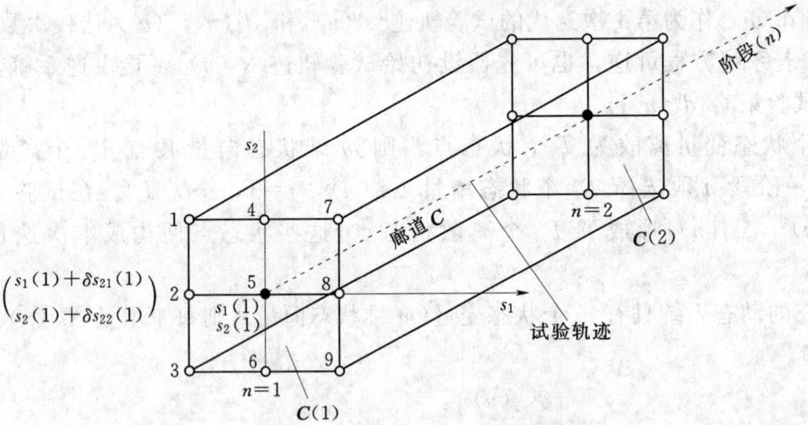

$m=2\quad T=3$ 一个阶段的网点数 $T^m=9$

(b)

图 5-9　DDDP 法择优廊道示意图

(a)一维问题；(b)二维问题

上述包括廊道的形成，针对廊道内状态的优化，以及为了获得整个系统的改善轨迹而进行反演的过程叫做一次迭代。

(4) 以本次（第 k 次）迭代求得的$\{\boldsymbol{s}^k(n)\}^*$和$\{\boldsymbol{d}^k(n)\}^*$作为下次（第 $k+1$ 次）迭代之试验轨迹和试验策略，即

$$\{\boldsymbol{s}^{k+1}(n)\}=\{\boldsymbol{s}^k(n)\}^*\qquad(n=0,1,2,\cdots,N)$$

$$\{\boldsymbol{d}^{k+1}(n)\}=\{\boldsymbol{d}^k(n)\}^*\qquad(n=0,1,2,\cdots,N-1)$$

并将本次迭代与前次迭代求得之最小总费用进行比较。当其相对误差小于预先规定的允许误差 ε_1 即

$$\frac{|F^k-F^{k-1}|}{F^{k-1}}\leqslant\varepsilon_1\tag{5-64}$$

时，便减小增量 $\Delta\boldsymbol{s}_j(n)$，在新的试验轨迹周围建立起较小的廊道；否则，仍采用原来的

增量在新试验轨迹周围建立廊道。无论是否减小增量，都重复第（2）、（3）、（4）步，进行下一次迭代。

（5）如此迭代下去，并再三地减小整个系统的 $\Delta s_j(n)$，直到 $\Delta \boldsymbol{s}_j(n)$ 小于一个规定值 Δ；并且前后两次迭代最小总费用之相对误差也小于允许误差 $\varepsilon_2(\varepsilon_2 \leqslant \varepsilon_1)$，便结束这个初始试验策略$\{\boldsymbol{d}^0(n)\}$和初始试验轨迹$\{s^0(n)\}$的迭代。最后一次迭代所得最优解就是原问题的最优解，包括最优策略$\{\boldsymbol{d}(n)\}^*$、最优轨迹$\{s(n)\}^*$和最优目标函数值 F^*。

（6）由于动态规划求解的问题不一定是凸规划问题，只从一个初始试验策略开始求得的最优解不能保证是全局最优解。因此须假设几个不同的初始试验策略和相应的初始试验轨迹，进行上述（1）～（5）步计算，求得几个相应的最优解。一般选择其中总费用最小者为采用的最优解；当然，也可以根据社会、政治和经济等各方面因素，选择其中某一个为采用的最优解。

上述计算步骤可参见图 5－10。由 DDDP 法的解算步骤可以看出，它不需要在状态变量的整个可行域内择优，而只要在试验轨迹的某个邻域（即廊道 $\boldsymbol{C}$）内很少的几个离散状态点上择优，因而可大大节省存储量和计算时间，为求解多维问题提供了条件。

用 DDDP 法求解多维动态规划的详细计算过程参见［例 5－1］。

（三）系统方程的可逆性

前已述及，当用系统方程转移到的 $s(n+1)$ 不在事先离散的状态点上时，递推方程右端第 2 项要进行内插，对高维系统而言，这种内插常产生不精确的结果，并且需要大量的计算时间。而可逆系统可以避免这种内插。

1. 可逆系统方程

如果一个动态系统方程组的反函数存在且唯一，则可根据状态向量与决策向量的函数关系，从由决策向量表达的系统方程中解出决策向量，这样的系统方程称为可逆的系统方程。根据方程组的反函数存在定理可以推得：若一个系统的状态向量维数等于决策向量维数（即 $m=q$），并且对任一阶段 n，系统方程

$$\left.\begin{aligned} s_1(n+1)&=g_1[\boldsymbol{s}(n),\boldsymbol{d}(n)]\\ s_2(n+1)&=g_2[\boldsymbol{s}(n),\boldsymbol{d}(n)]\\ &\vdots\\ s_i(n+1)&=g_i[\boldsymbol{s}(n),\boldsymbol{d}(n)]\\ &\vdots\\ s_m(n+1)&=g_m[\boldsymbol{s}(n),\boldsymbol{d}(n)] \end{aligned}\right\} \tag{5-65}$$

的$\partial g_i/\partial d_j(i,\ j=1,\ \cdots,\ m)$所形成的矩阵都是非奇异阵，则该系统方程是可逆的，因而能通过状态向量解出决策向量

$$\left.\begin{aligned} d_1(n)&=\phi_1[\boldsymbol{s}(n),\boldsymbol{s}(n+1)]\\ d_2(n)&=\phi_2[\boldsymbol{s}(n),\boldsymbol{s}(n+1)]\\ &\vdots\\ d_i(n)&=\phi_i[\boldsymbol{s}(n),\boldsymbol{s}(n+1)]\\ &\vdots\\ d_m(n)&=\phi_m[\boldsymbol{s}(n),\boldsymbol{s}(n+1)] \end{aligned}\right\} \tag{5-66}$$

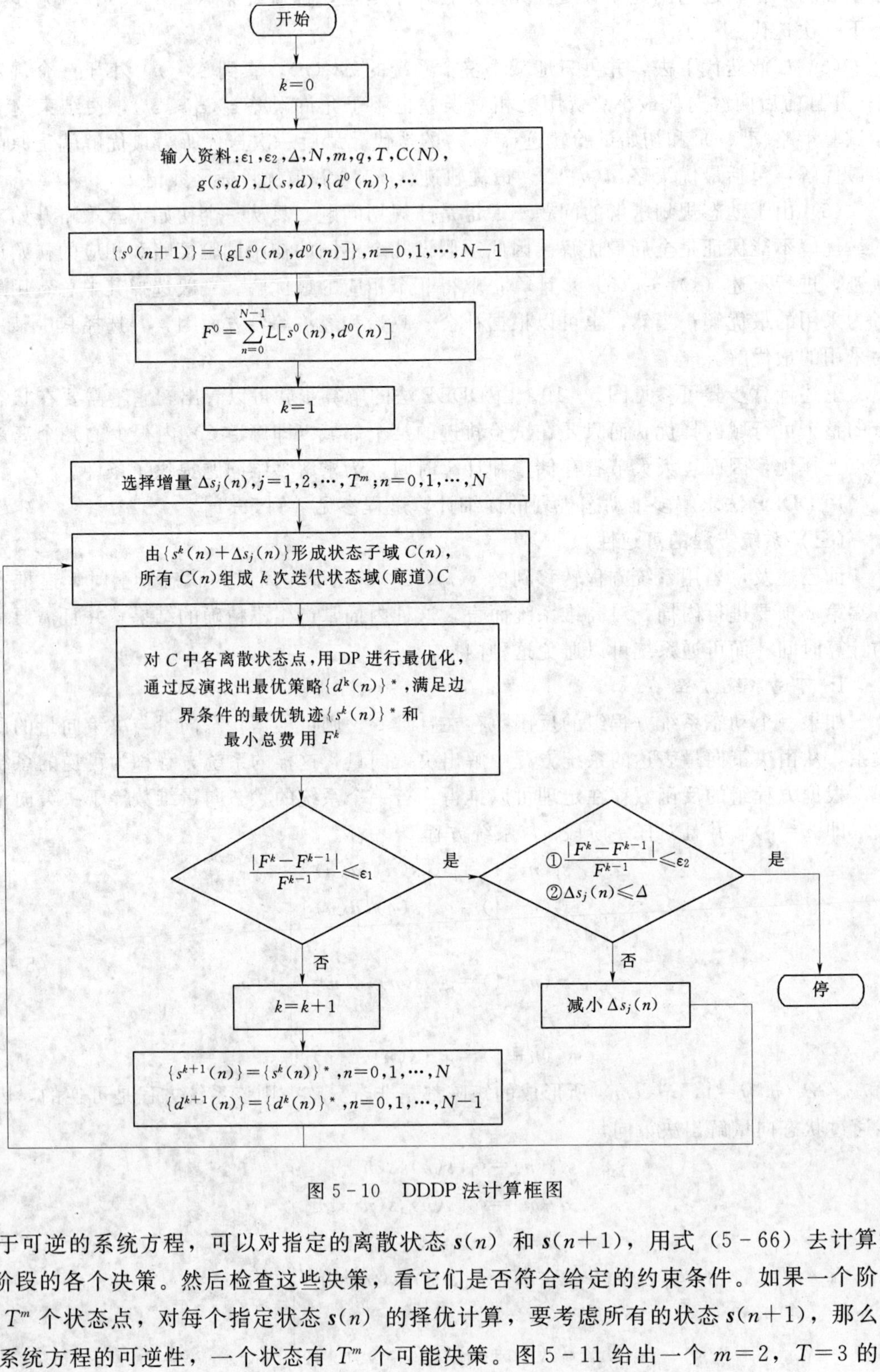

图5-10　DDDP法计算框图

对于可逆的系统方程，可以对指定的离散状态 $s(n)$ 和 $s(n+1)$，用式（5-66）去计算第 n 阶段的各个决策。然后检查这些决策，看它们是否符合给定的约束条件。如果一个阶段有 T^m 个状态点，对每个指定状态 $s(n)$ 的择优计算，要考虑所有的状态 $s(n+1)$，那么根据系统方程的可逆性，一个状态有 T^m 个可能决策。图5-11给出一个 $m=2$，$T=3$ 的系统的可能决策（共9个）。当这 T^m 个决策应用于递推方程时，由于 $\boldsymbol{s}(n+1)$ 是指定的离散状态，其相应的最小费用 $f_{n+1}^*[(\boldsymbol{s}_{n+1})]$已在（$n+1$）阶段择优计算中求得，不需插补 $f_{n+1}^*[(\boldsymbol{s}_{n+1})]$项，而可直接计算 $f_n^*[(\boldsymbol{s}_n)]$。这样就消除了由插补所产生的误差，并减少了计算时间。对多维系统来说，其精确度和计算速度远远超过带有插补的那些方法。

2. 灌溉水库群系统中系统方程的可逆性

以灌溉水库群为代表的灌溉水资源系统中之系统方程一般是可逆的。这是由于系统方程式（5-65）中第 i 个分量可以写成

$$s_i(n+1)=s_i(n)+y_i(n)-d_i(n)-u_i(n)\quad(i=1,2,\cdots,m)\tag{5-67}$$

式中　i——水库序号，$i=1，2，\cdots，m$；

$s_i(n)$——第 i 水库第 n 阶段初蓄水量，为状态变量；

$d_i(n)$——第 i 水库第 n 阶段的放水量，为决策变量；

$y_i(n)$——第 i 水库第 n 阶段的入库径流量；

$u_i(n)$——第 i 水库第 n 阶段的蒸发和渗漏损失量。

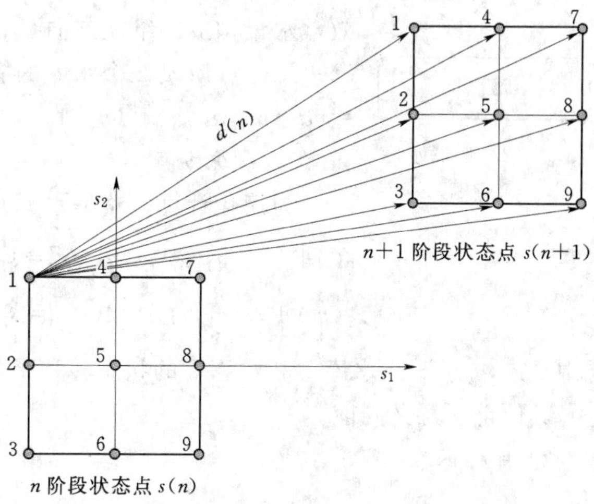

图5-11　二维动态规划择优计算示意图

式（5-67）代表由 m 个分量组成的系统方程，当 $i=j=1，2，\cdots，m$ 时，其

$$\frac{\partial g_i}{\partial d_j}=-1\neq 0$$

由$\partial g_i/\partial d_j$ 所形成的矩阵为非奇异阵，所以系统方程是可逆的。若损失忽略不计，就可将式（5-67）中 $d(n)$ 表示为

$$d_i(n)=s_i(n)-s_i(n+1)+y_i(n)=\phi_i[s(n),s(n+1),y_i(n)]\tag{5-68}$$

这样，在对第 n 阶段状态 $s_i(n)$ 选择最优决策时，就可指定具有 $f_{n+1}^*[\boldsymbol{s}(n+1)]$的状态 $s_i(n+1)$，由式（5-68）求出 $d_i(n)$，递推方程右端第2项 $f_{n+1}^*[\boldsymbol{s}(n+1)]$就不需内插了。

第六节　应　用　实　例

动态规划应用十分广泛，本节主要介绍它在灌溉、排水等水资源系统规划与运行中的应用。

一、水库群系统的最优运行

【例5-5】　图5-12表示两个串联水库，兴利库容均为6，年初、年末水库蓄水量为3。各水库出流都用来发电，其中第二个水库出流发电后再引入灌区进行灌溉。为便于

讲述求解方法，将问题简化为一年按季度划分为四个运行期，各运行期电站最大可能放水量为3，电站和灌区引入单位水量所产生的效益见表5-12。根据预报得知某年内各运行期进入水库1的径流量，见表5-13。水库1与水库2之间的区间径流忽略不计。

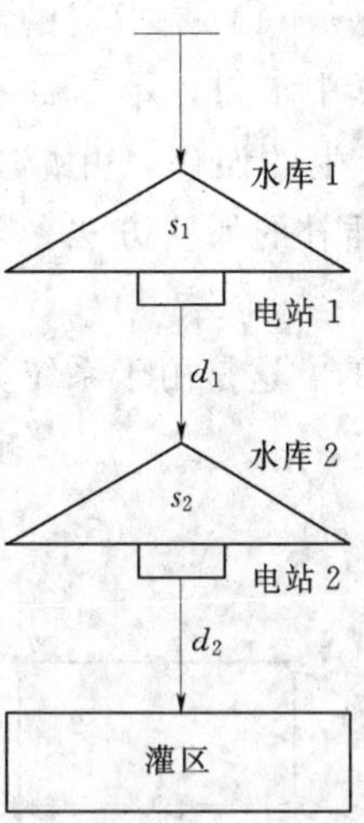

图5-12 串联水库示意图

试问两个水库在各运行期怎样放水，才能使该年发电和灌溉的总净效益最大。

（一）数学模型

首先选择阶段、状态和决策变量。全年按季度分成4个阶段，阶段变量顺序编号以$n=1$，2，3，4表示。各阶段初2个水库的有效蓄水量构成二维状态向量，以$\boldsymbol{s}(n)=[s_1(n),s_2(n)]^T(n=1,2,3,4,5)$表示。各阶段2个水库的有效放水量构成二维决策向量，以$\boldsymbol{d}(n)=[d_1(n),d_2(n)]^T(n=1,2,3,4)$表示。

1. 系统方程

为简化计算，略去水库水量损失，则系统方程为

$$s_1(n+1)=g_1[\boldsymbol{s}(n),\boldsymbol{d}(n)]=s_1(n)+y_1(n)-d_1(n) \tag{5-69}$$

$$s_2(n+1)=g_2[\boldsymbol{s}(n),\boldsymbol{d}(n)]=s_2(n)+d_1(n)-d_2(n) \tag{5-70}$$

式中 g_1，g_2—— 水库1和水库2的状态转移函数；

其他符号意义同前。

2. 目标函数

$$\max\left\{F=\sum_{n=1}^{4}\left[\sum_{i=1}^{2}b_i(n)d_i(n)+b_3(n)d_2(n)\right]\right\} \tag{5-71}$$

式中 b_i—— 供给电站1、电站2和灌区单位水量所产生的效益，$i=1$，2，3。

3. 约束条件

$$0\leqslant s_1(n)\leqslant 6 \quad 0\leqslant s_2(n)\leqslant 6 \quad (n=1,\cdots,5) \tag{5-72}$$

$$\left.\begin{aligned}&0\leqslant d_1(n)\leqslant 3\\&0\leqslant d_2(n)\leqslant 3\\&(n=1,\cdots,4)\end{aligned}\right\} \tag{5-73}$$

4. 边界条件

$$s_1(1)=s_1(5)=3 \tag{5-74}$$

$$s_2(1)=s_2(5)=3 \tag{5-75}$$

表5-12 各运行期单位水量净效益 $b_1(n)$

阶段（运行期）n	1	2	3	4
电站1单位水量效益 $b_1(n)$	3	4	6	4
电站2单位水量效益 $b_2(n)$	4	6	8	5
灌区单位水量效益 $b_3(n)$	3	6	5	4

根据上述模型，用向后计算法（逆序递推）写出递推方程

$$\left.\begin{aligned} f_n^*[s(n)] &= \max_{d(n)}\left\{\sum_{i=1}^{2} b_i(n)d_i(n) + b_3(n)d_2(n) + f_{n+1}^*[s(n+1)]\right\} \\ &\qquad (n=1,2,3) \\ f_N^*[s(N)] &= \max_{d(N)}\left\{\sum_{i=1}^{2} b_i(N)d_i(N) + b_3(N)d_2(N)\right\} \\ &\qquad (n=N=4) \end{aligned}\right\} \tag{5-76}$$

（二）离散微分动态规划法（DDDP）求解

1. 首先判别系统方程是否可逆

状态向量维数 m=决策向量维数 $q=2$。

$$\left(\frac{\partial g_i}{\partial d_j}\right)=\begin{pmatrix}-1 & 0\\ 1 & -1\end{pmatrix}$$

$$其行列式=\begin{pmatrix}-1 & 0\\ 1 & -1\end{pmatrix} = -1 \neq 0$$

$\left(\frac{\partial g_i}{\partial d_j}\right)$为非奇异阵，所以系统方程是可逆的，可将决策向量表示为状态向量的函数

$$d_1(n)=s_1(n)-s_1(n+1)+y_1(n) \tag{5-77}$$

$$d_2(n)=s_2(n)-s_2(n+1)+d_1(n) \tag{5-78}$$

表 5-13　　进入水库 1 的径流量 y_1

阶段（运行期）n	1	2	3	4
入库径流量 y_1	1	3	4	1

2. 离散微分动态规划法求式（5-69）～式（5-75）所表示的问题

事先给定精度要求，包括：①允许减小增量的精度要求，$\varepsilon_1=2\%$；②迭代收敛的精度要求，$\varepsilon_2=1\%$；③第 k 次迭代采用的增量不大于初始增量的 1/10。

然后按下列步骤进行计算：

(1) 因系统方程可逆，可以先假设初始轨迹$\{\boldsymbol{s}^0(n)\}$，并以此作为第 1 次迭代的试验轨迹$\{\boldsymbol{s}^1(n)\}$，2 个状态序列为

$$\{s_1^1(n)\}=\{s_1^0(n)\}=\{3,3,3,3\}$$

$$\{s_2^1(n)\}=\{s_2^0(n)\}=\{3,3,3,3\}$$

并由系统方程的逆方程式（5-77）、式（5-78）求得相应的初始试验策略$\{\boldsymbol{d}^1(n)\}$

$$\{d_1^1(n)\}=\{1,3,3,1\}$$

$$\{d_2^1(n)\}=\{1,3,3,1\}$$

相应的全年灌溉和发电总净效益 $F^0=128$。

(2) 假设初始增量$\{\Delta\boldsymbol{s}(n)\}$，形成第 1 次迭代的状态域（即廊道 $\boldsymbol{C}$）。

除始端、终端状态为给定值外，其他各阶段每个状态变量都离散为 3 个值，即假设 3 个增量，分别取 1，0，−1。2 个状态变量共组成 9 个增量向量

$$\Delta s_j = \begin{bmatrix} \delta s_{j1}(n) \\ \delta s_{j2}(n) \end{bmatrix} \quad (j=1,\ 2,\ \cdots,\ 9;\ n=2,\ 3,\ 4)$$

列于表 5-14。

表 5-14　　第 1 次迭代各状态点增量向量 $\Delta s_j(n)$ ($n=2$, 3, 4)

网点序号 j	1	2	3	4	5	6	7	8	9
$\delta s_{j1}(n)$	−1	−1	−1	0	0	0	1	1	1
$\delta s_{j2}(n)$	1	0	−1	1	0	−1	1	0	−1

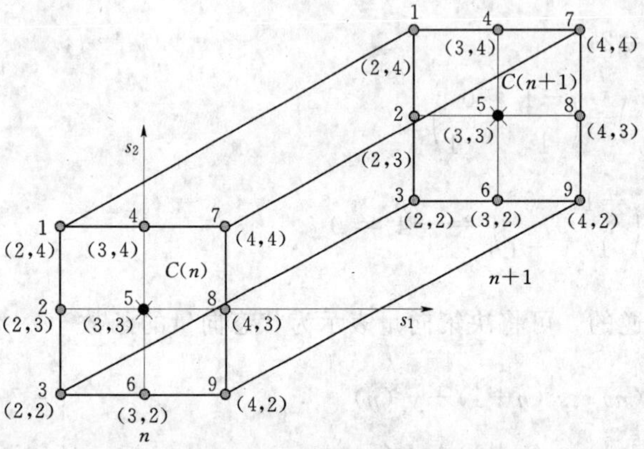

图 5-13　状态子域 $C(n)$、$C(n+1)$

✱—初始试验轨迹上的点；○—所建立的状态点

把初始轨迹上阶段 n 的状态向量 $s(n)$，加上 9 个增量向量 $\Delta s_j(n)$，构成阶段 n 的 9 个状态点，这便是阶段 n 的状态子域 $C(n)$，如图 5-13 所示。各阶段状态子域所形成的总体即第 1 次迭代的状态域——廊道 C，见表 5-15。

(3) 第 1 次迭代。针对廊道内的状态点，用常规动态规划（DP）进行一次最优化计算。$n=4$，3，1 时各阶段择优计算见表 5-16、表 5-17、表 5-18；$n=2$ 时择优计算过程与 $n=3$ 相同，不再列出。由表 5-18 得系统年最大总净效益 $F^1=143$。由给定的初始状态 $s(1)$ 开始反演，求得第 1 次迭代之最优轨迹（即改善轨迹）和最优策略（即改善策略）。如表 5-19 所示。

表 5-15　　第 1 次迭代廊道内状态点

$n=1$, 5	$s_1(n)$					3				
	$s_2(n)$					3				
$n=2,3,4$	$s_1(n)$	2	2	2	3	3	3	4	4	4
	$s_2(n)$	4	3	2	4	3	2	4	3	2

表 5-16　　$n=4$ 择优计算表（迭代次数 $k=1$）　$y_1(4)=1$

网点序号	$s_1(4)$	$d_1(4)=s_1(4)+y_1(4)-s_1(5)$	$r_1(4)=b_1(4)d_1(4)$	$s_2(4)$	$d_2(4)=s_2(4)+y_1(4)-s_2(5)$	$r_2(4)=b_2(4)d_2(4)$	$r_3(4)=b_3(4)d_2(4)$	$f_4^*[s(4)]=\sum_{i=1}^{3} r_i$
(1)	(2)	(3)	(4)	(5)	(6)	(7)	(8)	(9)
1	2	0	0	4	1	5	4	9
2	2	0	0	3	0	0	0	0
3	2	0	0	2	¤	—	—	—
4	3	1	4	4	2	10	8	22
5	3	1	4	3	1	5	4	13
6	3	1	4	2	0	0	0	4
7	4	2	8	4	3	15	12	35
8	4	2	8	3	2	10	8	26
9	4	2	8	2	1	5	4	17

注　¤表示该决策为负值，不可行。

—表示因决策不可行，不计算其效益。

表 5-17　　$n=3$ 择优计算表(迭代次数 $k=1$)　$y_1(3)=4$

网点序号	$s_1(3)$	$s_1(4)$	$d_1(3)=s_1(3)+y_1(3)-s_1(4)$	$r_1(3)=b_1(3)\times d_1(3)$	$s_2(3)$	$s_2(4)$	$d_2(3)=s_2(3)+d_1(3)-s_2(4)$	$r_2(3)=b_2(3)\times d_2(3)$	$r_3(3)=b_3(3)\times d_2(3)$	$\sum_{i=1}^{3} r_i(3)$	$f_4^*[s(4)]$	$f_3[s(3),d(3)]=\sum_{i=1}^{3} r_i(3)+f_4*[s(4)]$	$f_3^*[s(3)]$	$d^*(3)$ $d_1^*(3)$	$d_2^*(3)$
(1)	(2)	(3)	(4)	(5)	(6)	(7)	(8)	(9)	(10)	(11)	(12)	(13)	(14)	(15)	(16)
1	2	2	3*	18	4	4	3*	24	15	57	9	66	79	3	3
		2	3*	18		3	3*	24	15	57	0	57			
		3	3	18		4	3	24	15	57	22	79			
		3	3	18		3	3*	24	15	57	13	70			
		3	3	18		2	3*	24	15	57	4	61			
		4	2	12		4	2	16	10	38	35	73			
		4	2	12		3	3	24	15	51	26	77			
		4	2	12		2	3*	24	15	51	17	68			
2	2	2	3*	18	3	4	2	16	10	44	9	53	70	3	3
		2	3*	18		3	3	24	15	57	0	57			
		3	3	18		4	2	16	10	44	22	66			
		3	3	18		3	3	24	15	57	13	70			
		3	3	18		2	3*	24	15	57	4	61			
		4	2	12		4	1	8	5	25	35	60			
		4	2	12		3	2	16	10	38	26	64			
		4	2	12		2	3	24	15	51	17	68			
3	2	2	3*	18	2	4	1	8	5	31	9	40	61	3	3
		2	3*	18		3	2	16	10	44	0	44			
		3	3	18		4	1	8	5	31	22	53			
		3	3	18		3	2	16	10	44	13	57			
		3	3	18		2	3	24	15	57	4	61			
		4	2	12		4	0	0	0	12	35	47			
		4	2	12		3	1	8	5	25	26	51			
		4	2	12		2	2	16	10	38	17	55			

续表

网点序号	$s_1(3)$	$s_1(4)$	$d_1(3)=s_1(3)+y_1(3)-s_1(4)$	$r_1(3)=b_1(3)\times d_1(3)$	$s_2(3)$	$s_2(4)$	$d_2(3)=s_2(3)+d_1(3)-s_2(4)$	$r_2(3)=b_2(3)\times d_2(3)$	$r_3(3)=b_3(3)\times d_2(3)$	$\sum_{i=1}^{3} r_i(3)$	$f_4^*[s(4)]$	$f_3[s(3),d(3)]=\sum_{i=1}^{3} r_i(3)+f_4*[s(4)]$	$f_3^*[s(3)]$	$d^*(3)$	
														$d_1^*(3)$	$d_2^*(3)$
(1)	(2)	(3)	(4)	(5)	(6)	(7)	(8)	(9)	(10)	(11)	(12)	(13)	(14)	(15)	(16)
4	3	2	3*	18	4	4	3	24	15	57	9	66	92	3	3
		2	3*	18		3	3*	24	15	57	0	57			
		3	3*	18		4	3	24	15	57	22	79			
		3	3*	18		3	3*	24	15	57	13	70			
		3	3*	18		2	3*	24	15	57	4	61			
		4	3	18		4	3	24	15	57	35	92			
		4	3	18		3	3*	24	15	57	26	83			
		4	3	18		2	3*	24	15	57	17	74			
5	3	2	3*	18	3	4	2	16	10	44	9	53	83	3	3
		2	3*	18		3	3	24	15	57	0	57			
		3	3*	18		4	2	16	10	44	22	66			
		3	3*	18		3	3	24	15	57	13	70			
		3	3*	18		2	3*	24	15	57	4	61			
		4	3	18		4	2	16	10	44	35	79			
		4	3	18		3	3	24	15	57	26	83			
		4	3	18		2	3*	24	15	57	17	74			
6	3	2	3*	18	2	4	1	8	15	31	9	40	74	3	3
		2	3*	18		3	2	16	10	44	0	44			
		3	3*	18		4	1	8	5	31	22	53			
		3	3*	18		3	2	16	10	44	13	57			
		3	3*	18		2	3	24	15	57	4	61			
		4	3	18		4	1	8	5	31	35	66			
		4	3	18		3	2	16	10	44	26	70			
		4	3	18		2	3	24	15	57	17	74			

续表

网点序号	$s_1(3)$	$s_1(4)$	$d_1(3)=s_1(3)+y_1(3)-s_1(4)$	$r_1(3)=b_1(3)\times d_1(3)$	$s_2(3)$	$s_2(4)$	$d_2(3)=s_2(3)+d_1(3)-s_2(4)$	$r_2(3)=b_2(3)\times d_2(3)$	$r_3(3)=b_3(3)\times d_2(3)$	$\sum_{i=1}^{3} r_i(3)$	$f_4^*[s(4)]$	$f_3[s(3),d(3)]=\sum_{i=1}^{3} r_i(3)+f_4*[s(4)]$	$f_3^*[s(3)]$	$d^*(3)$	
														$d_1^*(3)$	$d_2^*(3)$
(1)	(2)	(3)	(4)	(5)	(6)	(7)	(8)	(9)	(10)	(11)	(12)	(13)	(14)	(15)	(16)
7	4	2	3*	18	4	4	3	24	15	57	9	66	92	3	3
		2	3	18		3	3*	24	15	57	0	57			
		3	3	18		4	3	24	15	57	22	79			
		3	3	18		3	3*	24	15	57	13	70			
		3	3	18		2	3*	24	15	57	4	61			
		4	3	18		4	3	24	15	57	35	92			
		4	3	18		3	3*	24	15	57	26	83			
		4	3	18		2	3*	24	15	57	17	74			
8	4	2	3*	18	3	4	2	16	10	44	9	53	83	3	3
		2	3	18		3	3	24	15	57	0	57			
		3	3	18		4	2	16	10	44	22	66			
		3	3	18		3	3	24	15	57	13	70			
		3	3	18		2	3*	24	15	57	4	61			
		4	3	18		4	2	16	10	44	35	79			
		4	3	18		3	3	24	15	57	26	83			
		4	3	18		2	3*	24	15	57	17	74			
9	4	2	3*	18	2	4	1	8	5	31	9	40	74	3	3
		2	3	18		3	2	16	10	44	0	44			
		3	3	18		4	1	8	5	31	22	53			
		3	3	18		3	2	16	10	44	13	57			
		3	3	18		2	3	24	15	57	4	61			
		4	3	18		4	1	8	5	31	35	66			
		4	3	18		3	2	16	10	44	26	70			
		4	3	18		2	3	24	15	57	17	74			

注　$d_1(3)$，$d_2(3)$两列右上角带 * 者表示有弃水。

表 5-18 $n=1$ 择优计算表(迭代次数 $k=1$) $y_1(1)=1$

网点序号	$s_1(1)$	$s_1(2)$	$d_1(1)=s_1(1)+y_1(1)-s_1(2)$	$r_1(1)=b_1(1)\times d_1(1)$	$s_2(1)$	$s_2(2)$	$d_2(1)=s_2(1)+d_1(1)-s_2(2)$	$r_2(1)=b_2(1)\times d_2(1)$	$r_3(1)=b_3(1)\times d_2(1)$	$\sum_{i=1}^{3} r_i(1)$	$f_4^*[s(2)]$	$f_1[s(1),d(1)]=\sum_{i=1}^{3} r_i(1)+f_2^*[s(2)]$	$f_1^*[s(1)]$	$d^*(1)$ $d_1^*(1)$	$d^*(1)$ $d_2^*(1)$
(1)	(2)	(3)	(4)	(5)	(6)	(7)	(8)	(9)	(10)	(11)	(12)	(13)	(14)	(15)	(16)
5	3	2	2	6	3	4	1	4	3	13	127	140	143	1	0
		2	2	6		3	2	8	6	20	118	138			
		2	2	6		2	3	12	9	27	109	136			
		3	1	3		4	0	0	0	3	140	143			
		3	1	3		3	1	4	3	10	131	141			
		3	1	3		2	2	8	6	17	122	139			
		4	0	0		4	¤	—	—	—	140	—			
		4	0	0		3	0	0	0	0	131	131			
		4	0	0		2	1	4	3	7	122	129			

注 ¤ 表示该决策为负值,不可行。
— 表示因决策不可行,不计算其效益。

表 5-19　第 1 次迭代后改善轨迹 $\{s^1(n)\}^*$ 和改善策略 $\{d^1(n)\}^*$

数　量 n		1	2	3	4	5
$\{s^1(n)\}^*$	$\{s_1^1(n)\}^*$	3	3	3	4	3
	$\{s_2^1(n)\}^*$	3	4	4	4	3
$\{d^1(n)\}^*$	$\{d_1^1(n)\}^*$	1	3	3	2	
	$\{d_2^1(n)\}^*$	0	3	3	3	

(4) 以第 1 次迭代之改善轨迹 $\{s^1(n)\}^*$（表 5-19 中的 2、3 行）作为第 2 次迭代之试验轨迹，即

$$\{s_1^2(n)\}=\{s_1^1(n)\}^*=\{3,3,3,4,3\}$$

$$\{s_2^2(n)\}=\{s_2^1(n)\}^*=\{3,4,4,4,3\}$$

并对迭代前后之目标函数值进行比较，看其是否满足减小增量的条件，即相对误差是否不大于 ε_1

$$\frac{|F^1-F^0|}{F^0}=\frac{|143-128|}{128}=11.7\%>\varepsilon_1(\text{已知 }\varepsilon_1=2\%)$$

故不减小增量。

应该指出：若是先假设初始试验策略，则此处应将改善策略 $\{\boldsymbol{d}^1(n)\}^*$ 作为第 2 次迭代之试验策略 $\{\boldsymbol{d}^2(n)\}$。

(5) 第 2 次迭代。首先在 $\{\boldsymbol{s}^2(n)\}$ 周围，按原增量建立新的廊道（即第 2 次迭代的状态域），方法与第 1 次迭代相同。

针对廊道中各阶段状态点，仍用常规动态规划法进行第 2 次优化计算。该次迭代结束，求得一个新的改善轨迹 $\{\boldsymbol{s}^2(n)\}^*$、改善策略 $\{\boldsymbol{d}^2(n)\}^*$ 和相应的最优目标函数值 F^2，$F^2=144$。

因
$$\frac{|F^2-F^1|}{F^1}=\frac{|144-143|}{143}=0.7\%<\varepsilon_1(\text{已知 }\varepsilon_1=2\%)$$

故要减小增量，设增量绝对值递减率为 1/2，则下次（第 3 次）迭代的增量取 0.5，0.0，−0.5。同时，以 $\{\boldsymbol{s}^2(n)\}^*$ 作为第 3 次迭代之试验轨迹 $\{\boldsymbol{s}^2(n)\}$。

(6) 如此迭代下去，经 6 次迭代方才满足规定的两个收敛条件：

1) $\dfrac{|F^k-F^{k-1}|}{F^{k-1}}\leqslant\varepsilon_1$。

2) 第 k 次迭代的增量 $\{\Delta\boldsymbol{s}^k(n)\}\leqslant\dfrac{1}{10}\{\Delta\boldsymbol{s}^1(n)\}$，以便结束迭代计算。最后求得的最优轨迹 $\{\boldsymbol{s}(n)\}^*$ 和最优策略 $\{\boldsymbol{d}(n)\}^*$ 列于表 5-20。这便是原问题的最优解。

由于本例为凸规划问题，从任一初始轨迹开始进行迭代所求得的最优轨迹和最优策略都是全局最优解。

表 5-20　　经六次迭代求得的最优轨迹$\{s(n)\}^*$和最优策略$\{d(n)\}^*$

阶段 n		1	2	3	4	5
$\{s(n)\}^*$	$\{s_1(n)\}^*$	3	4	4	5	3
	$\{s_2(n)\}^*$	3	3	3	3	3
$\{d(n)\}^*$	$\{d_1(n)\}^*$	0	3	3	3	
	$\{d_2(n)\}^*$	0	3	3	3	

二、平原地区除涝排水系统最优规划

在平原地区，为解决除涝排水问题，可能采取截流沟、湖泊、河道（网）、抽排站和排水闸等工程措施，这些工程组成一个除涝排水系统，共同承担除涝排水任务。在达到除涝设计标准条件下，各项工程规模多大，才能使系统总投资最小，是平原地区治理规划中经常遇到的问题。

一般地说，对一个指定的涝区，每项工程的规模都有某个适宜的高效率区，如果能让各项工程合理配合，都在较优状态下工作，便可使除涝效益一定时总投资最小，或一定投资下除涝效益最大。因此，无论是除涝排水系统中各项工程的规模，还是工程布局，都存在最优化问题，可以把这两方面问题组合为一个问题进行研究。考虑到工程规模与投资之间常为非线性关系，某些工程措施的排（或蓄）水量与工程规模之间亦为非线性关系，而且比较复杂，所以采用动态规划这种比较灵活的方法较为适宜。下面以我国南方平原圩区圩垸内部除涝排水系统（图 5-14）最优规划为例，介绍其数学模型的建立与求解方法。

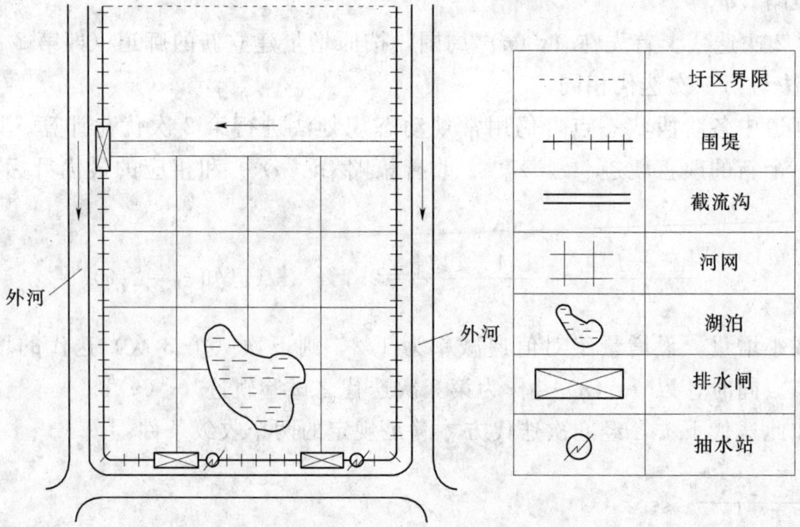

图 5-14　圩内除涝排水系统示意图

(一) 数学模型

1. 问题序列化与阶段变量

为使工程规模与布局的最优化问题能够用动态规划求解，须将它转化为序列过程，即将系统划分阶段。首先，可以认为尽管各项除涝措施的性质和起作用的方式不同，但在承担除涝任务上，它们是一个整体，各自相对独立地排（蓄）一部分设计径流量。各项工程的排（蓄）水量和系统总除涝水量之间关系，以及分项投资与系统总投资之间关系可表示为

$$W = \sum_{i=1}^{N} X_i \tag{5-79}$$

$$F(x_1, x_2, \cdots, x_N) = \sum_{i=1}^{N} f_i(x_i) \tag{5-80}$$

$$x_i \geqslant 0 \quad (i=1,\ 2,\ \cdots,\ N)$$

式中 N ——工程项目总数；

W ——设计标准的暴雨径流量；

x_i —— 第 i 项除涝工程的排（蓄）水量；

$F(x_1, x_2, \cdots, x_N)$ —— 系统总投资额；

$f_i(x_i)$ —— 第 i 项工程的投资。

这样，便将研究的问题转化为一个分配问题。在这里，假定各项工程的作用相互独立。实际上，除涝系统中某些工程（如河道、水闸）之间是相互制约的，本模型采用水力约束条件来反映河、闸之间的水力联系，从而使各类工程都能独立决策，所以可按工程项目这一空间特性划分阶段，阶段变量是离散的，设以 n 表示，$n=1$，…，N。图 5-14 所表示的除涝系统可划分为五个阶段，其阶段顺序可按自然流向确定，但最后阶段最好是出口的关键性工程。一般来说，自排为主地区排水闸为最后阶段；抽排为主地区抽排站为最后阶段。表 5-21 表示按工程类别划分的阶段顺序，决策序列过程见图 5-15。

表 5-21　除涝排水系统阶段划分

阶段序号	1	2	3	4	5
自排为主系统	截流沟	湖泊	抽排站	河网	排水闸
抽排为主系统	截流沟	湖泊	河网	排水闸	抽排站

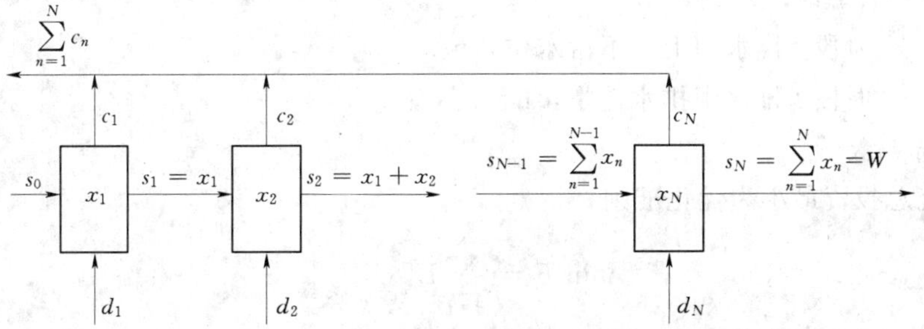

图 5-15　除涝排水系统多阶段序列过程示意图

2. 状态变量与决策变量

以阶段 1 到阶段 n 的累计排蓄水量作为阶段 n 的状态，记为 s_n。以各阶段工程规模为决策变量，记为 d_n。各阶段决策的单位不同，截流沟以截流面积率表示；湖泊和河网均

以水面率表示；排水闸以闸的净宽表示；抽排站以设计流量表示。

3. 系统方程

根据各阶段状态与决策之间关系建立系统方程

$$s_n = s_{n-1} + x_n(d_n) \quad (n=1,2,\cdots,N) \tag{5-81}$$

式中　s_n——第 n 阶段状态，即 $1\sim n$ 阶段累计排蓄水量；

d_n——第 n 阶段决策，即第 n 阶段工程规模；

x_n——第 n 阶段的排（或蓄）水量，为 d_n 的函数，函数关系随工程类型而定。

例如，自排为主系统的函数关系可表示为：

截流沟截排水量　$x_1 = 0.1RAd_1$

湖泊滞蓄水量　$x_2 = 100AH_l d_2$

抽排站抽排水量　$x_3 = 0.36T_p d_3$

河网滞蓄水量　$x_4 = 100AH_c d_4$

排水闸自排水量　$x_5 = \sum_{i=1}^{T_s} 0.36Q_{s,t}\Delta t = \sum_{i=1}^{T_s} 0.36\varphi(z_{1t}, z_{2t}, d_5)\Delta t$

式中　d_1——截流面积率，d_1=截留面积/A，以小数计；

d_2——湖泊水面率，d_2=湖泊水面面积/A，以小数计；

d_3——抽排站设计流量，m^3/s；

d_4——河网水面率，d_4=河网水面面积/A，以小数计；

d_5——排水闸净宽，m；

A——总排水面积，m^2；

R——设计净雨深，mm；

H_l——湖泊滞蓄水深，m；

T_p——在总排涝历时中的关闸开机时间，h；

H_c——河网滞蓄水深，m；

T_s——在总排涝历时中的自排时段数；

Δt——计算时段步长，h；

z_{1t}，z_{2t}——时段 t 排水闸上、下游水位，m；

$Q_{s,t}$——时段 t 排水闸排水流量，m^3/s。

4. 目标函数

以系统总投资最小为优化准则

$$\min F = \sum_{i=1}^{N} L[s_n, d_n] \tag{5-82}$$

式中　n——阶段序号，$n=1，2，\cdots，N$；

F——系统总投资；

$L[s_n，d_n]$——第 n 阶段投资。

5. 约束条件

(1) 水量平衡方程

$$\sum_{i=1}^{N} x_n(d_n) = W \tag{5-83}$$

式中　W——排水区设计暴雨径流量。

(2) 水力约束。该约束为排水闸水力计算的基本方程

$$Q_{s,t} = \varphi(z_{1t}, z_{2t}, B_s)$$
$$z_{1t} = zE_t \tag{5-84}$$

式中　B_s——排水闸净宽，即 d_5；

zE_t——时段 t 排水闸上游排水干河的水位，m；

其他符号意义同前。

(3) 输水约束

$$B_s \leqslant B_c \tag{5-85}$$

式中　B_c——排水闸所在断面河道底宽。

(4) 决策约束，主要是各项工程规模约束

$$DL_n \leqslant d_n \leqslant DM_n \quad (n=1,\cdots,N) \tag{5-86}$$

式中　DM_n，DL_n——第 n 阶段工程规模的上限值和下限值，为已知参数。

(5) 状态约束

$$0 \leqslant s_n \leqslant W \tag{5-87}$$

(6) 其他约束

$$0 \leqslant g \leqslant c \tag{5-88}$$

式中　g——资金、劳力、设备等；

c——给定常数。

6. 边界条件

$$s_0 = 0 \quad s_N = W \tag{5-89}$$

式 (5-89) 表示始端各项工程尚未起作用，累计排蓄水量为 0；终端累计排蓄水量应与总径流量相等。

(二) 离散微分动态规划法 (DDDP) 求解

尽管上述模型是一维动态规划问题，但其状态变量与决策变量都是连续的，而且可行域较大。若采用常规动态规划法 (DP) 求解，由离散化所形成的状态点数很多，计算机存储量和计算量都太大。而 DDDP 法不要求在整个可行域内择优，每次迭代只是在试验轨迹的某个邻域内对少量状态点择优，通过迭代逐次逼近最优轨迹。因而除涝系统最优规划中常采用 DDDP 法，以节省计算量。

根据上述数学模型，采用顺序递推，其递推方程为

$$\left.\begin{aligned} f_n^*(s_n) &= \min_{d_n}\{L(s_n,d_n) + f_{n-1}^*(s_{n-1})\} \quad (n=1,2,\cdots,N) \\ f_0^*(s_0) &= 0 \qquad\qquad\qquad\qquad\qquad\qquad (n=0) \end{aligned}\right\} \tag{5-90}$$

式中　$f_n^*(s_n)$——$1\sim n$ 阶段的最小总投资。

除涝排水系统最优规划就是在满足上述系统方程、约束条件和边界条件下，按递推方程 (5-90) 逐阶段择优，并通过反演寻求一个最优策略，包括各阶段工程规模和布局。

具体计算步骤与本节［例 5-5］类似；但因本问题不一定是凸规划问题，需从不同的初始策略开始寻求最优策略，具体过程不再赘述。下面给出一实例，以了解动态规划在除涝排水系统最优规划中的应用。

【例 5-6】　某滨海圩区，总面积 50km²。除涝设计标准为 10 年一遇最大 24 小时暴雨 190mm。在 2 日内排至作物耐淹深度，设计净雨深 140mm。圩内地面高程高于外海平均潮位，自排条件较好，2 日内关闸时间约 17h。各类工程规模与投资关系、排水闸宽 B_s（即 d_5）与排水量 x_5 之间关系从略。按上述数学模型和求解方法得到的优化结果列于表 5-22。

由表 5-22 可见，从三个不同的初始策略开始计算，所得最优策略虽不完全相同。但非常接近，可从中选择目标函数值（总投资）最小之最优策略为最优方案；最优策略中各阶段决策就是各项工程规模。本例选用第二个初始策略所求得之最优策略，其中截流沟、湖泊、抽排站规模都为零，说明不需修建这些工程，而只需修建河网（水面率 1.4%）和一个排水闸（闸净宽 9.2m）。这样就在寻求最优工程规模的同时，解决了工程布局问题。

表 5-22　　**某圩区除涝排水系统最优规划计算成果**

初始策略序号	初始策略（各阶段尺寸）					初始增量（尺寸）					最优策略（各阶段尺寸）					最小总投资（万元）
	1 (%)	2 (%)	3 (m^3/s)	4 (%)	5 (m)	1 (%)	2 (%)	3 (m^3/s)	4 (%)	5 (m)	1 (%)	2 (%)	3 (m^3/s)	4 (%)	5 (m)	
						0.2	0.2	2	1.0	5	0	0	0.65	1.4	9.13	101.8
1	0.4	0.4	5	1.5	15.0	0.3	0.3	3	1.3	7	0	0	0.004	1.4	9.16	97.5
						0.1	0.1	1	0.7	3	0	0	0.86	1.4	9.13	102.8
						0.2	0.2	2	1.0	5	0	0	0	1.4	9.16	97.5
2	0	0.6	0	3.0	20.0	0.3	0.3	3	1.3	7	0	0	0	1.4	9.16	97.5
						0.1	0.1	1	0.7	3	0	0	0	1.4	9.16	97.5
						0.2	0.2	2	1.0	5	0	0	0.86	1.4	9.13	102.8
3	0.8	0.2	10	5.0	10.0	0.3	0.3	3	1.3	7	0	0	0.86	1.4	9.13	102.8
						0.1	0.1	1	0.7	3	0	0	0.86	1.4	9.13	102.8

注　模型参数采用下列数值：

(1) 每阶段建立 5 个状态点。

(2) 增量递减率为 1/2。

(3) 迭代收敛精度要求：①$\varepsilon_1=0.0024$，$\varepsilon_2=0.0012$；②第 5 阶段闸宽的增量减小到初始增量的 1/50。

习　题

1. 由水源 A 引水，经过三个中转站，最后到达用水点 E_1 或 E_2 或 E_3，如图 5-16 所示。图中各节点（以 O 表示）表示输水路线的起点、中转站和终点，联线为输水路线，线上的数字表示两站间线路的投资。

试用动态规划法寻求一条投资最小的输水路线。

要求：①说明阶段变量、状态变量、决策变量和目标函数；②写出递推方程、计算过

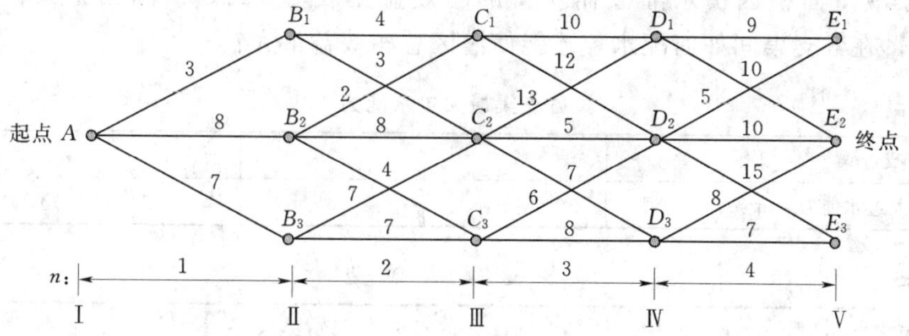

图 5-16　输水路线和投资图

程和优化结果。

2. 由水源 A 引水，经过三个中转站，最后到达用水点 E_1 或 E_2，如图 5-17 所示。图中各节点表示输水路线的起点、中转站和终点，联线为输水线路，联线上的数字表示两站间线路的输水费用。

试用动态规划法找出一条输水费用最小的路线。要求与第 1 题相同。

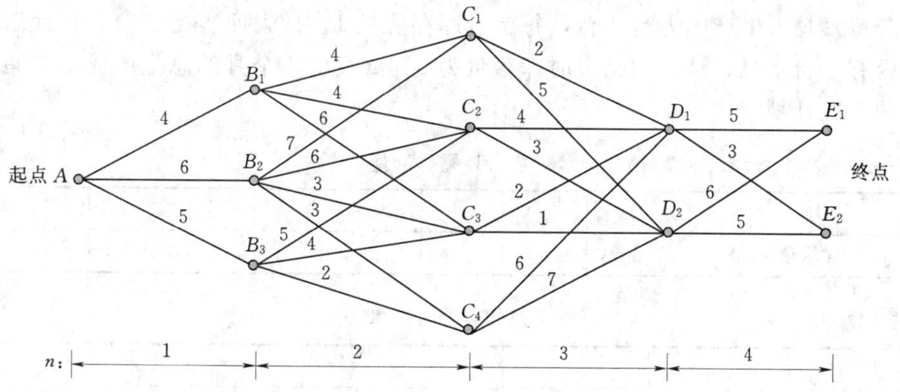

图 5-17　输水路线和费用图

3. 今有建设资金 2000 万元，计划用于兴修 4 个水利工程，各项工程每年将产生的净效益列于表 5-23。试用动态规划法按给出的投资数据间隔 400 万元，确定该建设资金的最优分配方案及最大总净效益。

要求写出数学模型及求解过程。

表 5-23　　各项工程净效益

投资额（万元）＼净效益（万元）＼工程序号	1	2	3	4	投资额（万元）＼净效益（万元）＼工程序号	1	2	3	4
0	0	0	0	0	1200	140	70	180	380
400	0	30	120	10	1600	230	90	60	430
800	90	50	250	160	2000	200	110	-100	450

4. 某灌区有 1 条灌溉干渠向 4 条灌溉支渠同时配水，各支渠最大过水能力见表 5-

24。各支渠灌溉面积因引水灌溉而获得的净效益见表 5-25。试问当干渠由水源引水 $10m^3/s$ 时，在各支渠间如何配水，才能使灌区总净效益最大？

表 5-24　　各支渠最大过水能力

支渠名称	1	2	3	4
最大过水能力（m^3/s）	6	8	4	6

表 5-25　　各支渠净效益

配水流量（m^3/s） \ 净效益（万元） \ 支渠名称	1	2	3	4	配水流量（m^3/s） \ 净效益（万元） \ 支渠名称	1	2	3	4
0	0	0	0	0	6	220	230	160	280
2	120	60	90	120	8	250	300	160	240
4	180	140	160	190	10	250	300	160	240

要求：写出数学模型及求解过程。

5. 某水泵厂要制订 1～4 月生产计划，预测月需求量和成本费如表 5-26、表 5-27 所示。若每月最大生产能力是 4 台，每台月库存费是 1，最大库容是 3 台；在计划期开始时，库内有 1 台水泵，计划期结束时库存量为 0。试找出 4 个月的总生产成本与储存费之和最小的生产计划。

表 5-26　　各月需求量

月份	1	2	3	4
需求量（台）	3	4	2	3

表 5-27　　总生产成本

生产件数	0	1	2	3	4
总成本	0	7	9	10	11

6. 用动态规划求解下列最优化问题。模型中，n 为阶段变量，s 为状态变量，d 为决策变量。

（1）系统方程　　$s_{n+1}=s_n-d_n$　　$(n=1, 2, 3)$

目标函数　　$\max F=d_1^2+2d_2^2+1.5d_3^2$

约束条件　　$0\leqslant s_n\leqslant 6$

$0\leqslant d_n\leqslant s_n$

边界条件　　$s_1=6$

（2）系统方程　　$s_{n+1}=s_n+d_n$　　$(n=1, 2, \cdots, 6)$

目标函数　　$\max F=\sum_{i=1}^{10}\{s_n^2+d_n^2+2.5(s_7-2)^2\}$

约束条件　　$0\leqslant s_n\leqslant 8$

$-2\leqslant d_n\leqslant 2$

边界条件　　　$0 \leqslant s_7 \leqslant 2$

提示：状态变量和决策变量均按增量 $\Delta=2$ 进行离散。

7. 设有一个二维动态规划问题，n 表示阶段变量，s 为状态变量，d 为决策变量，其数学模型如下

系统方程

$$s_1(n+1)=s_1(n)+s_2(n)+d_1(n) \tag{1a}$$

$$s_2(n+1)=s_2(n)+d_2(n) \tag{1b}$$

$$(n=0,\ 1,\ 2,\ 3,\ 4)$$

目标函数

$$\min F=\sum_{n=0}^{4}\{[s_1(n)]^2+[s_2(n)]^2+[d_1(n)]^2+[d_2(n)]^2\}+2.5\{[s_1(5)-2]^2+[s_2(5)-1]^2\} \tag{2}$$

约束条件

$$0 \leqslant s_1(n) \leqslant 2 \tag{3a}$$

$$-1 \leqslant s_2(n) \leqslant 1 \tag{3b}$$

$$(n=0,\ 1,\ 2,\ 3,\ 4,\ 5)$$

$$-1 \leqslant d_1(n) \leqslant 1 \tag{3c}$$

$$-1 \leqslant d_2(n) \leqslant 1 \tag{3d}$$

$$(n=0,\ 1,\ 2,\ 3,\ 4)$$

初始条件

$$s_1(0)=2 \tag{4a}$$

$$s_2(0)=1 \tag{4b}$$

试用逐次渐近法求解。具体要求为：

(1) 状态变量 s_1、s_2 按均匀的增量 $\Delta s_1=0.5$，$\Delta s_2=0.5$ 进行离散。

(2) 按表 5-28 给出的虚拟轨迹，以 s_2 为状态进行第 1 次迭代计算。

表 5-28　　虚拟轨迹

n	s_1^0	s_2^0	d_1^0	d_2^0	n	s_1^0	s_2^0	d_1^0	d_2^0
0	2	1	−1	−1	3	0	0	1	0
1	2	0	−1	0	4	1	0	1	1
2	1	0	−1	0	5	2	1		

第六章

模拟技术及其应用

模拟技术（Simulation Technique）就其广泛的意义来说，是指在系统模型上进行试验的技术。然而，不同类型的模拟，所采用的模型、模拟手段及试验技术都有很大的差别。对于生活中的一些“系统”，可以按不同的方法建立起不同的模型，这样的模型一般分为物理模型和数学模型两大类。本书论述的模拟技术是指数字模拟技术，数字模拟不同于实体的物理模拟。物理模型与实际系统有相似的物理性质，它们与实际系统外貌外形相似，只是根据模拟对象的尺寸，按一定比例进行缩小或放大做成实体模型。在模型上进行各种试验，以期获得模拟对象的某些客观运动规律，例如水工模型、水力学模型等；数字模拟也不同于某些物理的比拟模拟，例如用电流系统模拟水流系统的电模拟等。数学模型是用抽象的数学方程描述系统内部各个量之间的关系而建立的模型，这样的模型通常是一些数学方程式，它们应能较好地揭示系统的内在运动规律与动态性能。一般的计算机模拟模型都是数学模型。本书介绍的数字模拟是指计算机数字模拟，即利用计算机模拟系统的运行，从而得到真实系统的有关特征。有计划地改变计算机中模拟系统的参数或结构组成，多次进行模拟试验，可以从中选择较好的系统结构，确定真实系统的最优运行策略。计算机模拟活动的进行受计算机程序的支配，这种程序称为系统的模拟程序。

应当指出，数字模拟是适用于各个学科领域的通用科学技术，既可应用于自然科学，也可应用于社会科学。20 世纪 70 年代以来，模拟技术在我国的农业、经济、工业及军事等各学科中的应用已十分广泛。本章结合灌排工程的特点，论述模拟技术及其应用。

第一节　模拟技术的基本原理与模型

一、原理

模拟是对客观实际系统的模仿，故模拟技术又称仿真技术。模拟运动必须在模型中进行，数字模拟与其他模拟的基本不同之处在于模型不同。数字模拟要求建立数学模型，是抽象的模型，而不是实体模型，它是将真实系统的内在运动规律抽象为数学模型。例如水在明渠中的均匀流动可以用 $Q=\omega C\sqrt{Ri}$ 的数学模型描述，表示渠道流量 Q 与过水断面的面积 ω，水力半径 R、谢才系数 C（ω、R、C）及渠底纵向坡度 i 之间的关系。由于采用数学模型比实体模型简单，当某些灌排系统具有较好的数学模型时，常常可以使模拟过程在时间短和费用少的情况下得到成功。计算机技术的迅速发展，为计算机模拟技术的发展提供了优越的条件。此外，专门设计的模拟计算机以及将数字模拟和物理模型结合起来的混合模拟机也可进行模拟试验，在本章不做专门的讨论。

模拟技术是常用的灌排工程系统分析方法之一。它与数学规划一样，是系统工程的重要组成部分。模拟技术的基本内容包括如下几个部分：①首先针对实际系统所要研究的目的，将客观系统转换为数学模型，即首先进行系统的模型化，将灌排系统的内在运动规律和经济属性以若干数学模型来表示，并将这些模型组成一个统一的计算机程序，也称作灌排系统的模拟模型；②利用数字计算机对上述模拟模型进行有计划、有步骤的多次模拟运行，或称模型试验；③通过一定的优选技术，分析每次模拟运行的特性，从而为灌排系统提供优化决策。

二、模拟技术与数学规划的关系

模拟技术与数学规划是两种不同方法，各自有独立的特点，适用于不同的灌排工程问题。二者往往配合使用，取长补短，提高研究成果的精度。

模拟技术和数学规划方法都要求将客观灌排系统抽象为数学模型，然而它们对数学模型的要求是不相同的。数学规划往往要求一定形式的数学模型，否则便无法求解。例如线性规划限制数学模型必须是线性模型，对于非线性的函数必须进行线性化的简化处理，才能适应数学规划的某些标准的解算技巧。对于庞大的复杂的灌排系统，由于受社会和政治因素的影响比较大，或由于物理及经济的数学模型十分复杂，往往难以使用数学规划方法寻求优化策略。模拟技术则通常不受数学模型的限制，即使非常复杂的数学模型，也能够进行模型的模拟运行。因此，当其他系统工程方法都难以实现时，最后总能以模拟的方法进行某些模拟运行。

数学规划还容易受到计算机容量的限制。即使一个相当小的灌排系统，也涉及相当多的数学模型、变量和约束条件，如果再考虑到长历时的水文气象条件或其他随机因素，将会形成十分巨大的数学模型，从而可能超过计算机的容量。如果适应计算机的内存，则必须对模型进行相当大的简化，以至于使简化引起的误差超过允许的范围。

数学规划的最大优点是可以得到数学上的最优解，如果模型没有大量简化，将为灌排系统提供可靠的最优策略。模拟技术很难找到数学上的最优解，一般只能寻得比较好的解。由于数学规划常常能利用标准的数学模型，采用现成的解算技术，使系统的模型化和寻优工作大为简化。相反，模拟技术很难使用现有的模拟模型，程序设计的工作量比较大，模拟运算时间也比较长。

不同的系统分析方法，各有其长处和局限性，很难找出一种适用于所有灌排问题的最好方法。重要的是根据具体条件，选择一种合适的方法，或找到几种配合使用的途径。一般来说，数学规划多用于初步筛选方案，对经过筛选后的若干方案再进行模拟分析，做出进一步的评价和改进。

三、模拟模型

对于任何一个庞大而复杂的水利系统的规划设计，都不可能事先做出若干个真实系统供人们进行试验选择。即使是研究现有系统的管理运行问题，也很难在真实系统上进行全面的、方案繁多的试验运行。通过模型研究，往往可以用极少的人力物力在短时间内完成对真实系统若干年以至几十年运行情况的模仿研究。模拟技术的首要任务就是按照真实系统的特征建立起研究使用的模型，即数学模型。

模拟模型既然用于对真实系统的模仿研究，它首先必须具有足够精度的真实性。建立的数学模型应源于实际，反映客观事物的本质，否则将会产生失真现象。选用已有数学模型必须有充分的科学依据，确实能够正确反映模拟对象的内在联系和经济规律。模拟在保证一定真实性的前提下，也可以进行适当的简化。通常人们所研究的灌排系统，哪怕是最小的真实系统，都是一种相当复杂的综合体系。它包含与研究目的直接相关的各组成部分和影响因素，同时又包括更多与研究目的不相关或关系微弱的组成部分和影响因素。如果将全部组成部分和全部因素都组织在模型中，模型将会十分庞大，实际上几乎是不可能的。设计模型时必须根据研究目的和客观规律，保留主要部分和主要因素，舍弃非主要部分和因素，达到简化模型、减少模拟工作量的目的。模拟模型还应该操作容易，解算简便。

合理的数学模型还应该具有灵活可靠的控制性能，通过简单的操作程序，可获得不同的模拟系统运转情况。建立模拟模型时必须考虑模型是否容易解算，在不降低精度的情况下，尽量采用标准模型，因为标准模型常常有成功的解算途径可供借鉴。由于实际系统的情况复杂，有时很难简单套用现有的模型，必须建立特有的模型。在新模型的运行过程中，有时会发现求解十分困难，必须暂停模拟运行，对模型进行修改简化。例如减少模型的变量数目；改变变量的性质，将连续变量改为离散变量，或将离散变量改为连续变量；改变变量的函数关系，如用线性关系代替非线性关系等。

在灌排工程系统分析中，根据系统的真实情况和不同的研究目的，模拟模型可以进行以下的分类。

（一）静态模型及动态模型

模拟模型可以按每年的水文气象条件变化情况分为静态模型和动态模型。地表水模型常假定影响年径流的水文气象过程逐年不变，或者说在实际的或预报的流量逐月或逐年随机变化时，径流的概率分布不变，叫做静态模型；如果年径流量有很强的循环特征，或者流域的汇流条件改变，静态假定就不成立，则应该属于动态模型。

就经济分析而论，也可以分为静态模型和动态模型。对于一个给定的经济条件，譬如说，预报2010年或2020年的经济条件，可以构成一个在经济意义上是静态的地表水模型，以便确定和评价各种投资及运行策略。动态经济模型则假定经济条件随时间而变，并力图提供有关设计阶段及设计程序的资料。一个相对简单的全流域动态经济模型，其规模相当庞大，即使在最新的计算机上求解也会遇到麻烦。在这种情况下，应从各未来年份的静态模型中选取一些好的抉择方案，以便减少抉择的数量及降低动态经济分析的难度。

（二）确定性模型及随机模型

模拟模型还可按未来的流量是否已知进行分类。如果将来的未经调节的流量是已知值，并规定了模型的一组确定性约束条件，那么这个模型在水文上就叫做确定性模型。反之，如果只知道这个未经调节的流量的概率分布，则这个模型就叫做随机模型或概率模型。

对于同一灌排系统，随机最优化模型常常包含有比确定性模型更多的变量及约束条件。尽管可以从随机模型中获得更多有用的信息，但由于变量及约束条件的增加以及计算机容量和速度的限制，妨碍了随机模型的广泛应用。

（三）规划设计模型及管理运行模型

用以规划和设计灌排工程组成和规模的模型称为规划设计模型。例如将水库的库容及灌溉面积或水电站装机容量等作为决策变量的水资源系统模型，即为规划设计模型。

另一类模型是管理运行模型，它是对已建水资源系统或已设计工程或设备的管理调度建立模型，用以研究已建工程或措施的运行策略，即根据当前的用水和水资源状况及对未来动态的判断，确定诸如灌溉放水量、泄水量和水电站运行等策略，以期充分发挥工程的作用，获得最好的运行效益。

第二节　灌排系统模拟技术

利用计算机模拟灌排系统的规划与运行，除天然水系以外，尚涉及众多的工程设施及社会的和经济的因素，往往构成相当复杂的试验研究方案。要合理作出决策，必须进行模拟设计和一系列的模拟运行。由于实际灌排系统的复杂性，模拟设计和试验方案不可能有完全统一的格式。但是，其主要内容是大致类似的，现分述如下。

一、灌排系统模拟网络图

模拟研究中，为了正确地模拟一个研究对象，必须首先建立模拟对象的网络图，全面反映灌排系统的配置方案以及各组成部分的相互关系。网络图由节点和联线构成，节点一般代表各工程建筑物所在位置、水流汇集点和分流点；联线代表水流通道，如河流、渠道、管道等输水和配水设施。由节点和联线相连接所构成的网络，代表系统各组成部分的相对位置及其在水力联系上的相互关系，与第二章第六节所述相似。

图 6-1 为水库灌区系统的概化网络图。图中，1、2、3 等节点分别表示来流、入库和出库点，4、5、6、7 等节点分别表示引水建筑物、灌区进口、灌区出口及回归水退入原河道点。各联线表示河段或渠段。

二、目标函数及决策变量的确定

对于任何灌排系统的模拟模型，不论是规划设计或运行管理都要拟定目标函数。该目标函数若以物理量的形式表现，则系统规划设计及管理运行的目的在于寻求系统的最优物理量。例如单一水库灌区，可以是既定水库容积下的最大灌溉面积，也可以是既定灌溉面积下的最小水库容积。如果目标函数以经济量来表征，则系统运行的目标可以是最大净效益，也可以是最小建设投资及管理运行费用等。

在灌排系统模拟技术中，决策变量就是希望寻找其最优结果的那些自变量，一般有三种：

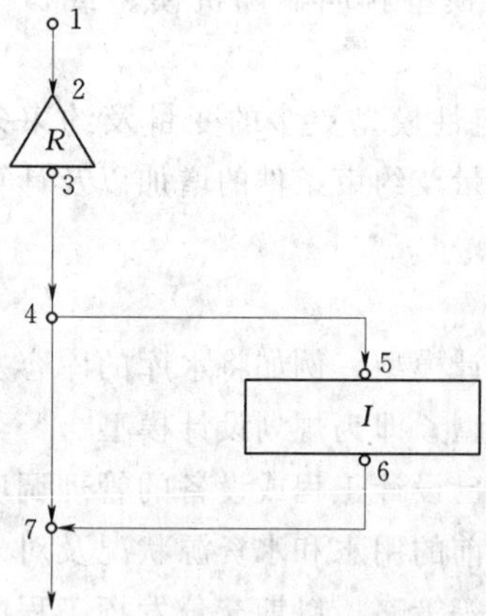

图 6-1 灌排系统模拟网络图

(1) 工程设施的规模。如水库库容的大小、水电站的规模、灌溉渠道的尺寸、泵站的规模、分流工程、水处理工厂、堤防、通航建筑物的规模以及水库旅游设施的规模等。

(2) 系统产出。如提供灌溉水量、工业及居民供水和发电量、水质指标等，也可以用需求量及其相应的保证率(或可靠性)来表示。

(3) 运行决策参数。一种是在水资源系统运行过程中起指导作用的参变量，如水库库容的分配额（死库容、兴利库容、防洪库容等），不同时期水库的控制水位和灌溉面积的分配比例等。这些参数一般通过长期模拟计算确定，带有规划的性质。另一种参数是实时运行参数，如灌排系统的当前状态和预报信息，是在实际运行过程中确定的。

三、灌排系统模拟模型中的物理关系

物理关系是指系统各物理变量之间存在既定关系的数学表达式，它可以表示为数学方程式的形式，也可以用表格形式表达。

灌排系统模拟模型一般有如下几类典型的物理关系：

(1) 各时段各节点的水量平衡关系。以图 6-1 为例，列出 t 时段各节点的流量如下：

节点 1　上游河道流量 $Q_{1,t}$

节点 2　水库入流 $Q_{2,t}$

$$Q_{2,t}=Q_{1,t}-L_{1,t} \tag{6-1}$$

式中　$Q_{2,t}$——t 时段水库入流量；

$Q_{1,t}$——t 时段节点 1 处的河道流量；

$L_{1,t}$——t 时段节点 1 至节点 2 之间的流量损失。

节点 3　水库出流 $Q_{3,t}$

$$Q_{3,t}=S_{t-1}+Q_{2,t}-L_{2,t}-S_t \tag{6-2}$$

式中　$Q_{3,t}$——t 时段水库出水量；

S_{t-1}，S_t——$t-1$ 及 t 时段末的水库蓄水量；

$L_{2,t}$——t 时段内水库损失水量。

节点 4　灌区引水流量 $Q_{4,t}$

$$Q_{4,t}=Q_{3,t}-L_{3,t}-Q_{d,t} \tag{6-3}$$

式中　$Q_{4,t}$——t 时段的引水流量；

$L_{3,t}$——t 时段内节点 3 至节点 4 之间的流量损失；

$Q_{d,t}$——t 时段向下游河道泄放的流量。

节点 5　灌溉用水流量 $Q_{5,t}$

$$Q_{5,t}=(1-\varepsilon)Q_{4,t} \tag{6-4}$$

式中　$Q_{5,t}$——t 时段进入灌区的灌溉用水流量；

ε——节点 4 至节点 5 之间的输水损失百分数，以小数表示。

节点 6　灌区退水流量 $Q_{6,t}$

$$Q_{6,t}=\rho Q_{5,t} \tag{6-5}$$

式中　$Q_{6,t}$——t 时段灌区退水；

ρ——灌溉流量损失百分数。

节点 7　下游河道流量 $Q_{7,t}$

$$Q_{7,t}=Q_{6,t}-L_{4,t}+Q_{d,t}-L_{5,t} \tag{6-6}$$

式中　$Q_{7,t}$——t 时段节点 7 向下游河道的泄水量；

$L_{4,t}$，$L_{5,t}$——节点 6 至节点 7 之间和节点 4 至节点 7 之间的流量损失。

（2）水文、水力学的物理关系式。如水库的泄流量与水库水位及闸门开度的物理关系，洪水模拟中洪水演进计算公式等。

（3）水流能量转换关系。如反映泵站的水能和电能转换关系的装机容量计算公式等。

（4）水力设施的水力特性。如水库的水位—库容和水位—水面面积关系、井灌井排地区地下水位与地下水储量以及地表积盐和地下水蒸发的关系等。

（5）其他。如灌排系统中工程设施的规模约束、各种资源约束等都是模拟模型中反映物理关系的内容。

四、灌排系统模拟模型的运行规则

在灌排系统的模拟研究中，运行规则是模拟模型的重要组成部分，引入运行规则正是模拟技术与数学规划的主要区别之一。运行规则即操作规程，是协调灌排系统各组成部分间的关系、解决各种矛盾时必须遵循的法规，其内容取决于该系统的功能和性质。以水库为例，其运行规则就是在特定的时期如何根据水资源的状态确定放水决策。通常水库为多用水部门服务，其蓄水可用于工业和居民供水、灌溉、改善水质、发电等。这些兴利部门要求常常与防洪要求有矛盾，兴利部门要求丰水季节多蓄水并保持较高的发电水头等，而防洪要求有更多的腾空库容。这就要求水库依据一定的规则放水，在各部门间合理分配水量，以协调兴利部门之间以及兴利与除害要求之间的矛盾。单就灌区来说，也需要有一定的运行规则。例如在供水充分的年份或时段，灌溉水可以均衡地分配到田间；在供水不足的情况下，是大面积均衡地减少灌水量，还是一部分面积保持充分灌水，另一部分面积减少灌水，这就需要有一定的运行规则来控制。

灌排系统运行中的约束条件在模拟模型中也表现为运行规则。例如，对水库规定的最大和最小蓄水量以及渠道或放水设备的最大允许放水量等，都应作为水库蓄水和放水必须遵守的规则。

在规划设计模型中，常常给定运行规则，通过模拟得出系统的规模组成及产出。对于确定灌排系统的运行策略研究，则常将运行的参数作为变量，通过不同参数组合的产出变化，研究最优运行规则，例如可以将水库不同时间的防洪限制水位及正常蓄水位作为可变参数，通过长历时的研究，确定最优参数。同样，灌溉水的分配比例及优先供水次序等配水策略，也可以作为变量进行研究。少数复杂的水资源模拟模型则将规划设计的决策和运行决策都作为变量进行研究。

灌排系统模拟决策中的运行规则，略举如下几类：

（1）水库运行规则。即水库运行操作的基本依据，根据水库的蓄水状态、来水量以及用户用水要求，按照运行规则实施水库的放水和供水分配。图 6－2 为一简单的水库运行规则，图中纵坐标表示水库放水量决策 D_t，D_T 为正常放水量。横坐标表示水库来水量 Q_t 与水库蓄水量 S_t 之和。图形分为三区，Ⅰ区表示可供水量不足，水库有多少水放多少水；Ⅱ区表示正常供水，余水蓄存水库内；Ⅲ区表示水库有效库容 V 蓄满状态，除正常供水外有泄水。

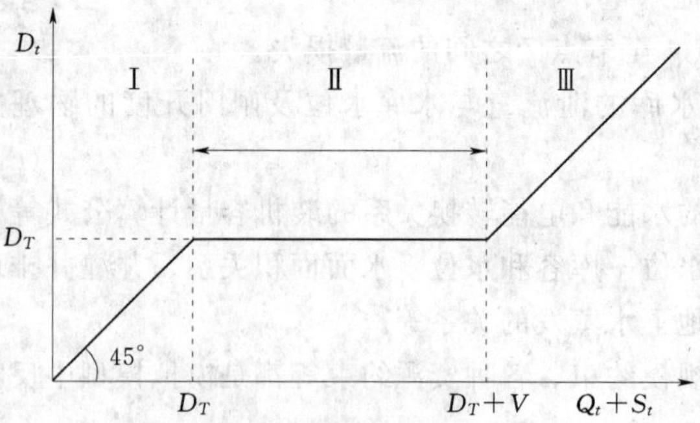

图 6－2　水库运行规则

（2）用水规则。指在不同水源状态下的用水次序和分配方式及原则。减少供水时，需根据农业、工业、生活等用水量按规定的次序依次确定供水量。上述图 6－2 中用水区的划分，实际上包含了用水的优先次序，即首先为生活用水，其次为工业用水，最后为农业用水。有时尚应对供水地区确定供水次序。同一个用水部门也有分配规则，是同比例供水还是重点保证，也应在模型中予以规定。

（3）地下水管理规程。水文地质条件与农业生产、城镇建筑、社会环境等都有极其密切的关系，在开发利用地下水的地区必须有效控制地下水的动态。因此，对地下水位的最大和最小埋深必须有所限制，对深层地下水的开采量有所制约，同时对地面水和地下水的用水次序、用水比例等都应有所规定。对地下水进行人工回灌的地方，还应在回灌时间和回灌地点的安排顺序方面做出规定。

（4）社会和生态环境约束。灌排工程可以用来改善农业生产环境，同时也可能产生负面影响，这是必须防范的。其防范措施要反映在上述运行规则中，其他社会约束也应体现在运行规则中。

五、模拟程序的运行

模拟程序的运行可以用图 6－3 为例表示，该图表示一个水库灌区优化决策的模拟运行。使用模拟模型时，首先输入一组数据，例如输入时段 t 的一组水文资料，即可得到一个输出响应，这一过程称为一次运行。随后再输入时段 $t+1$ 的一组水文资料，又可得到一个输出响应，又完成一次运行。如此连续运行若干次，就可得到若干输出响应，这些输出成果是在给定一组水库库容和灌溉面积情况下取得的。如果是规划课题，要求从各种水库库容和灌溉面积的数据中优选，就要求变换水库库容和灌溉面积的数值。按前述办法再次进行水文资料的输入，得出相应的成果。这就是针对每一库容和灌溉面积的方案，进行全过程的运行、各个方案运行完毕就可得到各个方案的输出响应。

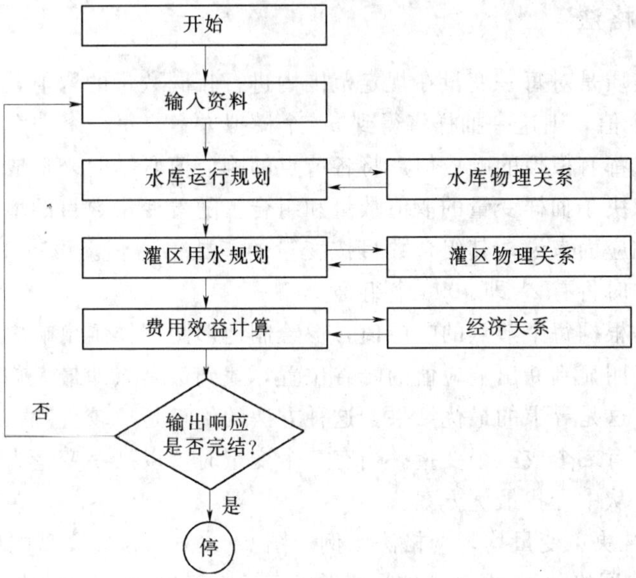

图 6-3　水库灌区模拟模型框图

第三节　模拟技术中的优选方法

如上节所述，模拟程序运行后，可以得出系统相应的输出响应值，一般情况下就是该系统的净效益或者是总费用。一次运行可得到一个净效益值（或总费用），若干次运行可得到相应个数的净效益值（或总费用）。需要指出的是这些净效益值（或总费用）是在各决策变量不同取值情况下的综合结果。因此，由各响应值构成的响应曲面可以认为是各决策变量的函数，即

$$B=f(x_1,x_2,\cdots,x_n) \tag{6-7}$$

式中　　B——系统响应值，如净效益（或总费用）等；

x_1，x_2，…，x_n——各决策变量。

这一关系可以作为优选方案的基础，即利用这一关系，设法求出 B 最大（或最小）时的决策变量 x_1，x_2，…，x_n 的分布值。

由上述可知，B 值是通过一次模拟活动最后得到的一个目标函数值，B 与 x_1，x_2，…，x_n 之间一般不存在明显的数学关系，很难判断其数学的连续性和可微性，即使存在某种近似的数学关系，往往也是通过大量模拟之后分析出来的，无法在优选方案时利用它进行解析分析。因此模拟时，常采用抽样的方法进行方案优选。抽样方法有两类：一类是系统抽样法，即根据一定的有秩序的原则对系统变量取值，然后进行优选；另一类是随机抽样法，它是根据随机分布规律对系统变量取值，然后进行优选。其中，系统抽样方法又有多种，目前常用的有均匀网格法、单因子法、边际分析法、双因子法以及最陡梯度法等。

一、均匀网格法

这一方法的实质是对每一变量在规定范围内进行相同数量的取值，如有 n 个变量，每一个变量均取 m 个值，则这一抽样将得到 m^n 个模拟方案。每一个方案相当于网格上的一个节点，每个节点都有模拟的响应值。将各节点的响应值联结起来形成响应曲面，而响应曲面的网格密度取决于抽样变量的取值数量和组合。随着变量数目的增加，对于要求具有一定网格密度的响应面来说，其组合数目按变量的指数倍增长。设有 12 个变量，每个变量取 2 个值，抽样时将有 2^{12} 即 4096 个组合。

均匀网格法是根据每个节点的响应值，像绘制地形图那样画出响应值的等值线图。有了等值线图，可以明显判断出响应值的峰谷位置，找到最高点即最大响应值，或找到最低点即最小响应值，这是寻求的最优结果。这种方法的优点是比较直观，但它只适用于变量较少的情况，例如有二个或三个变量。当有三个变量时，以某一变量为参数画出若干张响应值的等值线图，从中寻找最优方案。

图 6-4 为二维决策变量均匀网格法示例。图 6-4(*a*) 为尖峰型响应面，其最大值不小于 40。但是均匀网格的 16 个节点响应值均小于 20，与最大值相差较多；图 6-4(*b*) 为平缓型响应面，最大值也大于 40。同样密度的 16 个节点中有 6 个节点的响应值大于 20，并且有一个节点响应值大于 30，非常接近最大值。这说明平缓型响应面使用均匀网格法更容易求得比较满意的结果。从图 6-4(*b*) 还可以看出，在第一次进行 16 个节点的模拟运行后，可以判断最大响应值可能大于 30，并且位于左上角 4 个节点之间。为提高精度，可在 4 个节点之间增加网格密度，如图 6-4(*b*) 左上角所示。新增加节点的响应值中有 4 个值大于 30，其中 2 个等于和大于 40，可以绘出 40 等值线，从而得到相当满意的分析结果。

对于图 6-4(*a*) 所示的双峰情况，在粗网格分析后，应在两个可以判断的峰值附近，进一步进行细网格分析，找出两个极大值，进行比较，然后确定其中的最优方案。

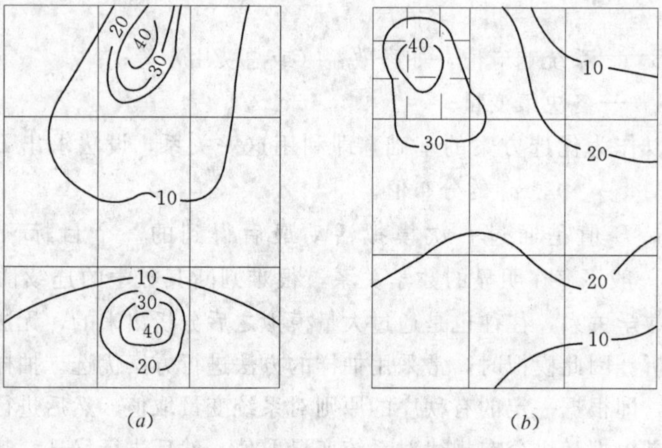

图 6-4 两变量均匀网格示例

(*a*) 尖峰型；(*b*) 平缓型

二、单因子抽样法

单因子抽样法首先给定一个各变量初始值的组合——初始方案，然后从初始方案开始，除一个变量外其余变量暂为常值。对这一个变量改变取值，直到获得最大响应值为止，得到一个改进方案。再由此开始，以另一个变量改变取值，再得一个新的改进方案。轮流更换变量，直至某一组合情况下，对任何变量改变取值均不能改善响应值时，这一组合即为最优方案。

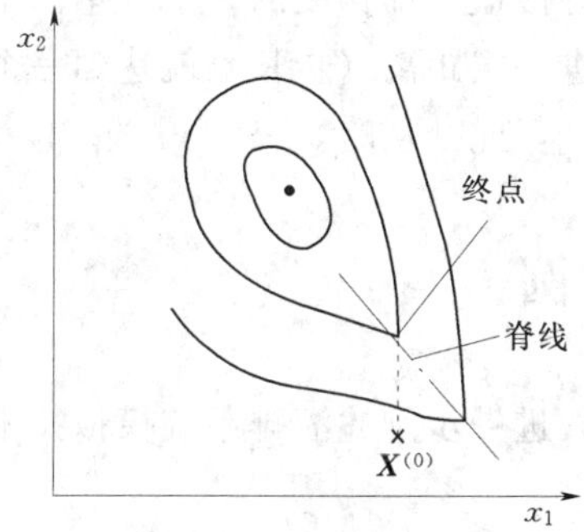

图 6－5　带脊线的响应面

单因子抽样法适用于各变量相互独立的情况。当变量间存在强的相互作用时，有时会使寻优搜索停止到某一个距最优点相当远的终点，无法接近最优点。以两变量为例，若响应面存在脊线，且脊线不与坐标平行，当搜索到脊线上时，则搜索终止。这种情况称为变量间具有强相互作用，如图 6－5 所示。遇有这种情况可与其他方法结合，或改变初始点 $\boldsymbol{X}^{(0)}$ 的位置，例如从没有脊线的左上方开始抽样搜索。

三、边际分析法（双因子抽样法）

与单因子抽样法不同，边际分析抽样不是只改变一个变量的值，而经常同时改变两个变量，并将其余变量视为常数。因此，边际分析抽样法也称为双因子抽样法。采用这种方法时，总是选择两个关系密切的变量为一对因子进行边际分析。

例如，一个水资源系统，在许多决策变量中选择灌溉正常放水量和水库有效库容为一对变化的因子。在改变这两个变量取值的过程中，同时分析整个系统的效益变化。设从两个变量的某一初始组合开始，令灌溉正常放水量有一较小的改变，同时令水库库容也有某些改变。这时，两个变量构成一个新的组合，然后计算该系统在两个变量改变后毛效益的增长，并计算其投资费用的增长。当费用的增长恰好与毛效益的增长相等时，达到边际状态，即达到两个变量的最优状态。如果两个变量的增量不相协调，即得到的净效益总是增长，或者得到的效益低于原来的数值，则应改变这两个变量的增量，直至找到两者的最优组合为止。在求得灌溉正常放水量与水库有效容积的最优组合以后，再对另一对因子进行探讨，找出这一对新变量的最优组合。对系统中每一对变量都进行分析之后，此时的成果接近系统的最优成果，必要时可再进行一次上述的整个搜索模拟。

四、最陡梯度法

该法也是一种迭代搜索方法，它与单因子或双因子抽样方法的不同在于后者每次搜索沿一个坐标或一个组合坐标前进，而最陡梯度法的每步搜索都沿当前所在点响应面的最大坡度前进。图 6－6 为两变量最陡梯度法的示例，图中 1，2，…，5 为抽样搜索的路径，箭头表示

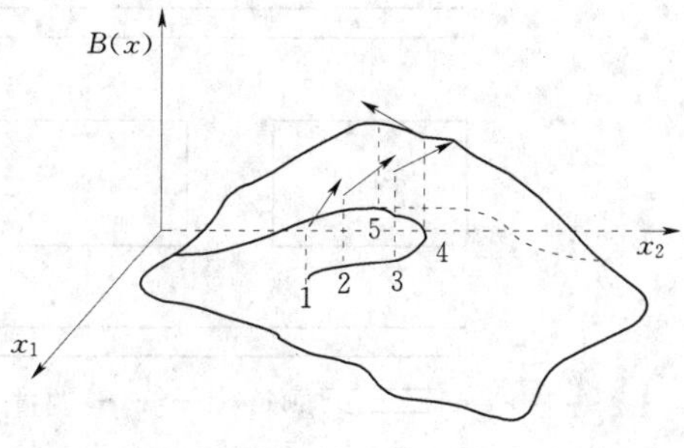

图 6－6　最陡梯度法求两变量函数最大值示例

相应点的响应面最大梯度。

使用这一方法时首先要选择起始点，然后分别对每一变量给以增量，同时令其余变量为常数，求得响应值（净效益）的一个增量。增量的取值要适当，既要使系统净效益发生足够的变化，又不能由于变量变化太大，使响应值的变化过多地脱离线性关系。很明显，效益增量与该增量的比值就是效益函数对该变量偏导数的近似值，即梯度的一个分量。由各梯度分量组成一个近似梯度向量，沿着这个梯度方向前进一定距离（步长）就达到一个修正点。关于梯度的计算和步长的确定方法可参考文献 [1]，此处从略。

第四节 应 用 实 例

下面给出一个地表水和地下水联合运用灌区规划实例，进一步阐述灌排系统模拟技术的具体应用。

【例 6-1】 某灌区有 4 个大型引水灌溉系统，总灌溉面积为 43 万 hm^2，其中自流灌溉面积为 17.67 万 hm^2。灌区始建于 20 世纪 50 年代末，20 世纪 70 年代初建成并投入运行。随着水资源紧缺的矛盾不断加剧以及灌区工程的老化和损耗，灌区自流灌溉面积不断萎缩。目前，灌区大部分地区依靠井灌和自排水河道提灌（后者称为补源灌溉）。为了提高灌溉用水效率、节约农业用水、控制地下水开采量，拟对灌区灌排系统进行续建配套和节水改造。灌区续建配套和节水改造的可能方案为：

(1) 对上游已有的渠灌工程进行节水改造，提高渠系水利用系数。

(2) 向中游补源灌区扩建自流灌溉渠系，增加自流灌溉面积。

本实例模拟研究的目的在于寻求最优的改扩建规模，确定扩建工程措施，即确定灌区各部位的地下水开发工程规模和地表水灌溉工程。同时，通过模拟运行，寻求适当的地表水和地下水联合调度规程。

一、灌区水资源系统简化

为了实现对水资源系统的模拟，通常将所研究的复杂水资源系统进行适当的简化，使其具有较规则的模型，即所谓的网络图。首先，根据引水工程状况和相对位置将灌区在平面上划分为 4 个子区（图 6-7）。每个子区都有一个自流灌溉系统、补源灌溉系统和一个地下水库，相邻子区有地下径流的相互补排关系。

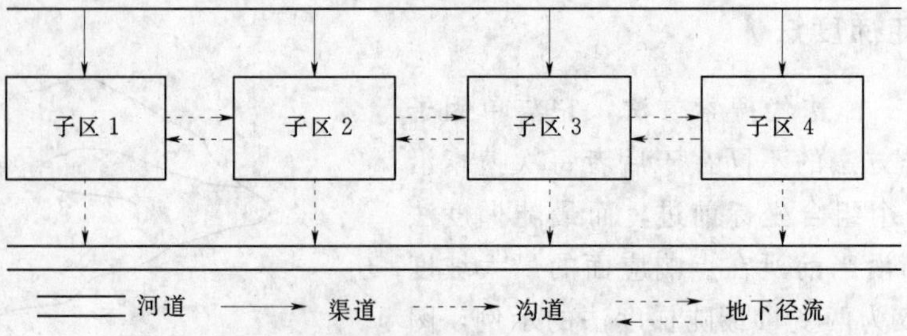

图 6-7 灌区水资源系统概化网络图

图 6－8 为各子区内水资源系统网络图。各子区表层土壤为农作物根系活动层，即计划湿润土层，借助灌溉调节和维持其土壤水分，使其具有适宜于作物（灌区作物为小麦和玉米）生长的含水量。该层土壤的水量输入包括有效天然降水、地表灌溉水量和地下水灌溉水量；其输出水量有土壤蒸发水量、作物蒸腾水量和深层渗漏水量。作为子区的地下水库的含水层的输入水量主要来自天然降水的补给，此外还有渠系渗漏和相邻子区含水层的侧向入流等；其输出水量包括地下水开采、潜水蒸发、向河流排泄和向相邻子区侧向出流等。

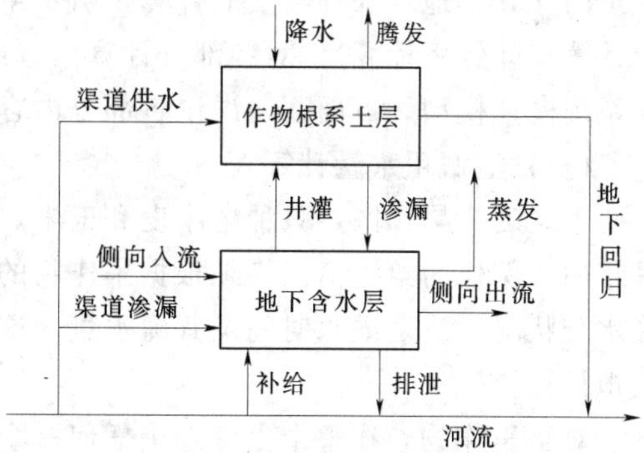

图 6－8　子区水资源系统网络图

二、灌区水资源系统运行规则

根据灌区建成以来 39 年的降雨、径流资料进行模拟运行分析。根据实测降雨资料，按水量平衡原理，分析制定作物的灌溉制度，求出各年灌溉用水量的变化过程。以地表水和地下水为供水水源，通过天然河道与地下水库的联合调配，以达到最大的灌溉效益。模拟计算的主要内容是探求如何合理地联合利用地表水和地下水，以满足灌溉的需求。利用天然河流来水和地下水库的调控径流的功能，满足灌溉用水，可以有多种可供选择的调配方式。对于所研究的灌区有 4 个子区，每个子区有各自的地下含水层可作为调节地下径流的地下水库。严格地讲，必须将天然河流和 4 个地下水库的供水量都作为决策变量，这样考虑将涉及为数众多的复杂供水决策组合，对每种组合一一进行模拟计算将带来浩繁的计算工作量。根据灌区的具体情况，为简化供水决策组合，以各子区的水文地质条件和建井情况为依据，拟定各子区地表水与地下水的供水比例，以一个子区利用天然河道供水量占该区灌溉用水量的比重作为配水比值。地下水较丰富的子区，采用较小的比值，即所利用的天然河道的供水量比重小，多利用本子区地下水；反之，地下水较贫乏的子区，采用较大比值。

在模拟计算中采用了三组配水比值作为不同的组合方案，各种组合中各子区的配水比值如表 6－1 所示。已知灌区多年平均地下水可利用量为 80000 万 m^3/a，引水系统最大可引水量为 187000 万 m^3/a。

表 6－1　　引水工程供水比重

引水方案	子区 1	子区 2	子区 3	子区 4
低比例	0.5	0.5	0.5	0.5
中比例	0.6	0.6	0.6	0.6
高比例	0.7	0.7	0.7	0.7

三、灌溉系统模拟模型

基于上述灌溉系统供水规则分析，可以进一步归纳出此问题的模拟计算包括：灌溉用水量的计算，地下水补给量的计算，引水系统与地下水库联合调节计算，以及目标函数值的计算（即经济计算）。对各部分计算内容用数值计算的数学表达式进行描述，即构建灌溉系统模拟模型。下面逐一讨论各部分内容的有关表达式。

（一）灌溉用水量计算

本灌区为旱作区，只种植小麦和玉米。作为改扩建灌区，其作物组成比例采用规划水平年的比例作为给定值。必须根据旱作物的需水特性及根系活动层（即计划湿润层）的土壤水分状况，决定灌水时间及其灌水量。这一部分计算的核心是根系活动土层水分变化的模拟计算。

对于旱作物，在整个生育期中任何一个时段 t，土壤计划湿润层内储水量的变化可以用下列水量平衡方程表示

$$W_t - W_0 = W_r + P_0 + K + M - ET \tag{6-8}$$

式中 W_0，W_t——时段初和时段 t 末土壤计划湿润层内的储水量；

W_r——由于计划湿润层深度增加而增加的水量；

P_0——保存在土壤计划湿润层内的有效降雨量；

K——时段 t 内的地下水补给量；

M——时段 t 内的灌溉水量；

ET——时段 t 内的作物田间需水量。

按上述可求出各子区的灌溉用水量 M，即为作物要求的净供水量。它可由天然河道和地下水联合供水，其中地面灌溉系统的供水量还应计入渠系的渗漏损失，即必须由地面灌溉系统承担的净供水量计入渠系损失之后，求出其相应的地面灌溉系统的毛供水量。

（二）地下含水层补给水量计算

这里考虑降雨和相邻子区的地下水补给量。降雨的地下水补给量系利用实测资料，对这一补给量与前期影响雨量的关系进行回归分析之后得出如下计算式

$$G = aP^2 + bP + c \tag{6-9}$$

式中 G——降雨对地下水的补给量；

P——降雨量与前期影响雨量之和；

a，b，c——回归系数，分别为地区的地下水位埋深、P 值大小及土壤性质有关，由实测资料分析。

相邻子区地下水的补给量计算式为

$$U = \Delta t \sum_{i=1}^{N} (H_i - H) T_i D_i / L_i \tag{6-10}$$

式中 U——时段 Δt 内相邻子区对本子区地下水补给量之和；

Δt——计算时段长度；

H，H_i——本子区及相邻子区 i 代表地点的地下水位标高；

T_i——与相邻子区 i 之间的导水系数；

D_i——子区 i 相接边界长度；

L_i——本区代表点与子区 i 代表点之间的距离；

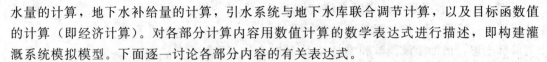

N——相邻子区数目。

（三）地表水与地下水联合调配计算

对于一个计算时段，必须首先进行灌溉用水量计算，求出该时段灌区作物所需的灌溉用水量。根据表6-1给定的一组配水比值（注意应同时考虑优先利用地表水的原则），确定为满足该时段灌溉用水量应分别由引水系统及各子区地下水库供给的供水量。然后按各自简化运行策略规定的运行规则，分别进行引水系统及地下水库的运行模拟计算。

（四）经济计算

以净效益最大作为评价改扩建工程的最优经济准则。净效益为灌溉效益与总费用之差。灌溉效益由作物产值计算，作物产值是作物产量与单价的乘积。总费用包括农业投资、改扩建工程投资和运行费用等，其中农业投资包括种子、肥料、农药、劳力及农机费用等。工程投资包括已建渠系改造投资、扩建投资和扩大地下水开采量的建井投资，以单位灌溉面积投资表示。年运行费用主要包括改扩建渠系的年维修管理费、扩建机井的年运行维修费用和抽水动力消耗费等，可参照过去运行资料测算出占各项投资的百分数，分别计算其相应的运行费用。具体计算方法包括以下内容。

1. 作物产量计算

首先必须根据各年的灌溉条件，估算农作物的产量。根据本灌区灌溉产量调查资料，并参考同类作物的有关灌溉试验资料，采用如下非充分灌溉条件下作物单产的计算式

$$y=y_m\left[1-A\left(1-\frac{P_0+M}{E}\right)^B\right] \tag{6-11}$$

式中 y——单位面积作物的实际产量，kg/hm^2；

y_m——在充分灌溉条件下作物的单位面积的正常产量，kg/hm^2；

P_0——作物生育期的有效降雨量，mm；

M——生育期的灌溉水量，mm；

E——作物在充分灌溉条件下生育期的田间耗水量，mm。

参数A、B的采用值分别为$A=0.6753$，$B=1.286$。

2. 农业投资

根据灌区的主要作物组成，农业投资采用如下计算式

$$c=p(y-100)+c_0 \tag{6-12}$$

式中 c——单位作物面积投资，元/hm^2；

p——超过750kg/hm^2时的单位产量投资，元/hm^2；

c_0——单位面积基本投资。

y的含义与式（6-11）相同，表示单产，kg/hm^2。

3. 灌溉工程投资和费用

（1）改扩建工程投资

$$c_1=p_1(A_1-A_0)/T \tag{6-13}$$

式中 c_1——灌溉改扩建工程投资，元/年；

p_1——单位灌溉面积改扩建工程投资，元/hm^2；

A_1——改扩建后的灌溉面积，hm^2；

A_0——改扩建前的灌溉面积，hm^2；

T——灌溉改扩建工程使用年限，年。

(2) 灌溉费用。

井（提）灌动力费用的计算式为

$$c_2 = 0.00272 p_2 M_2 \frac{(H + \Delta H)}{\eta} \tag{6-14}$$

式中 c_2——某时段某子区井（提）灌动力消耗费用，元；

p_2——电费单价，元/（kW·h)；

M_2——为某时段抽取的地下水量，t；

H——子区代表点地下水埋深，m；

ΔH——子区抽水时水位降深，m；

η——水泵及机电总效率。

四、模拟运行计算及其成果分析

（一）决策变量的组合

灌区改扩建的目的是在已建引水渠系工程和地下水库供水的条件下，提高灌溉水利用效率，并联合运用地表水和地下水资源，以发挥最大的灌溉效益。通过水资源系统模拟计算，确定最优自流灌区范围和提水灌溉范围，包括改善灌溉面积和新增灌溉面积，以及引水工程与地下水库的联合运行方式，这是所研究灌溉供水系统的决策变量。本实例采用均匀网格法，即将决策变量均匀离散。根据表 6-1 拟定的引水系统与地下水库的三种配合供水规则，构成若干组的决策组合方案。首先，对各子区上游已建自流灌区，即上游已建渠系，拟定改善灌溉面积为 0 和 17.67 万 hm^2 两种方案，分别表示不进行改造和 100%改造两种情况；其次，对各子区中游补源灌区拟定不同的扩建方案，即对于补源灌区分别拟定不同的扩灌面积，取扩大自流灌溉面积分别为 0、2.13 万 hm^2、4.27 万 hm^2 和 6.40 万 hm^2 等 4 种取值，分别表示 0、33.3%、66.7%和 100%的补源灌区面积扩建为自流灌区。根据上述改扩建方案的不同取值，加入三种配水比值，总共可组成 2×4×3=24 种模拟运行方案。

（二）模拟运行计算

对于上述 24 种决策方案，必须逐一地采用前面建立的模拟模型，用编制的模拟程序在计算机上进行计算。计算期为 48 年，采用旬为计算时段，以计算期逐时段的地面径流和降雨资料为依据，依时序逐时段执行模拟演算。对任一决策组合方案，通过上述模拟运行演算可以输出引水系统引水量及供水量的逐时段变化过程；各子区田间土壤含水量、地下含水层水量、地下水供水量等要素的变化过程；各年作物产量等多项详细计算成果。这些成果对于详细考察和分析全系统的工作状况是很有帮助的。表 6-2、表 6-3 和表 6-4 给出 24 种方案不同的改善灌溉面积和新增自流灌溉面积组合的模拟成果，供选定方案分析。

表 6-2 低引水方案模拟成果

改善灌溉面积（万 hm^2）	新增自流灌溉面积（万 hm^2）	净效益现值（万元/a）	总供水量（万 m^3/a）	地下水供水量（万 m^3/a）	引水水量（万 m^3/a）	小麦总产（万 kg/a）	玉米总产（万 kg/a）
17.67	6.40	448812	160000	80000	80000	163632	215386
	4.27	440208	149810	74905	74905	160688	212390
	2.13	431604	148128	74064	74064	157744	209395
	0	423000	137874	68937	68937	154800	206400
0	6.40	369896	157898	78949	78949	135272	189586
	4.27	363340	153424	76712	76712	133608	186590
	2.13	356784	148889	74445	74445	131944	183595
	0	348180	144354	72177	72177	129000	180600

表 6-3 中引水方案模拟成果

改善灌溉面积（万 hm^2）	新增自流灌溉面积（万 hm^2）	净效益现值（万元/a）	总供水量（万 m^3/a）	地下水供水量（万 m^3/a）	引水水量（万 m^3/a）	小麦总产（万 kg/a）	玉米总产（万 kg/a）
17.67	6.40	470484	200000	80000	120000	168792	225706
	4.27	461880	187263	74905	112358	165848	222710
	2.13	453276	185160	74064	111096	162904	219715
	0	444672	172343	68937	103406	159960	216720
0	6.40	407306	197372	78949	118423	148172	202486
	4.27	400750	191780	76712	115068	146508	199490
	2.13	394194	186111	74445	111667	144844	196495
	0	385590	180443	72177	108266	141900	193500

表 6-4 高引水方案模拟成果

改善灌溉面积（万 hm^2）	新增自流灌溉面积（万 hm^2）	净效益现值（万元/a）	总供水量（万 m^3/a）	地下水供水量（万 m^3/a）	引水水量（万 m^3/a）	小麦总产（万 kg/a）	玉米总产（万 kg/a）
17.67	6.40	485448	266667	80000	186667	173952	230866
	4.27	476844	249684	74905	174779	171008	227870
	2.13	468240	246880	74064	172816	168064	224875
	0	459636	229790	68937	160853	165120	221880
0	6.40	444716	263163	78949	184214	161072	215386
	4.27	438160	255707	76712	178995	159408	212390
	2.13	431604	248149	74445	173704	157744	209395
	0	423000	240590	72177	168413	154800	206400

（三）决策组合方案分析比较

从表 6-2～表 6-4 成果可看出这样的变化趋势：随着改善灌溉面积扩大，作物总产量和净效益现值有所增长；随着自流灌溉面积扩大，作物总产量和净效益现值也有所增长；从3种配水比例的成果对比可见，高引水方案的作物总产量和净效益现值高于低引水方案。这种情况表明：随着灌区供水能力提高，农作物产量得以明显提高，灌区净效益也得到明显提高。这说明：在水量和经济条件许可的前提下，尽可能扩大灌区自流灌溉面积，改善灌溉条件，可以获得较好的经济效果。通观24种方案的净效益值，灌区高引水方案的净效益485448万元/a为最大值，据此可推荐该方案为最佳方案。此方案所对应的改善灌溉面积为17.67万hm^2，新增自流灌溉面积为6.4万hm^2，灌区多年平均地下水利用量为80000万m^3/a，自流灌溉系统引水量为186667万m^3/a。

习　题

1. 某灌排工程目标函数及约束条件如下，试用均匀网格法求解

$$\min f(\boldsymbol{X}) = 4x_1 + 2x_2 + 10x_1 x_2 + 6x_1{}^2 + 5x_2{}^2$$

$$\text{约束于}\quad 0 \leqslant x_1 \leqslant 5$$

$$0 \leqslant x_2 \leqslant 5$$

2. 某灌排工程无约束问题的目标函数如下，试用单因子抽样法求解

$$\min f(\boldsymbol{X}) = 60 - 10x_1 - 4x_2 + x_1^2 + x_2^2 - x_1 x_2$$

试从$(4,3)^T$点开始探索。

3. 某灌排工程无约束问题的效益和投资函数分别如下，用边际分析法求解

$$\max f_1(\boldsymbol{X}) = 8x_1 + 4x_2 - 2x_1^2 - x_2^2 + 100$$

$$\min f_2(\boldsymbol{X}) = 3x_1^2 + x_1^2 - 2x_1x_2 + 20$$

试从$(0,0)^T$点开始探索。

4. 用最陡梯度法求解

$$\min f(\boldsymbol{X}) = 2x_1{}^2 - 8x_1 + x_2{}^2 + 6x_2 + x_3{}^2 + 4x_3$$

试从$(0,0)^T$点开始探索。

第七章

遗传算法及其应用

遗传算法（Genetic Algorithms，简称GAS）是模拟生物在自然环境中的遗传和进化过程而形成的一种自适应全局优化概率搜索算法。它最早是在20世纪60年代由美国Michigan大学的Holland教授提出，起源于对自然和人工自适应系统的研究。遗传算法使用群体搜索技术，它通过对当前群体运用选择、交叉、变异等一系列遗传操作，从而产生新的一代群体，并逐步使群体进化到包含或接近最优解的状态。

遗传算法具有思想简单、易于实现、应用效果明显等优点，特别是对于一些大型、复杂非线性系统的优化问题，它表现出了比其他传统优化方法更加独特和优越的性能，使得其在自适应控制、组合优化、管理决策等领域得到了广泛的应用。遗传算法已成为在实际的生产课题中求解非线性规划的一种有效的算法。

第一节　遗传算法的基本原理

遗传算法是模拟Darwin的自然选择学说和Mendel的遗传学说的一种计算模型。Darwin的进化论认为，生物在其延续生存过程中，都是逐渐地适应其生存环境。物种的每个个体的基本特征被后代所继承（称为遗传），但后代又不完全同于父代。这些新的变化，若适应环境，则被保留下来，也就是那些更能适应环境的个体特征能被保留下来，这就是优胜劣汰的原理。Mendel的遗传学说认为，遗传是作为一种指令遗传码封装在每个细胞中，并以基因的形式包含在染色体中，每个基因有其特殊的位置并控制着某种特殊的性质，每个基因产生的个体对环境有一定的适应性，基因的杂交和基因突变可能产生对环境适应性强的后代，通过优胜劣汰的自然选择，适应值高的基因结构就保存下来，而适应值低的则被淘汰。

遗传算法模拟生物的进化过程，通过自然选择、遗传、变异等作用机制，实现后代种群适应性的提高。与自然界相似，遗传算法对求解问题的本身一无所知，它所需要的仅是对算法所产生的每个染色体进行评价，把问题的解表示成染色体，并基于适应值来选择染色体，使适应性好的染色体有更多的繁殖机会，在算法中也即是以二进制编码的串。并且，在执行遗传算法之前，给出一群染色体，也即是假设解。然后，把这些假设解置于问题的“环境”中，也即一个适应度函数中来评价。并按适者生存的原则，从中选择出较适应环境的染色体进行复制，淘汰低适应度的个体，再通过交叉，变异过程产生更适应环境的新一代染色体群。对这个新种群进行下一轮进化，直到产生最适合环境的值。

考虑一个求函数极大值的优化问题，其数学模型为

$$\max f(\boldsymbol{x})$$
$$\text{约束于} \quad \boldsymbol{x} \in R \tag{7-1}$$

式（7-1）中，$\boldsymbol{x}=(x_1,x_2,\cdots,x_n)^T$ 为决策变量，$f(\boldsymbol{x})$ 为目标函数，R 为决策变量的可行解集合，也称为可行域。

遗传算法中，将 n 维决策变量 $\boldsymbol{x}=(x_1, x_2, \cdots, x_n)^T$ 用 n 个记号 $X_i(i=1, 2, \cdots, n)$ 所组成的符号串 X 来表示

$$X=X_1X_2\cdots X_n \Rightarrow \boldsymbol{x}=(x_1,x_2,\cdots,x_n)^T \tag{7-2}$$

在式（7-2）中，X_i 与 x_i 是一一对应的。把每一个 X_i 看作一个遗传基因，它的所有可能取值称为等位基因，X 被称为是由 n 个遗传基因所组成的一个染色体。根据不同的情况，这里的等位基因可以是一组整数，也可以是某一范围内的实数，或者是纯粹的一个记号。最简单的等位基因是由 0 和 1 这两个整数组成，相应的染色体就可以表示为一个二进制符号串（称为二进制编码）。这种编码所形成的符号串 X 是个体的基因型，与它对应的解 $\boldsymbol{x}$ 是个体的表现型。染色体 X 也称为个体 X，对于每一个个体 X，按照一定的规则确定出其适应度。个体的适应度与其对应的个体表现型 X 的目标函数值相关联，X 越接近于目标函数的最优值，其适应度越大；反之，其适应度越小。

遗传算法中，决策变量 $\boldsymbol{x}$ 的可行域组成了问题的解空间。对问题最优解的搜索是通过对染色体 X 的搜索过程来进行的，从而由所有的染色体 X 就组成了问题的搜索空间。

遗传算法的运算对象是由 M 个个体 X 组成的集合，称为种群。与生物一代一代的自然进化过程类似，遗传算法的运算过程也是一个反复迭代过程，第 t 代种群记作 $P(t)$，经过一代遗传和进化后，得到第 $t+1$ 代种群 $P(t+1)$（同样具有 M 个个体）。代与代之间的进化通过选择、交叉和变异等遗传算子操作进行。这个过程将导致种群像自然进化一样的后生代种群比前代更加适应于环境（代表目标函数的优化方向），末代种群中的最优个体经过解码，可以作为问题的近似最优解。

遗传算法中的遗传算子包括选择、交叉和变异。

选择（selection）：根据各个个体的适应度，按照一定的规则或方法，从第 t 代种群 $P(t)$ 中选择一些优良的个体遗传到下一代种群 $P(t+1)$ 中。

交叉（crossover）：将种群 $P(t)$ 内的各个个体两两随机配对，对每一对个体，以某个概率（称为交叉概率）交换它们之间的部分染色体。

变异（mutation）：对群体 $P(t)$ 中的每一个个体，以某个概率（称为变异概率）改变某一个或某一些基因座上的基因值为其他的等位基因。

遗传算法的运算过程示意图见图 7-1。

为更好地理解遗传算法的运算过程，下面用手工计算来简单模拟遗传算法的各个主要运算步骤。

【例 7-1】 求下列函数的最大值。

$$\max f(x_1, x_2) = x_1^3 + x_2^3$$

约束于　$x_1 \in \{0,1,2,\cdots,15\}$

　　　　$x_2 \in \{0,1,2,\cdots,15\}$

现利用遗传算法对其求解，主要运算过程作如下解释。

1. 个体编码

遗传算法的运算对象是表示个体的符号串，所以必须把变量 x_1，x_2 编码成符号串。本例题中，x_1 和 x_2 取值为 0～15 之间的整数，可分别用 4 位无符号二进制整数来表示，将它们连接在一起组成的 8 位无符号二进制符号串就形成了个体的基因型，对应于一个可行解。例如，基因型 $X=$ 01011100 所对应的表现型是 $\boldsymbol{x}=(5, 12)^T$。个体的表现型 $\boldsymbol{x}$ 和基因型 X 之间可通过编码和解码相互转化。

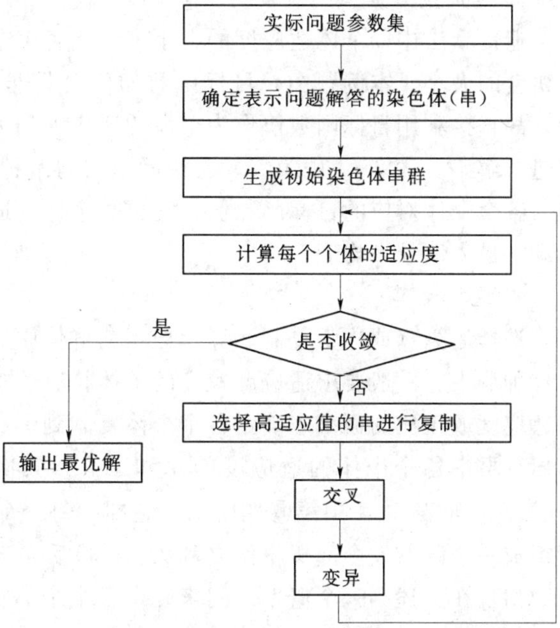

图 7-1　遗传算法的流程图

2. 初始种群的产生

遗传算法是对群体进行的进化操作，需要初始给定一定数量的个体，形成初始种群 $P(0)$。本例题中，种群规模的大小取为 4，即种群由 4 个个体组成，$P(0)$ 的 4 个个体可随机生成。一个随机生成的初始种群 $P(0)$ 见表 7-1。

表 7-1　　遗传算法的手工模拟计算

① 个体编号 i	② 初始群体 $P(0)$	③ x_1	④ x_2	⑤ $f_i(x_1, x_2)$	⑥ $f_i/\sum f_i$
1	01100111	6	7	559　$\sum f_i=5212$	0.11
2	01010011	5	3	152　$f_{max}=3925$	0.03
3	01001000	4	8	576　$\overline{f}=1303$	0.11
4	11011100	13	12	3925	0.79

⑦ 选择次数	⑧ 选择结果	⑨ 配对情况	⑩ 交叉点位置	⑪ 交叉结果	⑫ 变异点	⑬ 变异结果
1	11011100			11001000	4	11011000
0	01001000	1—2	1—2：3	01011100	1	11011100
1	01100111	3—4	3—4：6	01100100	6	01100000
2	11011100			11011111	3	11111111

⑭ 子代种群 P（1）	⑮ x_1	⑯ x_2	⑰ f_i（x_1，x_2）	⑱ $f_i/\sum f_i$
11011000	13	8	2709　$\sum f_i=13600$	0.20
11011100	13	12	3925　$f_{max}=6750$	0.29
01100000	6	0	216　$\overline{f}=3400$	0.02
11111111	15	15	6750	0.50

3. 适应度计算

遗传算法中以个体适应度的大小来评定各个个体的优劣程度，从而决定其遗传到下一代机会的大小。本例题中，目标函数的值总是非负的，并且是以求函数最大值为优化目标，故直接利用目标函数值作为个体的适应度。为计算函数的目标值，需先将个体基因型 X 进行解码。表 7-1 中第③、④栏所示为初始种群中各个个体的解码结果，第⑤栏所示的为各个个体对应的目标函数值，它也是个体的适应度。第⑤栏还给出了种群中适应度的总和、最大值及平均值。

4. 选择运算

选择运算（或称为复制运算）把当前群体中适应度较高的个体按照某种规则遗传到下一代种群中。一般要求适应度较高的个体将有更多的机会遗传到下一代。本例题中，采用与适应度成正比的概率来确定各个个体复制到下一代种群中的数量。其具体操作为：先计算出种群中各个个体的适应度的总和 $\sum f_i$；其次计算出每个个体的相对适应度的大小 $f_i/\sum f_i$，如表 7-1 中第⑥栏所示，它即为每个个体遗传到下一代种群的概率，每个概率值组成一个区域，全部概率值之和为 1；最后再产生一个 0～1 之间的随机数，依据该随机数出现在上述哪一个概率区间来确定各个个体被选中的次数。表 7-1 中第⑦、⑧栏所示为一随机产生的选择结果。

5. 交叉运算

交叉运算是遗传算法中产生新个体的主要遗传运算，它以某一概率相互交换某两个个体之间的部分染色体。本例采用单点交叉的方法，其具体操作过程为：先对种群内的个体进行两两随机配对，如表 7-1 中第⑨栏所示为一种随机配对的结果；其次随机设置交叉点位置，如表 7-1 中第⑩栏所示为一随机产生的交叉点位置，其中的数字表示交叉点设置在该基因座之后；最后在相互交换配对染色体之间的部分基因。

例如，若第 3 号个体和第 4 号个体在第 4 个基因座之后进行交叉运算，则可以得到两个新的个体：

$$\begin{array}{l} \text{第 3 号个体：} 0\ 1\ 1\ 0\ 0\ 1 \vdots 1\ 1 \\ \text{第 4 号个体：} 1\ 1\ 0\ 1\ 1\ 1 \vdots 0\ 0 \end{array} \xrightarrow{\text{交叉运算}} \begin{array}{l} 0\ 1\ 1\ 0\ 0\ 1 \vdots 0\ 0 \\ 1\ 1\ 0\ 1\ 1\ 1 \vdots 1\ 1 \end{array} \qquad (7-3)$$

可以看到：新产生的个体“11011111”的适应度较原来的两个个体的适应度都高。表 7-1 中第⑪所示为交叉运算的结果。

6. 变异运算

变异运算是对个体的某一个或某一些基因座上的基因值按某一较小的概率进行改变，它也是产生新个体的一种算子。本例题中，采用基本位变异的方法来进行变异运算，操作过程为：首先确定出各个个体的基因变异位置，如表 7-1 中第⑫栏所示的为随机产生的变异点位置，其中的数字表示变异点设置在该基因座处；然后依据某一概率将变异点的原有基因值取反。

例如：若第 4 号个体的第 3 个基因座需要进行变异运算，则可产生一个新的个体：

$$\text{第 4 号个体：} 1\ 1 \vdots 0 \vdots 1\ 1\ 1\ 1\ 1 \xrightarrow{\text{第 3 位变异}} 1\ 1 \vdots 1 \vdots 1\ 1\ 1\ 1\ 1 \qquad (7-4)$$

表 7-1 中第⑬栏所示为变异运算结果。

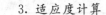

对种群 $P(t)$ 进行一轮选择、交叉、变异运算后可以得到新一代的种群 $P(t+1)$，如表 7-1 中第⑭栏所示。表 7-1 中第⑮、⑯、⑰、⑱栏还分别给出了新种群的解码值、适应度和相对适应度，并给出了适应度的最大值和平均值。从表 7-1 中可以看出，种群经过一代进化之后，其适应度的最大值、平均值都得到了明显的改进。事实上，这里已经得到了最佳个体“11111111”，对应于最优解 $\boldsymbol{x}=(15,15)^T$。

需要说明的是，表 7-1 中第②、⑦、⑨、⑩、⑫栏的数据是随机产生的，这里为了更好地说明问题，特意选择了一些较好的数值以便能够得到较好的结果，而在实际运算过程中可能需要一定的迭代次数后才能得到这个最优解。

第二节　基本遗传算法

遗传算法是基于对生物遗传和进化机理的模拟，它通过种群间的个体之间的信息交换及结构重组一步步逼近问题的最优解，不同的编码方式和遗传算子构成了各种不同的遗传算法。Goldberg 针对遗传算法均通过对生物遗传和进化过程中选择、交叉、变异机理的模拟，来实现问题最优解的自适应搜索过程这一共同的特点，总结出了一种统一的最基本的遗传算法——基本遗传算法（simple genetic algorithms，简称 SGA）。基本遗传算法只使用选择、交叉和变异这三种基本遗传算子，它给出了各种遗传算法的基本框架，遗传进化过程简单，容易理解，也是其他一些遗传算法的雏形和基础。

基本遗传算法一般可用于求解如下形式的最优化问题

$$\max f(x_1,x_2,\cdots,x_n)$$
$$\text{约束于}\quad a_i\leqslant x_i\leqslant b_i\quad(i=1,\cdots,n) \tag{7-5}$$

一、基本遗传算法的构成要素

基本遗传算法在求解式（7-3）的最优化问题时，主要过程包含以下内容：

1. 染色体编码方法

遗传算法的运算对象是表示个体的符号串，所以必须把变量编码为一种符号串。一般常用二进制编码和实数编码。

二进制编码是固定长度的二进制符号串来表示群体中的个体，其等位基因由 {0，1} 所构成。如 $X=010111110101$ 就可表示一个个体，该个体的染色体长度为 12。

2. 个体适应度评价

基本遗传算法按与个体适应度成正比的概率来决定当前种群中每个个体遗传到下一代种群中的机会多少。为正确计算这个概率，要求所有个体的适应度必须为非负。这样，根据问题种类的不同，必须预先确定好由目标函数值到个体适应度之间的转换规则，特别是要预先确定好当目标函数值为负数时的处理方法。

3. 遗传算子

基本遗传算法使用下述三种遗传算子：

（1）选择运算使用比例选择算子。

（2）交叉运算使用单点交叉算子。

（3）变异运算使用基本位变异算子或均匀变异算子。

4. 基本遗传算法的运行参数

基本遗传算法有下述 4 个运行参数需要提前设定：

M：种群大小，即每一代种群中所含个体的数量，一般取为 20～100。

T：遗传算法的终止进化代数，一般取为 100～500。

p_c：交叉概率，一般取为 0.4～0.99。

p_m：变异概率，一般取为 0.0001～0.1。

这 4 个运行参数对遗传算法的运行效率和求解结果都有一定的影响，但目前尚无合理选择这些参数的理论依据。在遗传算法的实际运用中，往往需要经过多次试算后才能确定出这些参数合理的取值大小或取值范围。

基本遗传算法用于优化问题的流程图和图 7-1 基本一致。

二、基本遗传算法的实现

对基本遗传算法具体实现过程中的主要内容做如下具体说明。

1. 适应度函数

遗传算法在进化搜索中基本不利用外部信息，仅以适应度函数为依据，根据种群中每个个体的适应度值的大小来确定该个体被遗传到下一代种群中的概率。基本遗传算法使用比例选择算子来确定个体遗传到下一代群体中的数量，因此个体的适应度必须非负。

所有个体的全体组成的集合称为个体空间，记为 S。对于一个个体产生的效益称为适应度（值），适应度函数是个体空间到正实数空间的映射，即适应度函数可表示为

$$F: S \rightarrow R^+$$

遗传算法中适应度函数的选取至关重要，直接影响到遗传算法的收敛速度以及能否找到最优解。一般而言，适应度函数是由目标函数 $f(x)$ 变换而成的。常见的适应度函数有三种，分别为：

（1）直接将待求的目标函数视为适应度函数。

（2）界限构造法，即若目标函数为最小化问题，则

$$F[f(x)]=\begin{cases} c_{\max}-f(x) & f(x)<c_{\max} \\ 0 & othrewise \end{cases} \tag{7-6}$$

对极大化问题，有

$$F[f(x)]=\begin{cases} f(x)-c_{\min} & f(x)>c_{\min} \\ 0 & othrewise \end{cases} \tag{7-7}$$

其中 $c_{\max}$，$c_{\min}$ 为 $f(x)$ 的最大值、最小值估计，一般可用下面几种方法来选取：预选指定的一个较大（小）的数；进化到当前代为止的最大（小）的目标函数值；当前代或最近几代群体中的最大（小）的目标函数值。

（3）进行尺度变换，即对极大化问题，有

$$F[f(x)]=\frac{1}{1+c-f(x)} \quad c\geqslant 0, c-f(x)\geqslant 0 \tag{7-8}$$

对极小化问题，有

$$F[f(x)]=\frac{1}{1+c+f(x)} \quad c\geqslant 0, c+f(x)\geqslant 0 \tag{7-9}$$

其中 c 为目标函数界限的保守估计值。

2. 比例选择算子

所谓比例选择算子，是指个体被选中并复制到下一代种群中的概率与该个体的适应度大小成正比。

比例选择是一种有退回的随机选择，也称为轮盘赌选择。如图 7-2 所示为一赌盘示意图。整个赌盘被分为大小不同的一些扇面，分别对应于价值各不相同的一些赌博物品。旋转指针，当指针停下来时所指扇面上的物品就归赌博者所有。虽然指针具体停留在赌盘的哪个扇面是无法预测的，但指针指向各个扇面的概率趋势是可以估算的，它与各个扇面的圆心角大小成正比：圆心角越大，指针停留在该扇面的可能性也越大；圆心角越小，指针停在该扇面的可能性也越小。与此类似，在遗传算法中，整个种群由个体组成，各个个体的适应度不同，在全部个体的适应值总和中所占的比例也不相同，由此可以构建赌盘，适应度值大的个体所对应的圆心角也大，适应度值的比例决定了各个个体被遗传到下一代的概率。

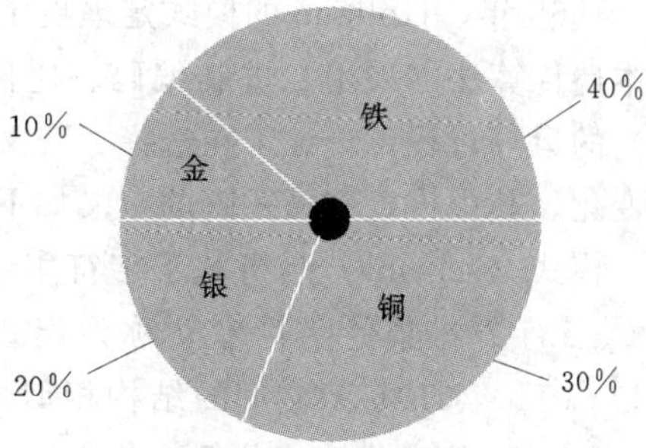

图 7-2　赌盘示意图

比例选择算子的具体执行过程为：首先计算出种群中各个个体的适应度值及所有个体的适应度值总和；其次计算出每个个体的相对适应度（个体适应度与种群中适应度值的总和的比值）的大小，构造赌盘；最后再模拟赌盘操作来确定各个个体被遗传到下一代的次数。

3. 单点交叉算子

单点交叉算子的具体执行步骤为：首先对种群中的个体进行两两随机配对；其次对每一对相互配对的个体，随机设置某一基因座之后的位置为交叉点。若染色体的长度为 n，则有 $n-1$ 个可能的交叉点位置；最后，对每一对相互配对的个体，依设定的交叉概率 p_c 在其交叉点处相互交换两个个体的部分染色体，产生两个新的个体。

单点交叉运算的示意见式（7-3）。

4. 基本位变异算子

对于基本遗传算法中所采用的二进制编码符号串所表示的个体，变异操作实际上是一种取反运算，即对于需要变异操作的基因座，若原有基因值为 1，则变异操作将其变为 0；反之，若原有基因值为 0，则变异操作将其变为 1。

基本位变异操作的步骤为：首先对个体的每一个基因座，依变异概率 p_m 指定其为变异点；其次对每一个指定的变异点，对其基因值做取反运算或用其他等位基因值来代替，从而产生一个新的个体。

基本位变异操作的示意见式（7-4）。

第三节　遗传算法的数学基础

以下主要从模式定理、积木块假设、隐含并行性和收敛性的分析及重要定理等几个方面来说明。

一、模式定理

1968 年，Holland 的模式定理奠定了遗传算法的数学基础，它从模式操作的角度分析基本遗传算法（采用二进制编码、比例选择算子、单点交叉算子、基本位变异或均匀变异）的运算过程，论证了在选择、交叉、变异算子作用下群体中某一模式所代表串的数目的变化。其中模式和模式阶的定义如下。

模式（schema）是指基于字符集｛0，1，*｝所产生的能描述具有某些结构相似性的 0、1 字符串集的字符串 h 称为模式。如模式 01 * * 可以描述的字符串集为｛0100，0111，0110，0101｝，它们的结构相似性为四位字符串的前两位。模式阶（order of schema）指一个模式中确定位置（0 或 1）的个数，记作 $o(h)$。如模式 0 * * 11 的模式阶为 3。模式定义距是指一个模式中第一个确定位置和最后一个确定位置之间的距离，记作 $\delta(h)$。如模式 1 * 10 * 的定义距为 3。

模式定理：在遗传算子选择、交叉和变异的作用下，具有低阶、短定义距以及平均适应度高于群体平均适应度的模式在子代中将得以指数级增长。其数学表达式为

$$M(h,t+1)\geqslant M(h,t)\frac{f(h,t)}{\overline{f}(t)}\left[1-p_c\frac{\delta(h)}{l-1}-p_m o(h)\right]$$

式中 $f(h,t)$——第 t 代模式 h 的平均适应度；

$\overline{f}(t)$——第 t 代群体的平均适应度；

p_c——杂交概率；

p_m——变异概率；

$M(h,t)$——第 t 代模式 h 的样本数；

l——二进制位数。

模式定理给出了某一模式所代表串经过一次进化迭代后生存的数目的下界值。

二、积木块假设

积木块假设：低阶、短距、高平均适应度的模式（积木块）在遗传算子作用下，相互结合，能生成高阶、长距、高平均适应度的模式，可最终生成全局最优解。

遗传算法的搜索有效性依赖于积木块假设，它指出了遗传算法具备寻找到全局最优解的能力。

三、隐并行性

Holland 和 Goldberg 指出，遗传算法有效处理的模式个数为 $o(M^3)$，其中 M 为种群规模。也就是说，虽然进化过程中的每一代只处理了 M 个个体，但实际上并行处理了

$o(M^3)$个模式。这种并行处理过程有别于一般意义上的并行算法的运行过程，它是包含在处理过程内部的一种隐并行性。这是遗传算法具有强大搜索优化能力和易于实现的重要原因。

四、收敛性分析及重要定理

遗传算法的收敛性通常是指遗传算法所生成的迭代种群（或其分布）收敛到某一稳定状态（或分布），或其适应值函数的最大或平均值随迭代趋于优化问题的最优值。

如果将整个进化过程作为一个随机过程来考虑，则可利用 Markov 链来对进化过程进行理论分析，从而得到遗传算法收敛性方面的重要结论。此处给出有关遗传算法收敛性的几个重要定理。

定理 7.1　基本遗传算法收敛于最优解的概率小于 1。

定理 7.2　使用最佳保留策略的遗传算法收敛于最优解的概率为 1。

第四节　应　用　实　例

遗传算法提供了一种求解复杂系统优化问题的通用框架，它不依赖于问题的领域和种类。遗传算法在实际课题中的应用，一般可按照下述步骤来构造并求解该问题。

步骤 1　确定决策变量及约束条件，即确定出个体的表现型 $\boldsymbol{x}$ 和问题的解空间；

步骤 2　建立优化模型，即确定目标函数及约束条件的数学描述形式；

步骤 3　确定表示可行解的染色体编码方法，也即确定出个体的基因型 X 及遗传算法的搜索空间；

步骤 4　确定解码方法，即确定出个体基因型 X 到个体表现型 $\boldsymbol{x}$ 的转换关系；

步骤 5　确定个体适应度的量化评价方法，即确定出由目标函数值 $f(\boldsymbol{x})$ 到个体适应度值 $F(X)$ 的转换规则；

步骤 6　设计遗传算子，即确定出选择算子、交叉算子、变异算子等遗传算子的具体操作方法；

步骤 7　确定遗传算法的有关运行参数，即确定出遗传算法的 M、T、p_c、p_m 等参数；

步骤 8　运用遗传算子对优化模型进行求解，获取问题的最优解。

【例 7-2】　对［例 2-1］灌区规模的最优规划问题中所建立的模型采用遗传算法进行求解。对于该实例的问题描述及建模过程不再赘述，其数学模型如下：

目标函数　$\max Z=438.09x_1+758.04x_2+934.46x_3-7143.2$

约束条件

$$\left.\begin{array}{l} x_1\geqslant 9.5 \\ x_2\geqslant 16.8 \\ x_1+x_2+1.02x_3\leqslant 53.5 \\ x_1\leqslant 21.43 \\ x_1、x_2、x_3\geqslant 0 \end{array}\right\}$$

下面采用遗传算法来进行求解。

（1）编码方式。对于本例题，采用浮点数编码，不使用二进制编码。浮点数编码是指个体的每个基因值用某一范围内的一个浮点数来表示，个体的编码长度等于其决策变量的个数。浮点数编码使用的是决策变量的真实值，所以也称真值编码方法，其优点在于便于处理实际课题中多维、高精度、较大搜索空间的要求的连续函数优化问题，同时省略了表现型与基因型之间的编码和解码过程。

如本例题中，含有 3 个决策变量 x_1，x_2，x_3，每个变量都有相应的上下限约束，则 $X=$ | 9.5 | 16.8 | 0 | 就表示一个体的基因型，其对应的表现型是 $x=(9.5,16.8,0)^T$。

(2) 适应度函数。根据决策变量的取值范围，目标函数总是非负，因此直接采用目标函数作为个体的适应度函数，即

$$F(X)=438.09x_1+758.04x_2+934.46x_3-7143.2$$

(3) 遗传算子设计。由于本例题采用浮点数编码，因此所采用的选择、交叉、变异算子与基本遗传算法不同。

本例题中选择算子采用随机联赛选择，其基本思想是每次在当前种群 $P(t)$ 中随机选取若干个个体，然后再选取几个个体之中适应度最高的一个个体遗传到下一代群体中。在随机联赛操作中，只有个体适应度之间的大小比较运算，而无个体适应度之间的算术运算，所以它对个体适应度是取正值还是负值无特别要求，可直接以目标函数为适应度函数。联赛选择中，每次进行适应度大小比较的个体数目称为联赛规模，一般情况下，联赛规模可取值为 2。

联赛选择的具体步骤为：①从群体中随机选取 N 个个体进行适应度大小的比较，将其中适应度最高的个体遗传到下一代；②上述过程重复 M（种群规模）次，就可得到 M 个个体。

十进制编码的交叉算子有简单交叉和算术交叉，本例题选用算术交叉，定义为两个向量的组合，如果 x_1 和 x_2 被杂交，最终的后代分别为

$$x_1'=ax_1+(1-a)x_2$$

$$x_2'=ax_2+(1-a)x_1$$

其中 $a\in[0,1]$ 为一随机数。

十进制编码中，有均匀变异和非均匀变异。其中均匀变异为一元算子，由单个的亲体 x 产生单个的子代 x'。算子随机选择个体 $x=(x_1,x_2,\cdots,x_q)$ 的下标集合中的一个元素 $k\in(1,\cdots,q)$ 并产生 $x'=(x_1,\cdots,x'_k,\cdots,x_q)$，其中 x'_k 为 x_k 的取值区间 $[left(k),right(k)]$ 中的一个随机值，且满足如下均匀分布概率

$$prob(x)=\begin{cases}\dfrac{1}{right(k)-left(k)} & left(k)\leqslant x\leqslant right(k)\\ 0 & otherwise\end{cases}$$

(4) 运行参数的确定。选用 $M=100$，$T=10000$，$p_c=0.6$，$p_m=0.1$。

(5) 约束条件的处理。遗传算法一般可以直接求解如式（7-5）所示的约束条件以决策变量的上下限约束为主的数学模型。本例题中，含有一个非上下新约束 $x_1+x_2+1.02x_3\leqslant53.5$，因此需要有新的处理方法。

考虑所有的约束条件，决策变量 x_1 的上下限是给定的，$9.5\leqslant x_1\leqslant21.43$；$x_2$，$x_3$ 有给定的下限值，其上限由约束条件 $x_1+x_2+1.02x_3\leqslant53.5$ 确定。因此，采用以下的方法

生成初始种群。

首先生成 x_1，在 x_1 的取值区间 [9.5，21.43] 内随机生成 x_1^0。在获取确定的 x_1 值后，再生成 x_2，x_2 的取值区间为 $[16.8, 53.5-x_1^0]$，从而获取 x_2 的值 x_2^0；最后产生 x_3 的初始值，其取值区间为 $[0, (53.5-x_1^0-x_2^0)/1.02]$，从而得到 x_3^0。这也是初始个体产生的方式，利用该方式获取的染色体可以保证其满足约束条件。

在使用上述方式生成初始种群后，可以看到均匀变异方式可能会导致个体始终满足约束条件的性质不再成立。因此，对变异算子，不采用均匀变异。根据上述种群的产生方式，一个变量值的改变往往会影响到后面的所有变量。因此，此处采用的变异算子，若产生的随机数小于变异概率，则随机生成一个新的个体来代替变异算子。

根据以上设计的参数及对模型的处理方法，对例题进行了数值计算。根据单纯形法的计算结果，该例题的最优解为 $\boldsymbol{x}=(9.5, 16.8, 26.67)^T$，最优值为 34675.78 万元，作为对遗传算法计算结果进行衡量的参考。由于遗传算法在问题的可行域内搜索，每次的结果并不一定都相同，因此进行了 5 次试验，每次试验均是一个完整的计算过程，实验计算结果见表 7-2。

表 7-2　遗传算法计算结果

试验编号	最优个体	对应目标值	与理论最优值的比
最优解	(9.5，16.8，26.67)	34675.78	—
1	(10.75，25.59，16.41)	32306.1	93.2%
2	(9.82，19.03，22.86)	32946.7	95.0%
3	(10.93，18.6，23.35)	33571.4	96.8%
4	(10.23，17.09，23.90)	32623.7	94.1%
5	(11.67，17.0，24.10)	33375.6	96.3%

由表 7-1 可以看到，遗传算法所得到的最优解与理论最优解之间的误差基本在 10% 以内，说明遗传算法具有良好的优化性能。

但从另一方面，遗传算法在 5 次试验中，均没有得到理论上的最优解，说明仅适用选择、交叉和变异算子的遗传算法在效率上尚有较大的改进空间。

习　题

1. 用遗传算法求解下述优化问题。

$$\max f(x_1, x_2) = x_1 \cdot x_2$$

$$\text{约束于} \quad -3 \leqslant x_1, x_2 \leqslant 3$$

2. 用遗传算法求解下述 DE-Jong 函数。

(1)
$$\min f(x_1, x_2, x_3) = \sum_{i=1}^{3} x_i^2$$

$$\text{约束于} \quad -5.12 \leqslant x_1, x_2, x_3 \leqslant 5.12$$

(2)
$$\min f(x_1, x_2) = 100(x_1^2 - x_2^2) + (1 - x_1)^2$$

$$\text{约束于} \quad -2.048 \leqslant x_1, x_2 \leqslant 2.048$$

第八章

其他常用系统分析方法

灌溉排水工程中应用到的系统分析方法有很多，线性规划、整数规划、非线性规划、动态规划、模拟技术和遗传算法是其中最基本的部分。在实际工作中，针对不同的问题及不同的数学模型，还用到以下一些系统分析方法。如数学规划中的随机规划、大系统分解协调等；决策分析中的单目标决策、多目标决策和模糊决策等；以及网络技术、预测技术和模糊规划等，如表 8-1 所示。

表 8-1　常用系统分析方法

数学规划	决策分析		其他
	单目标决策	多目标决策	
线性规划 整数规划 非线性规划 动态规划 随机规划 大系统分解协调 混合规划	确定性决策 风险性决策 不确定性决策	权重法 约束法 经验判断法 目标规划法 逐步法 分层序列法 代用价值权衡法 模糊决策	模拟技术 网络技术 预测技术 模糊规划

第一节　随　机　规　划

一、概述

在灌排工程系统分析中，涉及到的许多物理量或经济量往往受随机环境因素的影响而不能准确预报，具有随机性质。因此，有必要建立随机模型，使用随机优化方法。

随机规划是数学规划的一个分支，是一类解决数学规划模型中含有随机变量的优化理论和方法，随机规划模型求得的最优解一般不是一个精确值而是一个期望值。在随机规划中需对随机变量进行随机描述，分析其概率分布，往往还要考虑各随机变量的自相关性和互相关性，因而在理论上和求解方法上都比确定性规划复杂得多。

实际上，求解随机规划问题时，总是设法把它转化成确定性数学规划问题，再进行求解。如果随机变量的变化很小，对系统的性能不产生严重影响，则可以用其数学期望值代替这个随机变量值，并用确定性方法求解，然后通过敏感性分析来估价非确定性因素对方案的影响程度；如果随机变量变化很大，用期望值可能使方案性能的评价受到很大影响，这时就要用随机规划求解。

二、随机线性规划（Stochastic Linear Programming，SLP）

随机线性规划数学模型的组成与线性规划类似，包括目标函数和约束条件两个部分，但其中含有随机参数。根据数学模型中随机参数的性质和作用，随机线性规划模型通常分为两类：①目标函数中有随机参数的线性规划问题称为概率规划（Probability Programming）；②约束条件中有随机参数的线性规划问题称为机遇约束规划（Chance Constraint Programming）。

（一）概率规划

在线性规划模型中，当价格系数 c_j 是随机的，而价值系数 a_{ij} 和右端项 b_i 是确定性的，此时，可用期望值 $E(c_j)$ 代替 c_j，建立概率规划数学模型。

目标函数（以最大化为例）

$$\max E[Z(c)] = \max Z[E(c)] = \max\{\sum_{j=1}^{n} E(c_j)x_j\} \tag{8-1}$$

约束条件

$$\left.\begin{array}{ll}\sum_{j=1}^{n} a_{ij}x_j \geqslant b_i & (i=1,2,\cdots,m) \\ & (j=1,2,\cdots,n) \\ x_j \geqslant 0 & \end{array}\right\} \tag{8-2}$$

这种引用期望值来代替随机参数概率分布函数的模型，其优点是能够较为简便地将一个随机模型转化为一个确定性模型，再用一般线性规划解算方法求解。

（二）机遇约束规划

机遇约束规划的数学模型可表达为

目标函数（以最大化为例） $$\max E[Z] = \max\{\sum_{j=1}^{n} E(c_j)x_j\} \tag{8-3}$$

约束条件

$$\left.\begin{array}{ll}P(\sum_{j=1}^{n} a_{ij}x_j \leqslant b_i) \geqslant \beta_i & (i=1,2,\cdots,m) \\ & (j=1,2,\cdots,n) \\ x_j \geqslant 0 & \end{array}\right\} \tag{8-4}$$

式中 x_j——确定性决策变量；

c_j，b_i——已知概率分布的随机参数；

a_{ij}——确定性价值系数；

β_i——给定的概率值，$0<\beta_i<1.0$，接近于 1.0。

而 $$P(\sum_{j=1}^{n} a_{ij}x_j \leqslant b_i) \geqslant \beta_i$$

表示括号内表达式得以成立的概率不小于 β_i，而受到破坏的概率值为（$1-\beta_i$）。求解机遇约束模型的一般方法是先将其转化为等价的确定性线性规划模型，再用单纯形法求解。

三、随机动态规划（Stochastic Dynamic Programming，SDP）

随机动态规划是求解一类具有随机特性多阶段决策过程的优化技术。随机动态规划与确定性动态规划不同之处在于：确定动态规划中，状态变量、决策变量、各有关参数及整个决策过程都是确定性的，因而在某个指定状态使用某个决策，就形成一个确定性的状态转移结果，并得到确定性的效益或费用；而随机动态规划所研究的系统，因受随机因素的影响，致使状态转移结果和决策所产生的效益（或费用）都具有随机性质，由决策产生的状态不像确定性动态规划那样完全确定，只能用概率分布函数描述转移产生状态的随机分布。

按期望效益最大或期望费用最小的原理建立数学模型，并用常规动态规划方法逐阶段递推与择优，整个择优计算与确定性动态规划类似。

第二节　大系统优化

大系统优化（Large Scale System OPtimization）是 20 世纪 70 年代发展起来的一门学科，也是系统工程发展到新阶段的标志之一。

随着人类社会发展以及工农业和科学技术的进步，需要研究的系统越来越大，越来越复杂。为了力求掌握这类复杂事物及其发展进程的全局情况，研究如何采取措施，以求综合和最大限度地达到预期的目标。这就产生了研究和控制这种大规模复杂过程的需要。由这种大规模过程的一系列错综复杂并相互呈现各种信息联系的事物所组成的体系，就是所谓大系统。

大系统优化应用很广，涉及工程技术、社会经济和生物生态环境等各个领域。其特点是：

（1）规模庞大。指系统范围大、研究的领域广，所包括的组成部分或子系统的数目多。

（2）因素众多。大系统是多变量、多参数、多输入和多输出的系统。

（3）结构复杂。指系统中各组成部分或子系统之间的相互关系复杂。

（4）功能综合。大系统的目标往往是多样的，功能也是综合的。

迄今为止，国内外已提出了不少大系统优化方法，其中主要有大系统分解—协调法、大系统分解—聚合法、大系统聚合—分解法、大系统混合模型法以及大系统广义模型法等。

一、大系统分解—协调法

前已述及，大系统是一种规模大、因素多、结构复杂、具有综合功能的系统，往往含有很多变量和约束条件。所以企图应用一般的优化技术或单一的模型求解是有困难的，也是不可取的。从原则上讲，线性规划和非线性规划对于有限维数总是可以解的，但是实际上由于大系统的维数和约束条件太多，将占用巨量的计算机内存和计算机，以致出现“维数灾”，难以求解。为此，促使人们另觅求解大系统的优化技术，即设想把复杂的大系统先分解成若干比较简单的子系统。先采用一般的优化方法，分别对各子系统择优，实现各子系统的最优化，然后根据整个大系统的总目标，考虑各子系统之间的关联，协调修改各子系统的输入与输出，实现大系统的全局最优比。这种大系统分解—协调方法既是一种降维技术，即把一个具有多变量、多维的大系统分解为多个变量较少和维数较低的子系统；又是一种迭代技术，即各子系统通过各自优化得到的结果，还要反复迭代计算进行协调修改，直到满足整个系统全局最优为止。

灌溉大系统的分解—协调法可以以四川都江堰灌区为例加以说明。该灌区灌溉面积近千万亩，其渠系分为干、支、斗、农各级渠道，分别承担着灌区各片的引水、配水和用水等三种基本环节，灌区管理体制相应设立“局、处、段或站”三级，分别管辖相应层次的一组渠道和一片灌区，形成了三层递阶结构，如图 8-1 所示。

在图 8-1 中，最低一级（即第一层）的某一管理站可以根据由本站管辖的诸用水户所提出的用水计划，编制本站的时段配水计划，将参照水源流量、水文气象和农作条件等方面的实际情况，在所管辖的范围内权宜调度，以求尽量满足随时变化的农业用水要求以及工业用水等，并做到本站管辖范围内水土资源的最优利用。但是，管理站一级（或称层）用水配水优化，只能根据管理处一级在指定时段配给它一定流量（在支渠进口）的条件下来实现。而第二级（第二层）的某一管理处，其任务要协调下属各站之间的用水配水计划以达到本处范围内的水土资源的最优利用，但它的用水配水优化，又需根据管理局在指定时段配给它一定流量（在干渠进水口）的条件下来实现。至于最高一级（第三层）的管理局，则是根据随时间变化的渠首引水流量，协调各处之间的用水配水，以求整个灌溉系统范围内水土资源利用的最优化。

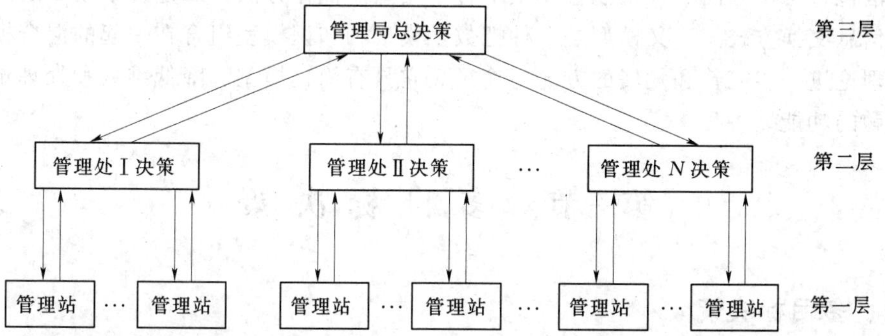

图 8-1　四川省都江堰灌区统一配水递阶结构图

二、大系统分解—聚合法

大系统分解—协调法的理论基础之一，是大系统问题的拉格朗日函数存在鞍点。如果这一条件不满足，在协调过程中就不一定能收敛到最优解。实际上，客观存在的大系统不一定都满足存在鞍点的要求，甚至检验这一条件是否满足也不容易。另外，在分解—协调法中要考虑大系统中随机的、不确定的、不确知的因素也存在一定困难，大系统分解—聚合法就是这样提出来的。

大系统分解—聚合法与分解—协调法类似，即大系统在可行域中分解，通过上一级进行协调。其不同点是：

(1) 分解—协调法是由上级模型给出关联变量值作为协调变量，下级子系统根据这一给定的协调变量优化子系统，上下级反复迭代，逐步逼近整个系统的最优解。而分解—聚合法是先优化子系统，以关联变量代替独立变量达到降维的目的，然后优化聚合模型达到整体最优，不需在上下层之间反复迭代计算。

(2) 分解—协调法在分解系统时，常要切断子系统之间的联系；而分解聚合法在分解系统时仍保存子系统之间的联系。

(3) 分解—聚合法的结构比较松散，不同的子系统或同一子系统的不同目标，可以采用不同的优化方法与途径，把定量计算、定性分析、经验判断和谐地集于一体，最后由聚合模型确定整个系统的最优解。

三、大系统聚合—分解法

大系统聚合—分解法是在克服求解多水库系统优化规划与调度问题所遇到的高维障碍中发展起来的，这一方法的基本思路是：首先将一个多水库系统，以一定方式聚合为一个等效水库系统；其次对这一等效水库进行优化决策（放水量、蓄水量或发电量等），其优化方法与一般单一水库相同；最后将等效水库的优化决策分解为多个水库的优化决策。所以这一方法的关键是如何聚合，又如何分解。

大系统的优化技术有很多，而且尚处于研究与探索之中，除了上述三种主要方法外，水利水电工程还用到另外两种方法，它们分别采用混合模型和广义模型求解复杂系统优化问题。混合模型又称组合模型或模型系统，是求解复杂系统的一种有效方法。混合模型的优化方法包含两个方面，一是混合模型中各子模型的优化方法；二是各子模型之间的组合或决策信息交换方式。广义模型是一种把数学模型和知识模型组合在一起的混合模型，是大系统理论进一步完善和发展的方向与途径。它具有简化模型、降低维数和处理难于定量决策问题的功能。

第三节　多 目 标 决 策

一、多目标决策

现实世界中存在大量的多目标决策（Multi - Objective Decision Making）问题。由于水利工程具有多种功能，涉及经济、社会和环境等各方面的需求，并影响到这些领域的局部和全局、当前和长远的效益。因此，其规划设计和运行管理往往需综合考虑各方面的因素，满足多种目标的要求，借以选择充分体现工程效益总体最优的决策。

多目标决策问题与单目标决策问题相比，不仅在目标数量上有区别，而且还具有三个显著的特点：①多目标决策问题中各个目标的度量单位大多是不可公度的；②多目标决策问题的目标之间存在着矛盾性；③多目标决策问题不存在像单目标问题那样的最优解，而只有满意解或最佳权衡解。

二、多目标决策的优化技术

对子多目标决策问题，要求所有目标同时都达到最佳结果是不可能的，有所失才能有所得，问题是失得在什么情况下才能够满足决策者的偏好和要求，决策者偏好的不同表示理论与方法引出了各种合理处理多目标决策问题的方法。

（一）化多目标为单目标法

由于直接求解多目标决策问题比较困难，于是就设法把它化为比较容易求解的单目标决策问题来处理。

1. 选择主要目标法

这是将多目标决策问题化为单目标问题的择优方法之一，其基本思路是从多目标决策问题中选择一个主要目标，尽量使该目标达到最优，而让其余一些次要目标满足各自的一定要求。即使其余目标值分别约束在一定的范围之内，形成一些约束条件，不再作为目标而从原目标中删去。

2. 权重法（又称权系数法）

权重法的思路如下：

当某一目标决策问题 $F(x)$ 和所有 p 个目标 $f_1(x)$，$f_2(x)$，…，$f_p(x)$ 都要求最小或最大时，可以先给每个目标以相应的权重系数 λ_i，建立新的目标函数（称效用函数）为

$$U(x) = \sum_{i=1}^{p} \lambda_i f_i(x) \tag{8-5}$$

于是把求多目标决策问题 $\min F(x)$ 或 $\max F(x)$ 变成了求单目标决策问题 $\min U(x)$ 或 $\max U(x)$。这样就很方便用单目标优化方法求解，这个解为多目标决策问题的非劣解。

（二）目标规划法

由于多目标决策问题往往难于找到一个解（或一个方案）能使每个目标都达到最优，因此产生了本办法。即预先对多目标问题的每一个目标 $f_i(x)$ 规定一定的目标值（或目的值）f_i^*（$i=1, 2, \cdots, p$），然后希望所有目标的值与给定目标值尽量接近。评价相近程度的函数称为评价函数，有差值平方和最小、差值平方和加权最小、极大极小法及理想点法等。

（三）逐步法（Step Method）

逐步法又称 STEM 法，它是一种迭代法，适用于多目标线性规划。它和目标规划不同，在求解过程中的每一步，分析人员和决策人员之间都要对话，分析人员把分析的结果告诉决策人员，并征求他的意见。如果决策人员认为满意，则迭代终止，如果决策人员认为不满意，则分析人员根据他的意见再重复计算，去改进结果。由于本法是逐步进行的，故称逐步法。

第四节 模 糊 决 策

一、模糊集合与隶属函数

在普通集合论中，一个对象对一个集合，要么属于，要么不属于，二者必居其一，而且仅居其一，绝不模棱两可。然而，在自然现象和社会现象中，差异往往要通过一个中介的过渡形式，具有“亦此亦彼”的性质。这种没有明确的内涵及外延的概念就是模糊概

念，描述模糊概念的集合叫模糊集合，用$\underset{\sim}{A}$表示。

在描述一个模糊集合时，可以在普通集合的基础上。把特征函数的取值范围从集合{0，1}扩大到在[0，1]闭区间内连续取值，这样一来就能借助经典集合论来定量描述模糊集合。为了将模糊集合与普通集合加以区别，把模糊集合的特征函数称为隶属函数，记作$\mu_A(U)$。$\mu_A(U)$表示元素U属于模糊集合$\underset{\sim}{A}$的程度，称为隶属度。

二、模糊聚类分析

模糊聚类分析的步骤包括以下内容。

1. 统计指标的数据标准化

标准化的计算公式为

$$x=\frac{x'-\overline{x}'}{C}$$

式中　x'——原始数据；

$\overline{x}'$——原始数据的平均值；

C——原始数据的标准差。

2. 确定被分类对象的相似关系$\underset{\sim}{R}$

相似关系$\underset{\sim}{R}$可写为

$$\underset{\sim}{R}=\begin{bmatrix} r_{11} & r_{12} & \cdots & r_{1n} \\ r_{21} & r_{22} & \cdots & r_{2n} \\ \vdots & \vdots & \vdots & \vdots \\ r_{n1} & r_{n2} & \cdots & r_{m} \end{bmatrix} \tag{8-6}$$

式中　r_{ij}——统计量（$i=1，2，\cdots，n$；$j=1，2，\cdots，n$，n为分类对象个数）。

计算r_{ij}的常用方法有：欧氏距离法、数量积法、相关系数法、最大—最小法、绝对值减数法等，请参阅参考相关文献，这里不再赘述。

3. 模糊等价关系

模糊关系$\underset{\sim}{R}$必须是等价关系才能聚类。而当$\underset{\sim}{R}=(r_{ij})_{n\times n}$满足：①自反性$r_{ij}=1$；②对称性$r_{ij}=r_{ji}$；③传递性$\underset{\sim}{R}\cdot\underset{\sim}{R}\subseteq\underset{\sim}{R}=(r_{ij})_{n\times n}$是一个模糊等价关系。

设有$x_1\sim x_5$分类对象，其集合为

$$A=\{x_1，x_2，x_3，x_4，x_5\}$$

给定模糊关系

$$\underset{\sim}{R}=\begin{bmatrix} 1 & 0.47 & 0.62 & 0.40 & 0.46 \\ 0.47 & 1 & 0.47 & 0.40 & 0.46 \\ 0.61 & 0.47 & 1 & 0.40 & 0.46 \\ 0.40 & 0.40 & 0.40 & 1 & 0.40 \\ 0.46 & 0.46 & 0.46 & 0.40 & 1 \end{bmatrix}$$

其自反性和对称性是显而易见的，经验亦可证明它满足传递性$\underset{\sim}{R}\cdot\underset{\sim}{R}\subseteq\underset{\sim}{R}$，所以$\underset{\sim}{R}$是一个模糊等价关系。

4. 不同水平 λ 进行分类

模糊等价关系 $\underset{\sim}{\boldsymbol{R}}$ 确定之后，对给定的 $\lambda\in[0,1]$，便可相应得到一个普通等价关系 R_λ，亦即可以决定一个 λ 水平的分类。

(1) 当 $0.61<\lambda\leqslant 1$ 时

$$\boldsymbol{R}_\lambda=\begin{bmatrix}1&0&0&0&0\\0&1&0&0&0\\0&0&1&0&0\\0&0&0&1&0\\0&0&0&0&1\end{bmatrix}$$

为单位矩阵，此时共分 $\{x_1\}$，$\{x_2\}$，$\{x_3\}$，$\{x_4\}$，$\{x_5\}$ 五类。

(2) 当 $0.47<\lambda\leqslant 0.61$ 时，不大于 0.47 的元素为 0，大于 0.47 的元素都变成 1，即得

$$\boldsymbol{R}_\lambda=\begin{bmatrix}1&0&1&0&0\\0&1&0&0&0\\1&0&1&0&0\\0&0&0&1&0\\0&0&0&0&1\end{bmatrix}$$

故 x_1 和 x_3 合并，共分 $\{x_1, x_3\}$，$\{x_2\}$，$\{x_4\}$，$\{x_5\}$ 四类。

同理，当 $0.46<\lambda\leqslant 0.47$ 时，此时分为 $\{x_1, x_2, x_3\}$，$\{x_4\}$，$\{x_5\}$ 三类；$0.40<\lambda\leqslant 0.46$ 时，此时分为 $\{x_1, x_2, x_3, x_5\}$，$\{x_4\}$ 两类；当 $0\leqslant\lambda\leqslant 0.40$，此时 $\boldsymbol{R}_\lambda$ 的元素全是 1，故只能分为一类，即 $\{x_1, x_2, x_3, x_4, x_5\}$。上述即是一个由模糊等价关系完成一个聚类分析的计算过程。

三、模糊数学规划

在有关灌溉优化技术中所涉及的模糊数学规划，一般是在论域 $\boldsymbol{U}$ 的模糊子集 $\underset{\sim}{\boldsymbol{A}}$ 上，求实值函数 $y=f(u)$ 的极值问题。$f(u)$ 为目标函数。这种数学规划的解法可归纳为：

(1) 模糊集合化为普通集合。先对模糊子集 $\underset{\sim}{\boldsymbol{A}}$，取某一 λ 值，$\lambda\in[0,1]$，则得到 λ 水平集

$$\boldsymbol{A}_\lambda=\{u\,|\,\mu_A(u)\geqslant\lambda\} \tag{8-7}$$

因 $\boldsymbol{A}_\lambda$ 是一个普通集合，因此可用常规方法求规划问题的解，称之为优越集，记为

$$\left.\begin{aligned}&\boldsymbol{M}_\lambda=\{u^*\,|\,u^*\in\boldsymbol{A}_\lambda\}\\ &f(u^*)=\max_{u\in A_\lambda}f(u)\\ &f(u^*)=\min_{u\in A_\lambda}f(u)\end{aligned}\right\} \tag{8-8}$$

或（位于上式第二、三行之间）

(2) 对不同的 λ 值可得不同的 $\boldsymbol{M}_\lambda$。

(3) 取这些优越集的并集，记为 $\boldsymbol{M}$，称为优越支集

$$\boldsymbol{M}=\boldsymbol{U}\boldsymbol{M}_\lambda\quad \lambda>0 \tag{8-9}$$

（4）一个元素 u，可能属于不同的 $\boldsymbol{M}_\lambda$，将其中只最大值取出作为 u 的隶属度，这样就得到一个新的模糊子集$\underset{\sim}{\boldsymbol{A}}_j$，它的隶属函数为

$$\boldsymbol{u}_{A_j}=\begin{cases}\sup\{|\lambda|u\}\in\boldsymbol{M}_\lambda, & u\in M\\ 0, & u\notin M\end{cases} \tag{8-10}$$

$\underset{\sim}{\boldsymbol{A}}_j$是 $f(u)$在 $\underset{\sim}{\boldsymbol{A}}$上的模糊优越集，亦即目标函数 $f(u)$的模糊极值点。

参 考 文 献

[1] 刘肇祎. 水资源系统工程 [M]. 北京：水利电力出版社，1986.

[2] 林延江，等. 水利土木工程系统分析方法 [M]. 北京：水利电力出版社，1983.

[3] 郭元裕，李寿声. 灌排工程最优规划与管理 [M]. 北京：水利电力出版社，1994.

[4] 沈佩君. 灌区扩建改建的线性优化模型 [J]. 水利学报. 1995 (3)：42-51.

[5] 《运筹学》教材编写组. 运筹学 [M]. 3 版. 北京：清华大学出版社，2005.

[6] 阿佛里尔. 非线性规划：分析与方法 [M]. 陈元熹，等译. 上海：上海科学技术出版社，1980.

[7] 雷欧著. 工程优化原理及应用 [M]. 祁载康，等译. 北京：北京大学出版社，1990.

[8] 马文正，郝永红. 娘子关泉域优化洪水模型及其应用 [J]. 系统工程学报. 1993 (3)：85-96.

[9] 张勇传. 水电系统最优控制 [M]. 武汉：华中理工大学出版社，1993.

[10] 白宪台，雷声隆. 水资源系统优化中的动态规划与模拟结合办法 [J]. 武汉水利电力学院学报. 1986 (2)：43-49.

[11] 马文正，袁宏源. 水资源系统模拟技术 [M]. 北京：水利电力出版社，1987.

[12] 冯尚友. 多目标决策理论方法与应用 [M]. 武汉：华中理工大学出版社，1990.

[13] 袁宏源，刘肇祎. 高产省水灌溉制度优化模型研究 [J]. 水利学报，1990 (11)：1-7.

[14] 袁宏源，邵东国，郭宗楼. 水资源系统分析理论与应用 [M]. 武汉：武汉水利电力大学出版社，2000.

[15] 周明，孙树栋. 遗传算法原理及应用 [M]. 北京：国防工业出版社，1999.

[16] 陈国良，王煦法，庄镇泉，王东生. 遗传算法及其应用 [M]. 北京：人民邮电出版社，2001.

[17] Maass A., et al. Design of Water Resources System [M]. Harvard University Press. Cambridge. Massachusetts, 1964.

[18] Bellman R. E. Dregfus S. E. Applied Dynamic Programming [M]. Princeton University Press. Princeton, 1962.

[19] Heidari M., Chow V. T., et al.. Discrete Differential Dynamic Programming Approach to Water Resources Optimization [J]. Water Resources Research: 1971 (2): 273-282.

[20] Larson R. E.. State Increament Dynamic Programming [M]. American Elsevier Publishing Company. Inc. New York, 1968.

[21] Ozder M.. A Binary State DP Algorithm for Operation Problem of Multireservoir Systems [J]. Water Resources Research, 1984 (1): 9-14.

[22] Kottegoda N. T.. Stochastic Water Resources Technology [M]. New York: John Wiley & Sons, 1980.

[23] Major D. C., Lenton R. L.. Applied Water Resources System Planning [M]. Prentice-Hall, 1NC. 1979.

[24] Holland J. H. Genetic Algorithms and the Optimal allocations of trails [J]. SIAM J of Computing, 1973 (2): 88-105.